LA PHILOSOPHIE ZOOLOGIQUE AVANT DARWIN

PAR

EDMOND PERRIER

Professeur au Muséum d'histoire naturelle

TABLE DES MATIÈRES

1

Les grands travaux descriptifs: Wotton, Gessner, Aldrovande.—Ray: définition de l'espèce.—Premiers essais de nomenclature.—Linné: la fixité des espèces; la nomenclature binaire.

CHAPITRE VI.—Les philosophes du XVIIIe siècle.

E. Bonnet: la chaîne des êtres; les révolutions du globe; l'état passé et l'état futur les plantes, des animaux et de l'homme; l'emboîtement des germes.—Robinet: ses idées sur l'évolution.—De Maillet: les fossiles.—Erasme Darwin: le transformisme fondé sur l'épigénèse.—Transformation des animaux sous l'influence des habitudes; analogie avec Lamarck et Charles Darwin.—Maupertuis: la sensibilité de la matière et le transformisme.—Diderot: la vie de l'espèce et la vie de l'individu.

CHAPITRE VII.—Buffon.

Opposition de Buffon aux classifications; elles conduisent nécessairement au transformisme.—Utilité des systèmes artificiels.—Distribution géographique des animaux.—Probabilité de modifications dans les espèces.—Espèces éteintes; lutte pour la vie.—Opposition à la doctrine des causes finales.—Principe de continuité.

CHAPITRE VIII.—Lamarck.

Importance attribuée aux animaux inférieurs.—Génération spontanée.—Perfectionnement graduel des organismes; influence des besoins, des habitudes.—L'hérédité et l'adaptation.—Transformation des espèces appartenant aux périodes géologiques antérieures.—Opposition à la théorie des cataclysmes généraux.—Importance des causes actuelles.—Généalogie du règne animal.—Origine de l'homme.

CHAPITRE IX.—Étienne Geoffroy Saint-Hilaire.

Opposition des deux doctrines de la fixité et de la variabilité des espèces.—L'unité de plan de composition.—Importance des organes rudimentaires.—Balancement des organes.—Théorie des analogues; principe des connexions.—Analogie des animaux inférieurs et des embryons des animaux supérieurs.—Arrêts de développement.—Les monstres et la tératologie.—Idées de Geoffroy sur la variabilité des espèces; les transformations brusques; l'influence du milieu.—Extension de l'unité de plan de composition aux animaux articulés;

retournement du vertébré; idées d'Ampère.—Lien généalogique entre les espèces fossiles et les espèces vivantes.

CHAPITRE X.—Georges Cuvier.

Affinités avec Linné; influence des débuts de Cuvier sur son œuvre scientifique; les révolutions du globe; théories des créations successives et des migrations.— Création de la paléontologie.—Caractère des inductions de Cuvier.—Ordre d'apparition des animaux; création spéciale des principaux groupes.—La classification naturelle; adhésion au principe des causes finales; principe des conditions d'existence; loi de la corrélation des formes; loi de la subordination des caractères.—Les quatre embranchements du règne animal.

CHAPITRE XI.—Discussion entre Cuvier et Geoffroy Saint-Hilaire.

Essai d'extension aux mollusques de la théorie de l'unité de plan de composition. —Opposition de Cuvier; que doit-on entendre par unité de plan?—Les connexions éclairées par l'embryogénie et l'épigénèse.—Adhésion de Cuvier à l'hypothèse de la préexistence des germes.—Von Baër et les quatre types de développement.—L'école des idées et l'école des faits.—Influence respective de Geoffroy Saint-Hilaire, de Cuvier et de Lamarck.

CHAPITRE XII.—Gœthe.

Idées de Gœthe sur l'unité des types organiques.—La métamorphose des plantes; la structure des végétaux, le végétal idéal.—Travaux d'anatomie comparée; recherche du type idéal du squelette.—Transformisme de Gœthe.

CHAPITRE XIII.—Dugès.

Essai de conciliation des idées de Cuvier et de Geoffroy.—La conformité organique dans l'échelle animale.—Moquin-Tandon et la théorie du zoonite.— Généralisation de cette théorie par Dugès.—Théorie de la constitution des organismes; loi de multiplicité ou de répétition des parties; loi de disposition, loi de modification et de complication; loi de coalescence.—Idées de Dugès sur les types organiques.

CHAPITRE XIV.—Les philosophes de la nature.

Idées de Schelling.—Oken: les polarités et la genèse de l'univers.—Le mucus

agame.

PRÉFACE

L'évolution des idées est assez semblable à celle des êtres vivants. Elles naissent ordinairement humbles et cachées parmi les idées plus anciennes, grandissent plus ou moins confondues avec leurs aînées, au milieu desquelles il est souvent difficile de les distinguer, se différencient peu à peu, atteignent un certain degré de puissance, se transforment et meurent, après avoir engendré d'autres idées qui auront un sort semblable.

La même destinée n'attend pas toutes celles qui appartiennent à une même famille; les unes s'éteignent sans avoir joué aucun rôle, exercé aucune influence, provoqué aucun mouvement; d'autres, qui leur ressemblaient d'abord presque entièrement, deviennent, pour un temps, les grandes directrices de l'esprit humain. Chacun croit alors les reconnaître, s'imagine les avoir vues toutes petites et s'en avouerait volontiers le père. C'est pourquoi il est presque impossible d'écrire une histoire des idées que tout le monde s'accorde à déclarer impartiale; c'est pourquoi tout homme qui croit apporter une idée neuve au trésor de l'humanité se voit aussitôt assailli par les réclamations d'une foule de soi-disant précurseurs à qui il n'a manqué pour assurer le règne de leur pensée que le talent de la faire vivre.

C'est aussi pourquoi, en écrivant ce petit livre, dont nos auditeurs au Jardin des Plantes connaissent déjà quelques chapitres, nous n'avons jamais eu l'intention de présenter un exposé complet des conceptions diverses auxquelles l'étude des animaux a conduit les zoologistes. L'historien laisse aux chroniqueurs les menus faits, aux biographes les détails relatifs à l'enfance des grands hommes. De même, nous avons négligé les aperçus nuageux, les idées mal nées, infirmes, toutes celles qui n'ont laissé aucune postérité, pour nous attacher surtout à celles qui, fortes et vigoureuses, ont contribué, pour une part plus ou moins grande, à l'établissement de la Philosophie zoologique actuelle; nous avons pris ces idées dans la période où elles ont accompli la partie durable de leur œuvre, au moment où elles ont remué et fécondé les intelligences.

C'était, pensons-nous, le seul moyen d'écrire un livre clair, précis, utile et court.

Avec la complicité de quelques Français mal inspirés, on a beaucoup trop médit de la science française, beaucoup trop rabaissé le rôle qu'elle a joué dans l'épanouissement de cette splendide science biologique qui rayonne aujourd'hui, même sur les conceptions des hommes politiques. La France n'est pas, Dieu merci! demeurée aussi étrangère qu'on a bien voulu le dire à la constitution de la Philosophie zoologique. Peu de pays ont fourni autant de savants ayant eu au même degré le souci des idées générales, ayant exposé leurs idées avec plus de clarté et de mesure. Nous avons eu l'agréable devoir de le constater, et nous osons espérer l'avoir fait avec la plus grande impartialité, autant vis-à-vis des savants étrangers que vis-à-vis de ceux de nos contemporains dont nous avons eu à discuter les doctrines.

Traitant de la Philosophie zoologique avant Darwin, nous avons dû préciser cependant en quoi les idées actuelles sont en progrès sur celles qui les ont précédées et dont elles procèdent en grande partie; nous avons dû conserver les tendances de la biologie moderne, le but qu'elle poursuit, la méthode à laquelle elle doit s'astreindre pour y parvenir. Cette méthode, elle est à peine arrivée aujourd'hui à s'en rendre maîtresse.

Si l'adoption du transformisme est en voie d'accomplir une révolution profonde dans la direction des travaux des naturalistes, dans leur façon de raisonner, dans leur manière d'exposer les faits et de les enchaîner entre eux, cette révolution est loin d'être faite. La vieille méthode, que les physiciens appelaient un peu dédaigneusement jadis la *méthode des naturalistes*, intervient trop souvent encore pour établir un désaccord entre la conception maîtresse et les conceptions secondaires qu'on cherche à y rattacher. On demeure frappé en étudiant les écrits des plus grands naturalistes de voir combien leur méthode diffère de la méthode des physiciens, et la différence réside beaucoup moins dans l'opposition entre l'observation et l'expérimentation proprement dite que dans l'effort constant du physicien pour remonter du simple au composé, pour rattacher les effets à leur cause.

Longtemps les naturalistes se sont bornés à *comparer*, tandis que les physiciens s'efforçaient d'*expliquer*. Aujourd'hui, les naturalistes cherchent eux aussi à expliquer, à leur tour, les phénomènes qu'ils observent; ils renoncent à faire incessamment appel à la métaphysique dans cette science de la nature qu'ils cultivent et qui, par une étrange fortune, a cédé son vrai nom à d'autres sciences qui lui auront au moins rendu le service de créer la méthode dont elle n'aurait jamais dû se départir. Mais, jusqu'à la période contemporaine, c'est malheureusement toujours à la métaphysique que demeure la parole lorsqu'il s'agit de s'élever à quelque conception un peu générale des rapports des êtres vivants. Quand Aristote introduit dans la science le *principe des causes finales*, dont Cuvier fait encore le pivot de l'histoire naturelle, il ne fait en somme que chercher la raison de tout ce qui existe dans une harmonie établie par une volonté extérieure au monde qu'il étudie. Le *principe de continuité* de Leibnitz ne suppose dans l'esprit de ses disciples Linné et Bonnet aucune relation de cause à effet entre les phénomènes qu'il doit relier entre eux; la continuité des phénomènes, les gradations que présentent les organismes, l'échelle des êtres en un mot, ne sont autre chose que le reflet de la continuité qui existe dans la pensée de l'intelligence directe de l'univers. Étienne Geoffroy Saint-Hilaire ne peut donner à son tour—et Cuvier ne s'y méprend pas—d'autre raison de l'*unité de plan de composition* qu'il admet dans le règne animal qu'une sorte de rapport mystérieux entre les êtres vivants et leur Créateur. En proclamant l'existence de quatre plans distincts suivant lesquels les animaux seraient construits, Cuvier ne s'écarte pas davantage de ces errements; aussi se trouve-t-il ramené, dès qu'il veut remonter tant soit peu au delà des faits, au principe des causes finales ou à l'hypothèse de la préexistence de l'animal dans son germe. Les disciples les plus immédiats de Cuvier, Richard Owen, en exposant sa *théorie des archétypes*, Louis Agassiz, en développant la série de ses idées sur l'*espèce* et sur la *classification*, ne font d'ailleurs nullement mystère de leurs tendances: l'histoire naturelle n'est en somme pour eux qu'une série de tableaux présentant sous ses divers aspects la pensée de Dieu. Il est d'ailleurs bien difficile d'arriver à une autre conception du monde vivant dès qu'on se range à cette hypothèse, toute métaphysique elle aussi, de la *fixité des espèces*, née à une époque où l'on savait bien peu de choses du règne animal et que les connaissances acquises ont depuis si bien battue en brèche que l'espèce fixe supposée ne peut plus recevoir de définition satisfaisante. Comme il n'y a plus, dans cette hypothèse, de relation nécessaire ni entre les formes vivantes, ni entre les formes et le milieu dans lequel elles sont placées, ce que les naturalistes considèrent comme des explications sont tantôt de simples généralisations, comme la *loi de conformité organique* de Dugès, la *loi des générations alternantes* de Steenstrup, tantôt la constatation des moyens employés par la nature pour perfectionner ses œuvres, comme cette loi, *division du travail physiologique*, dont M. H. Milne Edwards a tiré un si brillant parti, mais qui ne cesse d'être un *moyen* de la nature pour devenir un *procédé réel* que si l'on admet pour les êtres vivants la possibilité de se compliquer graduellement et par conséquent de se transformer.

En vain les naturalistes de la première moitié de ce siècle espèrent-ils échapper à ce reproche de se laisser induire en métaphysique en évoquant à chacune des plus belles pages de leurs écrits un être indéfini qu'ils décorent du nom de *Nature*, et auquel ils consacrent des articles spéciaux dans leurs encyclopédies et leurs dictionnaires. La Nature, c'est l'Univers, c'est Dieu, et, si ce n'est pas cela, ce n'est rien. De toutes façons, partout où la Nature intervient, il ne saurait y avoir explication, au sens où les physiciens entendent ce mot.

Expliquer un ensemble de phénomènes, c'est découvrir un élément simple qui leur est commun, en déterminer exactement les propriétés et démontrer que les divers phénomènes considérés résultent des modifications diverses que subit cet élément sous l'action de causes, elles-mêmes connues. C'est assez dire qu'en zoologie toute méthode d'exposition qui prend l'homme ou les vertébrés comme point de départ pour descendre ensuite aux autres organismes ne saurait comporter d'explication; c'est assez dire que chercher à «expliquer» les groupes inférieurs du règne animal au moyen de conceptions résultant de l'étude des seuls vertébrés, c'est prendre le contre-pied du procédé qu'emploient toutes *les sciences expérimentales*. Toutes les difficultés que l'on éprouve encore à définir l'*individu*, à définir l'*espèce* sont des difficultés en quelque sorte artificielles, en ce sens que nous les avons créées nous-mêmes; elles résultent des conceptions trop étroites suggérées jadis par une étude trop exclusive des animaux supérieurs, et dont nous n'avons pas encore su nous dégager suffisamment.

Aujourd'hui que, grâce au perfectionnement de nos moyens d'investigation, il a été possible de réduire les êtres vivants en des éléments qui leur sont communs, et qui ont eux-mêmes en commun tout un ensemble de substances ayant des propriétés fondamentales identiques, les *protoplasmes*, aujourd'hui qu'il a été possible d'établir une chaîne continue entre les êtres formés d'un seul de ces éléments et ceux qui en contiennent des milliards, à une époque où l'embryogénie démontre que même les plus compliqués de ces derniers résultent de la multiplication d'un élément d'abord unique, l'*œuf*, les véritables explications, les explications telles que les conçoivent les physiciens et les chimistes, paraissent prochaines. Il n'est plus téméraire d'espérer que l'histoire des êtres vivants pourra être présentée sous la forme didactique, propre aux sciences expérimentales, et nous avons fait un premier essai dans ce sens en écrivant notre livre: *Les colonies animales et la formation des organismes*. Mais, pour atteindre ce résultat, il faut avant tout demeurer persuadé que les êtres vivants, en tant qu'organismes naturels, doivent trouver dans la nature actuelle leur explication, s'efforcer de rechercher et de mettre en évidence les liens de causalité qui unissent les phénomènes complexes à ceux d'un degré moindre de complexité, former ainsi des ensembles de plus en plus étendus, et ne pas s'illusionner sur la portée d'un système de critiques, actuellement fort en vogue dans les sciences naturelles, et dans lequel on s'imagine avoir établi la vanité des explications, en choisissant habilement un point inexpliqué ou dont l'explication délicate n'a pas été comprise pour l'opposer à l'ensemble des faits expliqués.

Puissions-nous, en écrivant l'histoire des anciens systèmes, avoir contribué à montrer dans quel sens se trouve la voie véritable!

Edmond Perrier.

LA PHILOSOPHIE ZOOLOGIQUE AVANT DARWIN

CHAPITRE PREMIER

Idées premières sur la place des animaux dans la nature.—Les mythologies et les philosophies de l'antiquité.

De tout temps, l'homme a essayé de pénétrer l'origine des êtres vivants qui l'entourent, de se donner une explication, si grossière fût-elle, des liens qui les rattachent entre eux, des rapports qui les unissent à lui. Dès l'éveil de son intelligence, il a examiné d'un œil particulièrement curieux les animaux qui, sans cesse agités, venaient indiscrètement mêler leur existence à la sienne. Ne pouvant comprendre la raison d'être de ces muets qui n'avaient pour lui que des secrets, tour à tour étonné de leurs merveilleux instincts, effrayé de leur force redoutable, charmé de l'éclat de leurs couleurs, de la grâce de leurs mouvements, de l'élégance de leurs formes, il a commencé par en faire les messagers des puissances invisibles qui régissent l'univers et souvent même des dieux. Dans toutes les mythologies primitives, les animaux jouent un rôle considérable. Obligé à un combat sans trêve par les animaux qui lui disputaient ses moyens d'existence, l'homme, avant de se donner la place d'honneur dans le monde, avait commencé par l'offrir modestement à ses rivaux; les Hindous et beaucoup de peuplades sauvages la leur conservent encore.

Toute l'antiquité, tout le moyen âge demeurent imprégnés de cette idée que les animaux touchent de près au surnaturel. L'imagination païenne en invente de plus terribles encore que tous ceux qui existent: et la renommée de ses Sphynx, de ses Tritons, de ses Centaures, se conserve longtemps dans les contes et dans les fables des peuples chrétiens. Un livre, le *Physiologus*, qui, malgré l'anathème qui l'accueillit d'abord, est demeuré pendant près de mille ans le seul livre d'histoire naturelle de l'Église, n'est autre chose qu'une sorte de «morale en action» des animaux. Chacun d'eux est l'incarnation d'une vertu, que le vrai chrétien doit imiter ou d'un vice qu'il doit fuir. Le moyen âge conserve du reste la croyance antique que les animaux jouissent d'une puissance occulte particulière, qui n'est pas sans analogie avec celle des sorcières. Roger Bacon croit encore que le regard du basilic est mortel, que le loup peut enrouer un homme s'il le voit le premier, que l'ombre de l'hyène empêche les chiens d'aboyer. À un homme admettant sans difficulté que l'oie bernache naît des glands d'une espèce de chêne, rien ne devait sembler impossible. Cette crédulité est moins étonnante encore que celle de Pierre Rommel affirmant en 1680, il y a deux cents ans à peine, avoir vu à Fribourg un chat qui avait été conçu dans l'estomac d'une femme et avoir connu une autre femme qui avait donné naissance à une oie vivante.

Plus de semblables assertions nous paraissent aujourd'hui burlesques, plus elles sont intéressantes à rappeler, car elles nous montrent combien était encore confuse il y a peu de temps cette notion de l'espèce animale devenue aujourd'hui si vulgaire. On allait souvent plus loin; on n'admettait pas seulement que, sous des influences mystérieuses, un animal pût donner naissance à des animaux tout différents, ou se transformer lui-même à la façon des loups-garous; on douait aussi la matière inerte de la faculté de s'organiser spontanément: les grenouilles pouvaient naître de la vase des étangs; de vieux chiffons, enfermés dans un coffre avec un peu de blé, pouvaient se transformer en souris; les vers intestinaux n'étaient qu'une métamorphose des humeurs de notre organisme, et cette opinion a compté, même de nos jours, quelques partisans.

Ce n'est d'ailleurs pas sans peine que la notion même de la vie arrive à se dégager, que la démarcation s'établit entre ce qui est vivant et ce qui ne l'est pas. Pour les anciens philosophes, la vie, c'est, avant tout, le mouvement, la force. Tout ce qui se meut est plus ou moins considéré comme vivant.

Thalès de Milet appelle âme tout ce qui est cause de mouvement. L'aimant a une âme comme l'homme; le monde a une âme, qui est Dieu, et il peut y avoir des âmes sans corps, des démons. C'est Dieu qui a fait toutes choses en employant une matière première unique, l'eau.

Au-dessous du Dieu créateur, Anaximandre conçoit des dieux mortels, qui sont les astres.

Anaximène considère l'air, capable de se mouvoir plus aisément encore que l'eau, comme l'origine de toutes choses. L'air est l'âme du monde; il est Dieu; il tient le monde en vie, comme l'âme tient en vie notre corps.

13

Anaxagore n'admet plus qu'un Dieu coordonnateur de toutes choses dont il se fait une idée très élevée; il considère les végétaux comme ayant toutes les facultés des animaux et voit dans les êtres vivants les enfants de la Terre et du Soleil, astres qu'il suppose par conséquent vivants, mais auxquels il refuse la qualité de dieux. Les âmes des hommes passent après leur mort dans le corps des animaux.

Ainsi, pour la plupart des philosophes de l'antiquité, la conception même de l'être organisé est confuse. Il existe dans l'univers une cause de mouvement, qui est Dieu; tout ce qui se meut possède en soi la vie et est capable de la donner. Les animaux et les végétaux, entre lesquels des points de ressemblance sont entrevus, sont engendrés par l'eau suivant quelques-uns, par l'air suivant d'autres, par les astres suivant d'autres encore. On cherche en même temps à rattacher tout ce qui existe à une cause commune ou à un ensemble de causes communes. Pour Thalès et Anaximandre, tout a été tiré de l'eau; Anaximène et Diogène préfèrent tout faire sortir de l'air. Empédocle met à son tour la terre au rang des causes primordiales; Leucippe et Démocrite admettent une substance primitive, l'éther, en qui Anaxagore voyait déjà la cause de la foudre. Les transformations diverses de l'éther auraient produit tout ce qui est. Pour Héraclite, le principe commun de toutes choses n'est autre que le feu. Ainsi se constitue pièce à pièce cette hypothèse des quatre éléments: la terre, l'eau, l'air et le feu, qui se retrouve jusqu'aux temps modernes au fond de toutes les conceptions scientifiques.

Il n'y avait place dans toute cette philosophie que pour l'observation la plus superficielle. En général, on considère les animaux et les végétaux en bloc. L'imagination tient la place première dans les systèmes; les sciences n'existent pas à proprement parler; les observations justes sont trop peu nombreuses et mêlées de trop de fables pour qu'on en puisse constituer un corps de doctrine; il n'y a pas de zoologie, et il ne saurait être question par conséquent de philosophie zoologique.

Quelques essais d'explication plus précise méritent d'être cités. Telle est cette idée d'Anaxagore que tous les corps sont formés de parties semblables entre elles, ayant existé de toute éternité et que Dieu n'a fait que coordonner. Le mélange de toutes ces parties est ce qu'il appelle le chaos. Dans ce chaos existent des os, des viscères, des muscles, mais avec des dimensions si petites que toutes ces parties sont invisibles; elles ne sont devenues visibles qu'en s'unissant à des parties semblables. Elles ont alors constitué les os, les viscères, les muscles des animaux. Quand un animal meurt, toutes ses parties constitutives se dissolvent, se résolvent en leurs éléments invisibles. Ces éléments divers se mélangent entre eux jusqu'à ce qu'ils redeviennent parties intégrantes de quelque autre organisme. Ainsi les animaux et les plantes sont formés d'éléments permanents et éternels, qui s'associent temporairement pour constituer des organismes, puis se séparent, pour entrer dans des organismes nouveaux. Les éléments propres à entrer dans la constitution des organismes sont en quantité constante; mais ils circulent pour ainsi dire perpétuellement, passant d'un être vivant à un autre et s'associant de toutes les manières possibles.

Les éléments des êtres vivants, comme ceux de tous les autres corps, ayant existé de toute éternité et étant indestructibles, rien d'essentiel ne paraît distinguer la matière vivante de la matière inerte, dans la conception d'Anaxagore, qui n'est pas sans intérêt, car on pourrait lui trouver plus d'un trait de ressemblance avec la célèbre doctrine de l'emboîtement des germes que nous rencontrerons plus tard, avec l'hypothèse des molécules vivantes de Buffon, celle de l'attraction du soi pour soi de Geoffroy Saint-Hilaire et même avec la fameuse théorie de la panspermie de Darwin.

Ces rapports entre les doctrines des philosophes anciens et les doctrines qui ont apparu plus récemment sous d'autres formes se rencontrent plus d'une fois. Pythagore et les pythagoriciens admettaient par exemple, à côté des nombres régulateurs de la nature, divers principes contraires deux à deux et desquels tout résultait: le fini et l'infini, l'impur et le pur, l'unité et la dualité ou la pluralité, la droite et la gauche, le masculin et le féminin, le repos et le mouvement, le droit et le courbe, la lumière et les ténèbres, le bien et le mal, Dieu et le démon, l'esprit et la matière, etc. Ils étaient en cela les précurseurs de Schelling et des philosophes de la nature; ils avaient vu le monde sous le même point de vue des oppositions et n'ont fait que développer d'une manière appropriée aux connaissances acquises de leur temps la cause première, les liens et les conséquences de ces oppositions. Cette idée des oppositions avait conduit Pythagore à admettre l'existence des antipodes. Héraclite pensait également, comme les philosophes de la nature, que notre âme n'est qu'une émanation de l'âme du monde qui est Dieu. Démocrite croit comme eux que nous avons deux manières d'acquérir des connaissances: par les sens et par la pensée. Les sens peuvent nous tromper, mais la pensée ne nous donne que des connaissances précises; Héraclite et Démocrite eussent été, de notre temps, rangés parmi les membres de «l'école des idées». Cependant pour eux, comme pour les matérialistes modernes, rien n'existe en dehors des atomes et du vide. Les apparences diverses que présente le monde extérieur sont le résultat du mouvement: nous ne percevons que des changements, des oppositions, et non des objets réels.

À côté de ces doctrines générales, de ces tentatives de divination de la nature des choses, si, comme nous le disions tout à l'heure, l'observation tient peu de place, le besoin d'observer a été cependant reconnu. Alcméon de Crotone (520 av. J.-C.) a disséqué des animaux; il compare le blanc de l'œuf des oiseaux au lait des mammifères; mais il croit que les chèvres respirent par les oreilles. Anaxagore considère le cerveau comme le siège de la pensée; il se rend compte de la façon dont se nourrissent les fœtus; mais il prétend que les fouines enfantent par la bouche et que les ibis et les corneilles s'accouplent par le bec. Ces deux philosophes et plus tard Polybe ont fait quelques recherches d'embryogénie. Mais on voit combien leurs affirmations sont encore sujettes à caution.

Démocrite fait plus de progrès que ses prédécesseurs dans la connaissance des organes des animaux et des fonctions qu'ils remplissent; Hippocrate s'applique surtout à la connaissance de l'anatomie humaine; il arrive à définir un certain nombre de maladies et à en reconnaître la marche; mais l'art d'observer comme l'art même de raisonner sont encore dans l'enfance; partout, nous venons de le voir, les erreurs les plus grossières se mêlent aux observations justes et viennent déparer les plus nobles efforts des intelligences qui cherchent à créer une voie dans les régions encore inexplorées de la science. La science demeurant inséparable de la philosophie, chaque progrès des philosophes dans l'art de manier la pensée est suivi d'un progrès dans l'art d'arriver à la connaissance. Peu à peu, l'imagination tient une place moins exclusive dans les spéculations, et l'on apprend à établir entre les idées des distinctions plus rigoureuses. Socrate les enchaîne le premier dans des définitions suffisamment précises et perfectionne la méthode inductive au point qu'on peut lui attribuer l'honneur de sa création. Platon montre tout le parti que l'on peut tirer de la méthode qui s'élève du particulier au général en passant à travers toute une hiérarchie d'idées de plus en plus étendues. Mais sa méthode, il l'applique surtout aux idées et rend ainsi nécessaire une réaction, grâce à laquelle un accord plus rigoureux puisse s'établir entre les faits et les idées. On comprend peu à peu que les faits bien observés sont les véritables générateurs des idées; mais il fallait un génie puissant pour faire redescendre les philosophes aux méthodes ordinaires dont le sens commun ne s'était pas écarté. Ce génie, duquel date la fondation des sciences et de la méthode scientifique, fut Aristote.

Quelques critiques ont dit que la science d'Aristote venait en grande partie de ses devanciers et surtout de Démocrite; qu'il a fait de nombreux emprunts à ses prédécesseurs, sans les citer. De tout temps on a si amèrement reproché à ceux qui ont essayé quelques nouveautés, d'avoir puisé leurs idées dans Aristote ou ailleurs, qu'il est assez piquant de voir accuser, à son tour, de plagiat celui qu'on se plaît d'ordinaire à appeler le père de la philosophie. Aristote s'est-il aidé des travaux de ses devanciers? Cela est possible, probable même; il est incontestable que son érudition était considérable, et l'on peut croire qu'il en a tiré parti. Le nombre des faits qu'il annonce dans ses livres est tel qu'il dépasse, sensiblement, peut-être, ce qu'il lui avait été donné d'acquérir par son expérience personnelle. Doit-on pour cela l'accuser d'avoir cherché à s'approprier le bien d'autrui? De telles insinuations ne sont fâcheuses que pour ceux qui les émettent complaisamment. L'idée est ce qu'il y a de plus personnel à l'homme et surtout à l'homme de science: c'est pourquoi le génie est si admiré; c'est pourquoi tout effort d'une intelligence qui la rapproche du génie est si impatiemment supporté par celles qui s'en reconnaissent incapables; c'est pourquoi tout homme qui possède ou développe une idée doit s'attendre à voir s'élever, parmi tous les obstacles qu'on lui oppose, cette accusation, de tout temps renouvelée, qu'il n'a rien fait de nouveau. En somme, peu importe à l'humanité le degré plus ou moins grand de nouveauté des faits ou des idées; ils ne sont rien pour elle tant qu'ils n'ont pas été embrassés par quelque puissant esprit qui sache lui en montrer la portée et lui dire: «Voici les conquêtes qui ont été faites, voici le parti qu'on en peut tirer.» Tel fut au moins le mérite d'Aristote, qui résuma dans ses œuvres tout ce que savait l'antiquité, sut faire un départ presque toujours judicieux entre le bon et le mauvais, le vrai et le faux, accrut considérablement les limites du savoir humain, indiqua la voie à suivre pour arriver avec plus de certitude à la conquête de la vérité et légua au moyen âge une somme telle de connaissances, que sans lui la science eût été tout entière à recommencer.

CHAPITRE II

ARISTOTE

Premières notions sur les analogies et les homologies des organes.—Formes corrélatives.—Divisions établies parmi les animaux.—Idée de l'espèce.—Principe de continuité.—Degrés de perfection organique.—Possibilité d'une transformation des formes animales.

On a tant écrit sur Aristote, on a tant cité, commenté, interprété les œuvres de ce grand homme, que plus d'un lecteur sera sans doute tenté de nous reprocher de revenir, à notre tour, sur un sujet qui semble épuisé. C'est cependant jusqu'à l'illustre précepteur d'Alexandre qu'il faut faire remonter les origines de la philosophie zoologique. Lui seul, dans l'antiquité, sut allier une observation incessante et presque toujours rigoureuse des faits avec l'art de grouper les connaissances acquises de manière à en faire ressortir toutes les conséquences générales. Plus d'un passage de son *Histoire des animaux* pourrait être signé Cuvier ou Geoffroy Saint-Hilaire. Ce sont les principes mêmes de l'anatomie comparée, telle qu'on l'entend de nos jours, que développe Aristote lorsqu'il écrit dès les premières pages de l'œuvre mémorable que nous venons de citer les lignes suivantes:

«Il y a des animaux tels que toutes les parties des uns sont semblables aux parties correspondantes des autres; il y en a entre lesquels cette ressemblance ne se trouve pas. Les parties peuvent se ressembler, comme étant de la même forme; par exemple, le nez, l'œil, la chair, les os d'un homme ressemblent au nez, à l'œil, à la chair, aux os d'un autre homme; et ainsi des chevaux et des autres animaux que nous disons être de même espèce… Une autre sorte de ressemblance est celle des animaux qui sont de même genre et qui diffèrent par excès ou par défaut: les oiseaux, les poissons sont des genres dont chacun comprend un grand nombre d'espèces.

«Dans un même genre, les parties ne sont communément distinguées que par des qualités différentes, telles que la couleur et la figure…

«Il y a d'autres animaux dont on ne peut pas dire que les parties soient de même figure ni qu'elles diffèrent entre elles du plus au moins; on peut seulement établir une analogie entre les unes et les autres; c'est ainsi que, la plume étant à l'oiseau ce que l'écaille est au poisson, on peut comparer les plumes et les écailles, et de même les os et les arêtes, les ongles et la corne, la main et la pince de l'écrevisse. Voilà de quelle manière les parties qui composent les individus sont les mêmes et sont différentes. Il faut encore remarquer leur position. Plusieurs animaux ont les mêmes parties, mais ne les ont pas semblablement placées. Aussi les mamelles peuvent être placées sur la poitrine ou dans la région inguinale.»

Et l'on trouve plus loin:

«En général, entre les animaux de genre différent, la plupart des parties ont une forme différente: les unes n'ont entre elles qu'une ressemblance de rapport et d'usage et sont, au fond, de nature différente; d'autres sont de même nature, mais de forme différente; beaucoup se trouvent dans certains animaux et ne se trouvent pas dans d'autres.»

Ainsi ces diverses sortes de ressemblance des animaux que Geoffroy Saint-Hilaire et ses successeurs devaient désigner sous le nom d'*analogies* et d'*homologies* sont déjà en partie distinguées et définies par Aristote. Le philosophe de Stagyre n'est pas davantage étranger à ce que Cuvier devait plus tard appeler la *corrélation des formes*; il cite un grand nombre de ces corrélations qui sont depuis définitivement demeurées dans la science et sont encore employées dans la définition des groupes zoologiques. Voici les plus importantes:

«Tous les animaux ont du sang ou un liquide qui en tient lieu, la lymphe. Les animaux sans pieds, à deux pieds ou à quatre pieds ont du sang[1]. Tous ceux qui ont plus de quatre pieds[2] ont de la lymphe. Les animaux à sang sont plus grands que les animaux à lymphe, car ces derniers grandissent avec le climat.

«Les animaux pourvus de poils, les cétacés, les sélaciens, sont vivipares; ces derniers seuls ont des ouïes; ils produisent d'abord un œuf au dedans d'eux-mêmes.»

Le mode de viviparité des sélaciens, qui sont des poissons, est nettement distingué de celui des «animaux couverts de poils» et des cétacés, qui constituent notre classe des mammifères.

Plus loin, les animaux volants sont répartis en trois catégories, ceux qui ont des ailes garnies de plumes, ceux qui ont des ailes constituées par un repli de la peau, des *ailes dermiques,* ceux enfin qui ont des ailes sèches, minces, membraneuses. Les ailes dermiques et les ailes à plumes sont propres aux animaux qui ont du sang, et les ailes membraneuses sèches aux insectes. Les insectes peuvent avoir quatre ailes ou deux ailes. Les insectes coléoptères (le mot est dans Aristote), dont les ailes antérieures ont la forme d'étuis, n'ont pas d'aiguillon. Les insectes à quatre ailes ont un aiguillon en arrière: ce sont nos hyménoptères; les insectes à deux ailes ont un aiguillon en avant. Aristote ne se méprend d'ailleurs nullement sur la nature différente de ce qu'il appelle l'aiguillon chez les insectes à quatre ailes et chez les insectes à deux ailes, car il écrit en parlant de ces derniers: «La langue remplace l'aiguillon chez les diptères,» et il remarque que les insectes qui ont une langue n'ont point de mâchoires, comme s'il devinait dans la *langue,* que nous appelons aujourd'hui une *trompe,* le résultat d'une transformation des mâchoires.

Voilà donc, dans un seul groupe, celui des insectes, toute une série de corrélations nettement définies. Le mode de constitution de ces animaux est aussi bien saisi; ils sont représentés comme formés de parties, d'anneaux, de segments, paraissant avoir chacun leur vie propre; ces parties, ces segments sont ce qu'on a appelé depuis des *régions du corps,* des *zoonites.*

Aristote ne se montre pas moins perspicace lorsqu'il parle des mammifères. Après avoir placé parmi les animaux vivipares tous les animaux couverts de poils, il semble craindre qu'une confusion ne s'établisse entre ces derniers et les lézards, qui sont quadrupèdes comme eux, et fait observer que seuls les quadrupèdes couverts de poils sont vivipares. Les mammifères sont de la sorte nettement distingués des lézards, dont Aristote met d'ailleurs en évidence la ressemblance avec les serpents dépourvus de pieds. Un seul mot à inventer, et le groupe des reptiles se trouverait constitué.

Parmi les quadrupèdes vivipares, d'autres relations non moins remarquables sont établies. Ces quadrupèdes peuvent avoir des cornes ou en être dépourvus. Ceux dont la dentition forme une sorte de scie n'ont jamais de cornes; les cornes manquent encore aux quadrupèdes pourvus de défenses; tous les quadrupèdes cornus manquent d'incisives à la mâchoire supérieure. Tous les quadrupèdes vivipares, cornus, dépourvus d'incisives supérieures, possèdent quatre estomacs et jouissent de la faculté de ruminer. Rien ne manque, à cette caractéristique de l'ordre des ruminants, et la corrélation, si remarquable chez ces animaux, entre l'absence de cornes et la présence de canines, est même exprimée d'une façon précise; elle n'a été expliquée que de nos jours.

Bien qu'Aristote connût un assez grand nombre d'animaux, l'idée de les grouper dans un ordre déterminé, permettant d'exprimer leur degré plus ou moins grand de ressemblance ne paraît pas s'être présentée à son esprit. Il n'a donc pas tenté ce que nous appelons une *classification*. Il compare de toutes les façons possibles les animaux les uns aux autres et cherche à réduire en propositions générales le résultat de ses comparaisons. Il arrive ainsi à indiquer des rapprochements parfaitement naturels, qui peuvent encore aujourd'hui, prendre place dans nos méthodes; mais, tout à côté, des comparaisons d'un autre ordre le conduisent à de nouveaux rapprochements de moindre importance cette fois, et qui paraissent cependant avoir pour lui autant de valeur que les premiers, à des caractères qui auraient pu être utilisés, à leur tour, si l'idée d'une certaine hiérarchie dans ces rapprochements secondaires s'était dégagée, si les comparaisons, au lieu de s'étendre à l'ensemble des animaux, n'avaient été faites qu'entre organismes présentant la même structure anatomique, entre organismes «de même genre», comme il aurait dit lui-même.

Plus loin notre philosophe ayant épuisé l'étude des ressemblances se préoccupe seulement de rechercher les différences que les animaux présentent entre eux. Ces différences, «relatives à leur manière de vivre, leurs actions, leur caractère, leurs parties,» sont également toutes mises sur le même plan.

Ainsi Aristote distingue des animaux aquatiques et des animaux terrestres, des animaux sociaux et des animaux solitaires, des animaux migrateurs et des animaux sédentaires, des animaux diurnes et des animaux nocturnes, des animaux privés et des animaux sauvages. Les mêmes animaux peuvent se retrouver bien entendu dans ces diverses catégories; relativement aux deux dernières, Aristote fait d'ailleurs remarquer qu'une espèce donnée peut appartenir à toutes deux à la fois.

Il ne s'agit donc point ici de groupes naturels fondés sur des ressemblances que l'on puisse considérer comme fondamentales; aussi bien Aristote ne se propose-t-il pas pour but de faire connaître et de distinguer les différentes sortes d'animaux; son livre est tout à la fois une anatomie et une physiologie comparées plutôt qu'une zoologie, et il ne définit que les divisions qui sont nécessaires à ses comparaisons. Il traite séparément des animaux qui ont du sang et de ceux qui n'en ont pas et divise ces deux groupes principaux en groupes secondaires et remarquablement naturels, dont quelques-uns ont déjà été dénommés dans le langage vulgaire; c'est ce qu'il appelle les grands genres γενη μεγεστα των ζωων: tels sont les oiseaux, les poissons, les coquillages, les mollusques qui sont nos céphalopodes, ou encore les insectes. Pour ces derniers Aristote a créé le nom nouveau d'εντομα; c'est là une hardiesse qu'il se permet rarement. Il se sert, en effet, des mots de la langue usuelle, et, quand il n'existe pas de mots correspondant aux groupes qu'il définit, il se borne à le regretter. Il signale ainsi l'absence d'une dénomination commune pour les mollusques à coquille, qu'il qualifie, en formant un mot composé, d'*Ostracodermes*, pour les langoustes, les crabes et les écrevisses qu'il réunit sous le nom, également composé, de *Malacostracés*. Cette insuffisance de la langue vulgaire l'embarrasse d'ailleurs visiblement. Il a nettement conçu un grand «genre» des mammifères; mais le peuple est en retard sur lui et confond les mammifères avec les autres quadrupèdes, tels que les lézards. Ce mot de quadrupèdes ne saurait être le nom d'un groupe naturel, car il y a des quadrupèdes vivipares et d'autres ovipares; Aristote, après cette remarque, l'abandonne donc sans le remplacer. Parmi les quadrupèdes vivipares, il aperçoit de même des groupes naturels, mais constate qu'ils n'ont pas reçu de nom, sauf un seul, celui des λοφουροι, correspondant à nos solipèdes, caractérisés par le bouquet de crins qu'ils portent au bout de la queue.

Il semble que cette pénurie de mots ait été le principal obstacle qui ait empêché Aristote d'arriver à une définition claire de l'*espèce* telle que nous l'entendons aujourd'hui, et d'instituer un système coordonné de divisions zoologiques. La langue usuelle ne fournit, en effet, que deux mots pour exprimer les différents degrés de ressemblance: ειδος, qui veut dire *forme* ou *espèce*, et γενος que l'on traduit par genre. Les genres contiennent, en général, un assez grand nombre d'espèces; il y en a de grands γενη μεγαλα et de très grands γενη μεγιστα; mais, les espèces contenues dans ces genres peuvent se subdiviser aussi en espèces d'ordre inférieur et deviennent alors des genres. Quand il considère l'espèce d'une façon absolue sans la rapporter à un groupe plus étendu, Aristote la désigne d'ailleurs, constamment, sous le nom de γενος. On voit quelle confusion doit produire, dans un échafaudage quelque peu compliqué de divisions n'ayant pas la même valeur, l'emploi perpétuel de deux mots dont la signification change suivant le point de vue d'où l'on considère chaque division. Cependant s'il n'a pas pu définir et surtout dénommer l'espèce, Aristote en a bien vu le caractère essentiel, le même que nous employons comme criterium et qui est tiré de la reproduction. Après avoir défini le genre des Lophures λοφουροι, il y place, en effet, le cheval, l'âne, le mulet, le bidet et le bardeau et il ajoute: «Joignez-y les hémiones (demi-ânes) de Syrie qui ne portent ce nom qu'à raison de leur apparence, car ils constituent une espèce distincte *puisqu'ils s'accouplent entre eux et que leur accouplement est fécond.*» Il est certain, d'autre part, qu'Aristote n'a considéré comme de même espèce que les animaux descendus de parents communs, car il désigne aussi sous le nom d'*homophyles* les animaux de forme semblable. Voilà donc l'espèce définie par l'accouplement et la fécondité, absolument comme elle l'est de nos jours. Malheureusement Aristote ne tire pas tout le parti qu'il devrait de cette notion évidemment vulgaire; aussi bien, son opinion doit-elle être troublée par sa confiance dans les récits mensongers qui lui ont été faits des mœurs des animaux exotiques. Il admet, par exemple, qu'en Lybie les formes sauvages sont plus sujettes à varier et il ajoute: «En Lybie, où il ne pleut point, les animaux se rencontrent dans le petit nombre d'endroits où il y a de l'eau. Là, les mâles s'accouplent avec les femelles d'espèces différentes μν δμωφυλα, et ces familles nouvelles font souche si la taille des deux individus n'est pas trop différente et la durée de la gestation trop inégale dans les deux espèces.» Un peu plus bas, il accueille la tradition qui fait descendre les chiens de l'Inde d'une chienne et d'un tigre. Quand il s'agit d'animaux habitant les pays lointains, l'attrait du merveilleux a évidemment obscurci, dans l'esprit d'Aristote, l'idée de l'espèce telle qu'elle résulte de l'observation journalière. Quoi d'étonnant à ce que les choses ne se passent exactement comme en Grèce dans cette Lybie qui a la réputation «de produire toujours quelque monstre nouveau». Lorsqu'il se produit, en Grèce, des phénomènes plus ou moins analogues à ces merveilles qu'il signale en d'autres points du globe, Aristote en dit seulement qu'on les considère comme des présages.

Les connaissances d'Aristote relativement aux différents modes de reproduction des animaux sont trop incomplètes pour lui permettre aucune généralisation relativement à l'espèce. En ce qui concerne les animaux inférieurs, malgré des observations précises, il ne réussit pas à s'affranchir complètement des opinions qui ont cours de son temps. Ainsi, il connaît les œufs des papillons, des poux, des mouches, les capsules nidamentaires des pourpres, des murex, etc., et cependant il déclare que ces œufs demeurent stériles. Les ostracodermes, en général, les orties de mer, les éponges naissent des matières demi putréfiées qui forment le fond de la mer et sont différentes suivant la nature de ce fond; les papillons naissent des chenilles, et celles-ci sont formées par les feuilles vertes; il se produit de même, dans le bois, les excréments des animaux, et dans d'autres conditions, des vers qui plus tard se changent en insectes. N'est-il pas étonnant que les métamorphoses des insectes ayant été bien observées, ainsi que leur accouplement et leur ponte, le cycle n'ait pu être fermé, et qu'un observateur aussi patient soit demeuré dans le doute relativement à la véritable origine des vers qui ne sont que le jeune âge, les larves d'animaux qu'il connaissait si bien? Aristote admet d'ailleurs que des animaux qui sont ordinairement produits par des œufs peuvent aussi se former spontanément dans la vase de certains marais.

Ces idées ne laissent pas que d'être parfaitement d'accord avec la doctrine de la continuité des œuvres de la nature, continuité qu'ont toujours plus ou moins cherchée les philosophes de tous les temps et qu'Aristote considère comme une loi fondamentale.

«Dans la nature, dit-il (liv. VIII), le passage des êtres inanimés aux animaux se fait peu à peu et d'une façon tellement insensible qu'il est impossible de tracer une limite entre ces deux classes. Après les êtres inanimés viennent les plantes, qui diffèrent entre elles par l'inégalité de la quantité de vie qu'elles possèdent. Comparées aux corps bruts, les plantes paraissent douées de vie; elles paraissent inanimées comparativement aux animaux. Des plantes aux animaux le passage n'est point subit et brusque; on trouve dans la mer des êtres dont on douterait si ce sont des animaux ou des plantes; ils sont adhérents aux autres corps, et beaucoup ne peuvent être détachés sans périr des corps auxquels ils sont attachés.» Les pinnes, le solens et beaucoup d'autres ostracodermes, les ascidies, les anémones ou orties de mer, mais surtout les éponges sont énumérés parmi ces êtres ambigus, animaux par certains caractères, végétaux par leur apparente inertie.

La recherche des animaux intermédiaires entre les animaux aquatiques et les animaux terrestres conduit Aristote à se demander en quoi ces animaux diffèrent essentiellement les uns des autres; c'est pour lui l'occasion de considérations philosophiques, auxquelles les zoologistes modernes doivent toute leur admiration. Les animaux qui vivent dans l'eau recherchent ce milieu pour différentes raisons: il en est qui ne peuvent respirer que dans cet élément; d'autres qui respirent l'air libre, mais ne trouvent leur nourriture que dans l'eau; d'autres enfin qui ont besoin d'eau pour respirer, mais vont chercher leur nourriture à terre.

«Dans les animaux de ces deux dernières catégories, dit Aristote, la nature est contrariée, si l'on peut parler ainsi. On voit ainsi des mâles qui ont l'air féminin et des femelles qui ont l'air mâle. Une différence réelle dans de petites parties suffit à faire paraître des différences aussi considérables dans l'ensemble du corps de l'animal. L'effet de la castration en est une preuve. On ne retranche par cette opération qu'une petite partie du corps de l'animal; néanmoins ce retranchement change sa nature et fait qu'elle se rapproche de celle de l'autre sexe. Ainsi il est sensible qu'au moment de la formation première un rien dont la grandeur varie dans une des parties qui constituent le principe des corps fera de l'animal un mâle ou une femelle. C'est donc de la disposition de petites parties que résulte la différence d'animal terrestre et d'animal aquatique, dans les deux sens que j'ai distingués.»

Aristote pense donc que les animaux terrestres ont pu devenir aquatiques ou inversement, et il attribue ce changement de mœurs à quelques accidents survenus durant le développement embryogénique des animaux qui l'ont présenté. D'illustres naturalistes de notre temps ont de même admis qu'on pouvait attribuer aux monstruosités accidentelles une part importante dans la diversification des espèces. D'après ce passage, Aristote pourrait être considéré comme transformiste; mais la question du transformisme ne pouvait évidemment être posée à une époque où l'on n'avait pas encore songé à se demander s'il existait des espèces.

Considérant les animaux à tous les points de vue que lui suggère son esprit éminemment philosophique, Aristote effleure bien d'autres idées importantes, sans en tirer cependant toutes les conséquences qu'elles ont fournies quand nos connaissances relatives aux animaux ont été plus étendues. C'est ainsi qu'on peut voir, avec M. Jules Geoffroy, comme une intuition de la loi de la *division du travail physiologique*, développée seulement en 1827 par M. H. Milne Edwards, dans cette phrase du livre IV des *Parties des animaux*: «La nature emploie toujours, si rien ne l'en empêche, deux organes spéciaux pour deux fonctions différentes; mais, quand cela ne se peut, elle se sert du même instrument pour plusieurs usages; cependant il est mieux qu'un même organe ne serve pas à plusieurs fonctions.» D'autre part, la «lutte pour l'existence» que se livrent une foule d'animaux ne lui a pas échappé. «Les animaux, dit-il au livre IX, sont en guerre les uns contre les autres quand ils habitent les mêmes lieux et qu'ils usent de la même nourriture. Si la nourriture n'est pas assez abondante, ils se battent, fussent-ils de la même espèce.» Aristote n'a pas vu cependant que de cette lutte pouvait résulter l'extinction d'une ou plusieurs formes vivantes. Il est, au contraire, comme presque tous les philosophes de l'antiquité, pénétré de l'idée que le monde est immuable et que les ressources de la nature sont assez grandes pour rendre impossible la destruction d'une de ses œuvres. D'ailleurs tous les animaux ne sont pas en lutte; il en est qui sont amis, et ce n'est pas un des livres les moins brillants de l'*Histoire des animaux* que celui où le grand philosophe décrit les mœurs des êtres qu'il a étudiés et se montre aussi patient observateur que nous l'avons vu jusqu'ici habile anatomiste.

En résumé, l'œuvre immense dont nous venons d'esquisser les traits généraux est avant tout de celles auxquelles peut s'appliquer le plus justement le titre de «Philosophie zoologique». Aristote n'y accumule les faits que pour arriver à des lois, et son esprit pénétrant discerne avec un rare bonheur les rapports généraux. Plusieurs de ceux qui sont exprimés dans l'*Histoire des animaux* sont définitivement entrés dans la science tels qu'Aristote les avait formulés; d'autres ne sont qu'entrevus; mais ce qui est plus merveilleux peut-être, c'est qu'Aristote avait saisi du premier coup les différents points de vue auxquels le règne animal pouvait et devait être étudié. L'anatomie comparée, la physiologie, l'embryogénie, les mœurs des animaux, leur répartition géographique, les relations qui existent entre eux font également l'objet de ses études et ses recherches forment le plus riche trésor de connaissances que l'esprit d'un homme ait jamais possédé.

CHAPITRE III

LA PÉRIODE ROMAINE

Lucrèce: la formation des premiers organismes; la lutte pour la vie.—Pline: attributs merveilleux des animaux; nature et mode de formation des monstres marins; notions d'anatomie.—Élien; Oppien.—Galien: progrès de l'anatomie; corrélation entre la forme extérieure des animaux, leur organisation et leurs mœurs.

Il semblerait qu'après Aristote la science, mise par lui dans sa voie véritable, n'avait plus qu'à marcher. On voudrait voir un merveilleux épanouissement scientifique suivre de près l'apparition de ce grand homme; malheureusement les divisions politiques, les guerres, les invasions, ne permettent pas de continuer, en Orient, l'œuvre commencée. Aristote ne tarde pas à être oublié, et, chose étonnante, quand il reparaît, loin de susciter une renaissance scientifique, il devient un obstacle aux progrès. Son œuvre gigantesque inspire une telle admiration qu'on s'incline devant elle sans chercher toujours à la comprendre. Les opinions du maître deviennent autant de dogmes; on discute sur le sens littéral qu'il faut attribuer à chacune de ses phrases, mais on oublie le grand exemple qu'il a donné, et l'on ne songe pas un seul instant, quand une difficulté se présente, à interroger, comme lui, la nature, seule capable de mettre un terme aux argumentations sans fin qu'elle provoque et qui ont alimenté la scolastique au moyen âge. Durant cette singulière époque, on se représente Aristote comme une sorte de Moïse payen, dont la parole est aussi infaillible que celle des Livres saints; un violent effort est nécessaire avant que la science puisse recouvrer sa libre et indépendante allure.

Rome aurait pu, à la fin de l'antiquité, reprendre le rôle de la Grèce et transmettre à l'Occident un écho des brillants essais philosophiques de ce pays privilégié; mais Rome était trop agitée par la vie du forum, trop préoccupée de multiplier et d'étendre ses conquêtes pour que ses philosophes pussent trouver le loisir d'observer la nature. Parmi eux cependant se trouvèrent quelques esprits d'une étonnante pénétration: tel fut Lucrèce; son magnifique poème contient plus d'une vue prophétique à qui la science moderne est venue apporter une confirmation imprévue. La terre est pour Lucrèce la mère de tous les êtres vivants. Comme tous les organismes, elle a eu une période de fécondité, durant laquelle elle a produit la plupart des animaux et des végétaux; elle arrive aujourd'hui à une période de stérilité relative.

«D'abord la terre revêtit les collines d'une fraîche parure, uniquement formée par les herbes, et, dans toutes les campagnes, les prairies verdoyantes s'émaillèrent de fleurs. Puis s'établit entre les arbres variés une lutte magnifique, chacun s'efforçant de porter plus haut ses rameaux dans les airs. De même que le duvet, le poil et les soies naissent d'abord sur les membres des quadrupèdes et le corps des oiseaux, ainsi la jeune terre se couvrit d'abord d'herbes et d'arbrisseaux; elle créa plus tard, par des procédés divers, l'innombrable cohorte des êtres mortels, car les animaux ne peuvent être tombés du ciel et les plantes ne purent sortir des abîmes de la mer. Laissons donc à la terre ce nom de mère, qu'elle mérite si bien, puisque tout a été tiré de son sein. Aujourd'hui encore, beaucoup d'êtres vivants se forment dans la terre à l'aide des pluies et de la chaleur du soleil… Dans les premiers siècles, beaucoup de races d'animaux ont nécessairement dû disparaître, sans pouvoir se reproduire et se perpétuer. Car tous ceux que nous voyons vivre autour de nous ne sont protégés contre la destruction que par la ruse, la force ou l'agilité qu'ils ont reçues en naissant. Beaucoup qui se recommandent par leur utilité pour nous, ne persistent qu'en raison de la défense que nous leur accordons. La race cruelle des lions et les autres espèces de bêtes féroces sont protégées par leur force, le renard par sa ruse, le cerf par la rapidité de sa course. La gent fidèle et vigilante des chiens, toute la progéniture des bêtes de somme, les troupeaux producteurs de laine et les bêtes à cornes ont été confiés à la protection des hommes… Mais pourquoi aurions-nous protégé les animaux inutiles, que la nature n'avait pas doués des qualités nécessaires pour mener une existence indépendante? Enchaînés par les liens de la fatalité, ces êtres ont servi de proie à leurs rivaux, jusqu'à ce que la nature ait entièrement détruit leurs espèces[3].»

Ce passage n'est-il pas une brillante exposition de la doctrine de la *lutte pour la vie*, de l'extinction des espèces insuffisamment douées et de la *sélection naturelle* qui en est la conséquence? Lucrèce croyait à une production naturelle des êtres vivants; il pensait que les plus simples avaient paru les premiers, que tous ceux qui étaient imparfaits étaient destinés à disparaître, que des êtres nouveaux apparaissaient sans cesse. N'est-il pas étonnant qu'il se soit arrêté dans cette voie et qu'il n'ait pas songé à faire naître des espèces plus simples des premiers temps, les espèces plus compliquées qui les ont suivies? Mais le poète ne connaissait pas la véritable nature des fossiles; il ne s'était pas rendu compte de l'activité puissante de cet agent de destruction: la lutte pour la vie; il pensait que ses effets avaient dû se produire rapidement, porter principalement sur des êtres monstrueux, produits par la terre dans l'exubérante fécondité de sa jeunesse et presque aussitôt disparus, et qu'elle n'avait pu intervenir de nos jours. Bien qu'il emploie pour désigner les espèces des termes impliquant une série d'êtres continue, tels que les mots *corda* ou *sæcla*, il ne lui semble pas qu'aucun intermédiaire ait été nécessaire entre la mère commune et ses premiers enfants. En somme, les formes actuellement vivantes lui paraissent immuables; il n'a pas eu, comme Aristote, l'intuition de leur variabilité.

Lucrèce ne descend pas, du reste, dans le détail des faits. Tout autre est Pline, en qui l'on se plaît à voir ordinairement le plus grand naturaliste de l'antiquité après Aristote. Les premiers philosophes avaient imaginé de toutes pièces des systèmes d'explication du monde. Pour nous servir d'une expression que Buffon s'appliquait à lui-même, Aristote rassemblait des faits pour en tirer des idées; Pline se borne à rassembler des faits. Il les prend partout où il les trouve, excepté peut-être dans la nature, et produit ainsi une vaste compilation où toutes les fables de la période mythologique et de son temps se trouvent mêlées, presque sans critique, aux observations justes de ses prédécesseurs.

L'idée que les animaux sont intimement liés aux ressorts les plus cachés de la nature se trouve à chacune des pages de l'*Histoire naturelle*: ils connaissent une foule de médicaments, savent observer le ciel[4], pronostiquer les vents, les pluies et les tempêtes, et fournissent toutes sortes de présages; quand une maison menace ruine, les rats s'en vont et les araignées tombent avec leur toile; les oiseaux annoncent les moindres événements de la vie humaine; le renard est pour les Thraces un excellent conseiller; l'hyène est une véritable magicienne; la chair des ours continue à pousser après la cuisson; il y a des juments qui peuvent être fécondées par le vent. Ce dernier trait n'a rien de bien étonnant pour Pline, car il admet que les germes de toutes choses tombent du haut du ciel, et c'est ainsi qu'il explique pourquoi la mer nourrit les animaux les plus grands et les monstres les plus étonnants. Les germes s'accumulant dans son immensité, fournissent une nourriture abondante aux habitants de ses eaux; se mêlant sans règle et de toute façon, ils donnent naissance à toutes sortes d'êtres qui simulent les animaux ou les objets inanimés qu'on observe sur la terre, ou présentent les assemblages les plus incohérents; c'est ainsi que d'infimes coquilles, les hippocampes, possèdent une tête de cheval.

À côté de cette singulière doctrine sont développées de fort justes remarques, telles que celles-ci: Beaucoup d'auteurs refusent aux poissons la faculté de respirer, parce qu'ils n'ont pas de poumons; mais, dit Pline, «je ne dissimule pas que je ne puis accepter leur opinion, parce que certains animaux peuvent avoir, si la nature le veut, d'autres organes respiratoires que des poumons, de même que chez beaucoup d'animaux une humeur particulière remplace le sang. Qui peut s'étonner d'ailleurs que l'air respirable puisse pénétrer dans l'eau quand on l'en voit sortir?»

Parmi les animaux marins, Pline ne s'arrête pas seulement aux poissons; il décrit aussi les poulpes et divers mollusques, insiste sur le commensalisme des moules et des pinnothères, déjà signalé par Aristote, et se demande si les orties de mer ou méduses et les éponges ne participent pas à la fois de la nature des plantes et de celle des animaux. Moins perspicace qu'Aristote, il range les baleines parmi les poissons, et les chauves-souris parmi les oiseaux, montrant ainsi qu'il est surtout frappé non des ressemblances et des dissemblances de structure des animaux, mais des analogies et des différences qu'ils présentent dans leur manière de vivre.

Les insectes décrits par Pline sont assez nombreux; les abeilles tiennent parmi eux la place d'honneur. Viennent ensuite les guêpes, les frelons, les bourdons, les araignées, les scorpions, les cigales, les scarabées ou coléoptères d'Aristote, les sauterelles, les fourmis et, au milieu de tous ces animaux articulés, les geckos, qui sont des reptiles. Bien entendu, Pline admet la génération spontanée de beaucoup de ces êtres: les gouttes de rosée, se condensant sur les feuilles de chou en une gouttelette grosse comme un grain de mil, produisent une chenille, qui devient ensuite chrysalide, puis papillon; les teignes naissent de la poussière, et des mouches, les pyrales, sont produites par le feu.

La coutume de sacrifier des victimes pour en tirer des présages avait donné aux Romains une connaissance assez précise de l'organisation des animaux. Pline consacre une partie importante de son *Histoire des animaux* à décrire les principaux viscères et signale en même temps leurs fonctions. Quelques-unes de ses notions physiologiques sont assez exactes; mais mélangées d'une foule de fables. Il cite, à propos des présages, des oiseaux qui ont deux cœurs, d'autres qui n'en ont pas du tout; chez les rats, le nombre des lobes du foie varie de manière à être constamment égal au nombre de jours de la lune. Au delà des viscères, les connaissances anatomiques disparaissent: les veines, les artères, les nerfs, les tendons, quoique distingués en gros, sont à chaque instant confondus les uns avec les autres, et Pline ne sait rien de leurs fonctions: les oiseaux n'ont ni veines ni artères; les ongles sont les extrémités des nerfs, etc.

Malgré toutes ces imperfections, Pline est le seul auteur latin à qui l'on puisse avec quelque raison donner la qualité de naturaliste. Élien est, plus que lui encore, un simple compilateur, et, si les ouvrages d'Oppien démontrent que les Romains possédaient des renseignements intéressants sur les mœurs des animaux, les titres de ses poèmes: les *Cynégétiques*, les *Halieutiques*, les *Ixeutiques*, montrent assez dans quel but ils avaient été composés.

Une seule grande figure apparaît avant la décadence définitive de l'empire romain, celle de Galien (131—200 ap. J.-C). Galien est surtout un médecin; mais il montre un remarquable esprit philosophique, trace un véritable programme d'éducation scientifique et réalise ce programme en écrivant une série de traités qui conduisent graduellement de l'art de parler à l'art de raisonner et enfin à la médecine. Il ne cesse de recommander l'alliance étroite de l'observation et du raisonnement; donnant lui-même l'exemple, il ne perd aucune occasion d'observer.

Ne pouvant disséquer de cadavres humains, il étudie les singes et notamment le *magot*. Il indique à ses lecteurs les moyens d'observer, sans s'exposer aux rigueurs des lois, le squelette, qu'il désigne le premier sous ce nom; il leur conseille d'explorer les vieux tombeaux écroulés, les vallées où l'on peut trouver des cadavres desséchés de brigands, et finalement d'aller à Alexandrie, où des squelettes sont livrés à l'étude. Il veut qu'on étudie successivement les os, les muscles, les artères, les veines, les nerfs et enfin les viscères. On lui doit d'avoir distingué les nerfs des tendons, d'avoir montré que les premiers viennent tous du cerveau ou de la moelle épinière et d'en avoir établi les fonctions par de véritables expériences; il voit dans l'existence des nerfs le caractère essentiellement distinctif de l'animal et de la plante; il sait que les artères et les veines contiennent également du sang, et donne sur l'usage des organes des renseignements qui constituent un incontestable progrès sur ce que l'on enseignait avant lui.

L'obligation où il se trouve d'étudier les animaux, par suite de l'impossibilité de disséquer méthodiquement le corps humain, le conduit à d'intéressantes comparaisons; il arrive même à constater chez tous les êtres qu'il a étudiés une remarquable uniformité de structure. «Ce que nous avons à dire ici, dit-il à propos des organes de nutrition, semblera incroyable; mais, dès que vous l'aurez étudié, vous n'en douterez pas davantage, et vous admirerez *comment ces parties démontrent qu'un seul artiste a construit tous les animaux et a voulu que tous leurs organes fussent appropriés à leurs usages.*» Galien voit donc lui aussi l'unité dans la diversité.

Il est naturellement partisan des causes finales, mais il conclut du rapport qui existe entre l'organe et la fonction à un rapport entre la forme extérieure et l'organisation interne, entre les mœurs des animaux et leur structure: «Les parties qui remplissent une fonction semblable, et qui ont la même forme extérieure, doivent nécessairement présenter la même structure interne; aussi tous les animaux qui accomplissent les mêmes actions et qui ont les mêmes formes extérieures possèdent la même organisation. La nature, en effet, a donné à chaque animal un corps en rapport avec les facultés de son âme, et c'est pourquoi chacun, dès sa naissance, se sert de ses organes comme s'il avait été instruit par un maître. Je n'ai jamais disséqué de petits animaux, tels que les fourmis, les cousins, les puces; mais j'ai disséqué ceux qui se traînent, comme les belettes, les rats, et ceux qui rampent, comme les serpents, et en outre un grand nombre d'espèces d'oiseaux et de poissons, et je suis arrivé de la sorte à la conviction qu'une même intelligence les produit tous et que dans tous le corps est en conformité avec les mœurs. *Par une semblable étude, en examinant un animal pour la première fois, on peut, sans dissection, deviner sa structure intérieure, et cela sera bien plus facile encore si l'on peut le suivre dans l'accomplissement de ses fonctions.*

C'est, à peu de chose près, le principe des conditions d'existence que Cuvier exposera plus tard presque dans les mêmes termes, qu'il combinera, comme Galien, avec le principe des causes finales, dont il se servira pour établir les règles de corrélation que Galien aperçoit nettement entre la forme extérieure d'un animal et sa structure. Ce sont ces règles étendues par Cuvier aux rapports réciproques des organes qui lui serviront ensuite à reconstruire entièrement les animaux fossiles d'après la considération de quelques-unes de leurs parties. Ainsi les érudits qui ont attribué l'œuvre d'Aristote à ses prédécesseurs pourraient avec autant de raison reporter à Galien l'honneur des travaux de Cuvier. Ils pourraient même faire remonter jusqu'à lui, nous venons de le voir, l'honneur d'avoir inspiré à Geoffroy Saint-Hilaire, le principe de l'unité de plan de composition.

CHAPITRE IV

Galien est la dernière grande intelligence, le dernier philosophe qui jette quelque éclat au milieu de la décadence générale de l'empire. Bientôt les barbares surgissant de toutes parts ruinent la civilisation romaine; le paganisme s'écroule; l'établissement du christianisme absorbe les efforts intellectuels de tous ceux à qui la guerre laisse des loisirs. Toute culture scientifique s'efface dans l'Occident, et ce sont les hommes de l'extrême Orient qui conservent à l'humanité, dans la mesure où il répond aux besoins de leur race, le trésor de connaissances amassé durant l'antiquité. Durant tout le moyen âge, les Arabes conservent la prépondérance scientifique. À partir du IXe siècle, on voit les sciences médicales prendre chez eux un épanouissement remarquable. Hippocrate, Aristote sont traduits en langue vulgaire. El Kindi (860), El Dchâdidh, auteur d'une histoire des animaux, Abou Hanifa, savant botaniste, Ibn Wahchjid sont les plus célèbres de cette période étonnante, où la magie se trouve sans cesse alliée à la science et à la métaphysique. Rhazès (850—923), Avicenne, Avenzoar (1070—1161), Averrhoès (1120—1198), son élève, ont laissé la réputation de médecins fort habiles et fort savants; néanmoins ils s'abandonnent beaucoup plus à la spéculation qu'à l'observation véritable; le philosophe domine ordinairement en eux le savant, et, s'ils ont largement contribué à nous conserver la tradition scientifique des anciens, il faut reconnaître qu'ils n'ont fait faire à l'anatomie, à la physiologie et au diagnostic de maladies que peu de progrès réels. Ils avaient cependant une connaissance approfondie des propriétés des plantes, et on leur doit l'introduction dans la thérapeutique d'un assez grand nombre de médicaments. Kazwyny (1283), Ibn el Doreihim, El Demiri, qui vivaient au XIVe siècle, El Calcachendi (1418), El Schebi et El Sojuti (1445) ont composé sur l'histoire des animaux des traités remarquables. El Demiri en particulier a écrit une sorte de dictionnaire d'histoire naturelle qui comprend la description de 931 animaux.

C'est aux Arabes que les lettrés européens du moyen âge empruntèrent leurs premières connaissances scientifiques; c'est à leur influence en grande partie qu'il faut attribuer le mélange singulier, que l'on observe constamment à cette époque, de l'astrologie et de l'alchimie avec la science véritable, mélange dont les plus grandes intelligences ne surent pas toujours se garder et qui eut pour résultat d'amener dans l'esprit du vulgaire une confusion complète entre les savants et les sorciers. Roger Bacon (1214-1292) lui-même, quoique protestant de la *nullité de la magie*, sacrifia largement à l'alchimie. C'était un vaste esprit, un chercheur ingénieux, et un expérimentateur habile. À lire certains passages de son *Opus majus*, on croirait qu'il a deviné les plus belles inventions modernes; il paraît même avoir connu l'art de fabriquer des poudres explosibles. Il compte parmi les hommes qui contribuèrent le plus à ramener les savants à l'observation de la nature. Les investigateurs de cette époque cultivaient d'ailleurs simultanément toutes les sciences: ils unissaient étroitement la pratique de la médecine, les discussions philosophiques ou même théologiques à la recherche de la pierre philosophale et de la transmutation des métaux. La plupart, en histoire naturelle, se bornent à faire sur le texte d'Aristote des commentaires théologiques, et s'ils ajoutent quelques observations de leur cru, elles témoignent d'ordinaire d'une telle conception de la nature, à qui tout semble possible, d'une telle inhabileté à démêler les premières apparences de la réalité, qu'on regrette presque que ces laborieux écrivains ne s'en soient pas tenus aux textes de l'antiquité. Tels sont, malgré la réputation que leur valurent leurs ouvrages et leurs travaux dans d'autres directions, les alchimistes Arnaud de Villeneuve (1238-1314), qui découvrit l'alcool, Raymond Lulle (1235-1315), à qui nous devons l'acide azotique ou *eau-forte*, Albert le Grand (1153-1280), dominicain, puis évêque de Ratisbonne, dignité qu'il abandonna pour se livrer exclusivement à la culture et à l'enseignement des sciences. Albert le Grand exerce cependant une réelle influence par ses nombreux ouvrages d'alchimie et d'histoire naturelle qui constituent une sorte d'encyclopédie où domine le point de vue théologique. On compte parmi ses disciples le fameux saint Thomas d'Aquin (1227-1274), à qui Pic de La Mirandole attribue un ouvrage d'alchimie et que l'Église catholique place encore au rang le plus élevé parmi ses hommes de science.

Durant le XIIIe siècle, quelques voyages, tels que ceux de Guillaume Rubruquis et de Marco Polo, firent connaître l'Asie orientale; Marco Polo est le premier qui ait pénétré en Chine et au Japon; mais le récit de ses voyages, qui ne cadrait pas toujours avec les affirmations d'Aristote, fut longtemps considéré comme une œuvre d'imagination.

Malgré l'invention de l'imprimerie (1431), malgré les grands voyages de Christophe Colomb et la découverte de l'Amérique (1492), le XVe siècle poursuit encore longtemps les errements scientifiques du XIIIe et du XIVe siècle; mais au XVIe siècle la lumière commence à se faire dans les esprits et d'importantes recherches scientifiques sont entreprises. André Vésale (1514-1564) régénère l'anatomie; Fallope, Eustache, Spiegel, Ingrassias, Botal, Varole ont tous attaché leur nom à la découverte de quelque organe ou de quelque particularité de structure du corps humain. Les recherches de Fabrizio d'Aquapendente (1537-1619), celles de Colombo et de Césalpin, qui fut aussi un botaniste remarquable, préparent la découverte de la circulation; Césalpin en donne même une description générale fort exacte, tandis que la circulation pulmonaire est nettement entrevue par le malheureux Michel Servet (1509-1555), qui fut brûlé à Genève, comme hérétique, par Calvin. À cette époque vécut aussi le célèbre chirurgien de Henri II, Ambroise Paré (1517-1590), qui, en dehors de son mérite comme praticien, songea le premier à comparer le squelette des oiseaux à celui des mammifères. À côté de cette renaissance de l'anatomie se manifeste aussi une renaissance évidente de la botanique et de la zoologie. Jean et Gaspard Bauhin, morts le premier en 1613, le second en 1624, publient, tout en s'occupant de médecine, d'importants ouvrages sur les plantes; Pierre Belon né en 1518, assassiné au bois de Boulogne en 1564, écrivit une *Histoire naturelle des animaux marins* et une *Histoire des oiseaux*; il compara entre eux les organes des divers animaux qui avaient fait l'objet de ses études, ouvrit ainsi la voie à l'anatomie comparée, et figurant en tête de son Ornithologie un squelette d'oiseau et un squelette humain, désigna par les mêmes lettres les parties qui lui semblaient se correspondre dans ces deux squelettes. À la même époque, Rondelet (1507-1566) dota l'histoire naturelle d'une fort belle *Histoire universelle des poissons*, où l'on trouve un véritable essai de classification naturelle. Mais les naturalistes de ce siècle les plus remarquables par leur savoir furent Conrad Gessner (1516-1565) et Aldrovande (1527-1605). Gessner publia, outre divers travaux philosophiques et scientifiques, une *Histoire des animaux* en 4 volumes in-folio et divers écrits de botanique dans lesquels il établit, sur les organes de fructification, la première classification scientifique des végétaux; il traite aussi des cristaux et dit que les fossiles pourraient bien être les dépouilles d'êtres vivants. Aldrovande est l'auteur d'une vaste histoire naturelle dans laquelle il traite des trois règnes de la nature, et qui fut imprimée, en partie, sous les auspices du sénat de Bologne.

Ce fut aussi un des titres de gloire du grand artiste Bernard de Palissy (1500-1589) d'avoir énergiquement soutenu que les fossiles étaient des restes d'animaux pour la plupart marins, et qu'en conséquence les mers avaient autrefois couvert une vaste étendue des continents, opinion déjà émise au commencement du siècle par Léonard de Vinci. La foi dans l'observation, dans l'expérience, dans la raison, se substitue ainsi peu à peu à la foi dans l'autorité et aux discussions sans fin sur les opinions des maîtres dont la philosophie scolastique nous offre le triste tableau. Résultat nécessairement impuissant de la direction imprimée aux esprits par le christianisme et de la forte constitution que s'était donnée le clergé, gardien des dogmes, la scolastique commence à inspirer un mépris mal déguisé; on comprend enfin combien sont stériles ses vaines disputes; et l'on prêche le retour vers l'observation de la nature qu'Aristote ne contient évidemment pas tout entière. Tandis que de nombreux investigateurs prêchent d'exemple et ajoutent à nos connaissances dans toutes les directions, sans trop de souci de l'autorité, quelques hommes hardis, comme Argentier, proclament leur confiance exclusive dans la raison et préparent ainsi l'avènement de François Bacon (1561-1626), dont l'*Instauratio magna* rétablit, pour la première fois, depuis Aristote, les vrais principes de la philosophie et de la méthode scientifique.

Bacon déclare que l'homme de science doit avant tout appuyer ce qu'il affirme sur l'expérience, et il étend même la méthode expérimentale à la recherche de l'origine des êtres. Dans sa *Nova Atlantis*, sorte de projet d'un établissement uniquement consacré au progrès des sciences naturelles, comme l'est notre Muséum d'histoire naturelle, il recommande de *tenter les métamorphoses des organes et de rechercher, en faisant varier les espèces, comment elles se sont multipliées et diversifiées.* C'est la première expression scientifique de l'idée que les formes des plantes et des animaux ne sont pas immuables et en nombre fini, que le monde vivant n'est parvenu à son état actuel que par une série de lentes et graduelles modifications. L'illustre philosophe put connaître avant de mourir l'une des plus belles découvertes dues à la méthode expérimentale, celle de la circulation du sang, annoncée dès 1619 par Harwey, médecin de Jacques Ier et de Charles Ier et élève de Fabrizio d'Aquapendente, qu'il avait assisté dans ses recherches sur les valvules des veines. Cette découverte donna un nouvel élan aux recherches anatomiques. Aselli retrouve les vaisseaux chylifères. Pecquet montre qu'ils sont destinés à puiser dans les entrailles les matières assimilables et qu'ils les transportent dans le canal thoracique, par lequel elles sont versées dans la circulation. Rudbeck et Bartholin se disputent la découverte des vaisseaux lymphatiques; Wirsung fait connaître le canal pancréatique; Bartholin et Sténon complètent l'étude des glandes salivaires. Wepfer, Schneider, Willis, Vieussens étendent les connaissances acquises sur le cerveau, dont ils précisent le rôle; enfin Ruysch, par l'application aux recherches anatomiques du procédé qui consiste à injecter des liquides colorés dans les vaisseaux et les cavités, fait faire de grands progrès à l'histoire de l'appareil vasculaire.

Vers la même époque, l'application à l'étude des organismes d'une autre méthode d'investigation fut encore plus féconde. Presque en même temps, Malpighi, professeur de médecine à Bologne (1628-1694), Leuwenhoek (1632-1723), de Delft, et Swammerdamm (1637-1680) introduisent l'emploi des verres grossissants dans les recherches d'histoire naturelle; ils sont aussitôt récompensés par de magnifiques découvertes. Malpighi fait connaître un grand nombre de particularités de structure des organes humains, découvre les trachées des insectes et étudie le développement du poulet; on doit à Leuwenhoek d'avoir révélé aux naturalistes l'existence des infusoires et d'avoir coopéré à la découverte des spermatozoïdes; il paraît aussi avoir connu la reproduction des pucerons sans le secours de l'accouplement, dont la réalité fut mise hors de doute, bien plus tard, par Bonnet, de Genève, et il fit sur la génération des polypes par bourgeonnement des observations qui devaient demeurer oubliées jusqu'aux recherches de Trembley. Swammerdamm, qui publia une grande partie de ses travaux sous le titre de *Biblia naturæ*, est surtout célèbre par ses recherches sur les métamorphoses des insectes.

Dès cette époque se posent les grandes questions qui ont depuis agité le monde savant: Rédi (1626-1698) combat par des expériences d'une réelle précision l'hypothèse, aujourd'hui ramenée à un problème de chimie, des générations spontanées. Il continue cependant à admettre la possibilité de ce mode de génération pour les vers que l'on trouve à l'intérieur des fruits et pour ceux qui vivent dans les viscères de l'homme et des animaux, mais c'est sous l'influence des forces vitales elles-mêmes, d'âmes embryons, d'*âmes végétatives*, que ces vers sont engendrés. Newton signale déjà à la fin de son *Optique* cette uniformité de structure des animaux, à la démonstration de laquelle Geoffroy Saint-Hilaire devait consacrer sa vie scientifique, et Pascal, dépassant Bacon, croit que *les êtres animés n'étaient à leur début que des individus informes et ambigus, dont les circonstances permanentes au milieu desquelles ils vivaient ont décidé originairement la constitution*[5]; Sylvius Leboë, de Leyde, soutient que tous les phénomènes qui se produisent dans les viscères sont analogues aux réactions qu'on voit s'accomplir dans les cornues des laboratoires de chimie; tandis que Vallisneri cherche à expliquer la génération, par la doctrine de l'emboîtement des germes dont Cuvier sera l'un des derniers partisans. Swammerdamm établit les bases de la doctrine du développement des animaux par formation successive des parties, par *épigénèse*. Mais les esprits sont loin d'être préparés à comprendre la portée de ces découvertes. En 1595, Frey, pasteur à Schweinfurth, considère encore les animaux comme des «précepteurs», qui nous auraient été donnés par Dieu; Wolfgang Franz, en 1612, dans son *Histoire sacrée des animaux*, qui eut plusieurs éditions et contient une assez ingénieuse classification des animaux, décrit les dragons naturels, qui ont trois rangées de dents à chaque mâchoire, et il ajoute avec une ineffable sérénité: «Le principal dragon est le diable;» le P. Kircher, physicien distingué cependant, recherche quels animaux Noé fit entrer dans l'arche; il figure parmi eux des sirènes et des griffons, et nous sommes en 1675! Il s'agit, à la vérité, d'écrivains religieux plutôt que de savants; mais quel monde de préjugés devait à une pareille époque affronter la moindre découverte!

CHAPITRE V

ÉVOLUTION DE L'IDÉE D'ESPÈCE

Les grands travaux descriptifs: Wotton, Gessner, Aldrovande.—Ray: définition de l'espèce.—Premiers essais de nomenclature.—Linné: la fixité de l'espèce; la nomenclature binaire.

Cependant la zoologie descriptive avait fait de réels progrès. Wotton avait tiré, en 1552, des œuvres d'Aristote un premier essai de disposition systématique des animaux. La même année, Conrad Gessner avait réuni, dans son *Histoire des animaux*, tout ce que l'on savait de son temps sur ces êtres vivants, et en avait rendu facile l'étude comparative, en adoptant pour ses descriptions un plan méthodique; à partir de 1599, Aldrovande avait publié sur les animaux une série d'ouvrages importants, et les matériaux s'étaient déjà tellement accrus qu'il avait fallu de toute nécessité recourir, pour mener cette œuvre à bonne fin, à une classification rigoureuse, en partie empruntée à Wotton et en partie nouvelle; des animaux fabuleux, des harpies, des griffons, se trouvent encore mêlés aux animaux réels; l'histoire de l'oie qui naît des glands d'un chêne est encore racontée; mais le progrès n'en est pas moins accusé. Jonston compose, à son tour, après d'autres ouvrages d'histoire naturelle qui en étaient la préparation, son *Théâtre universel des animaux*; partout la méthode est la même: Les animaux sont décrits d'après leur habitat ordinaire, leur genre de nourriture, leurs mœurs.

Mais les formes animales connues sont de plus en plus nombreuses; il devient de plus en plus difficile de les reconnaître dans les longues et confuses descriptions qu'on en fait. Sperling a le premier l'idée de les définir au moyen de courtes diagnoses qu'il nomme des *préceptes* (1661). Toutefois les groupes d'individus auxquels correspondent ces diagnoses, bien que nettement définis dans l'esprit des zoologistes, n'ont pas encore reçu de dénomination particulière. Comme le faisait jadis Aristote, on emploie indifféremment les mots *genre* et *espèce* pour désigner des groupes d'étendue variable. On dit ainsi: l'espèce des oiseaux en comprend un grand nombre d'autres; l'espèce des mammifères se divise en plusieurs genres; on n'a pas non plus beaucoup réfléchi sur les caractères de ce que nous nommerions aujourd'hui une *espèce*. On admet sans trop de peine, malgré les efforts de Redi pour démontrer l'inanité de la génération spontanée des insectes, que des animaux peuvent exceptionnellement engendrer d'autres animaux tout différents et que beaucoup peuvent naître de la rosée, de la pourriture ou du limon. Cependant le besoin de plus de précision se fait graduellement sentir. Ray entre enfin hardiment dans la voie que nous suivons aujourd'hui, en déterminant d'une manière définitive la signification qu'il faut donner au mot *espèce* et en fixant ainsi pour tous une idée qui jusque-là était demeurée quelque peu flottante. L'espèce, c'est désormais le plus restreint des groupes auxquels on appliquait jusque-là ce mot; toute réunion d'espèces ayant quelques caractères communs portera le nom de *genre*. Le genre pourra donc se diviser en espèces, mais l'espèce est maintenant une unité indivisible. Sa définition est tout entière basée sur la généralisation d'un fait d'observation journalière. Les animaux et les plantes que nous connaissons le mieux tirent tous leur origine d'animaux et de plantes semblables à eux; ces animaux et ces plantes ainsi liés généalogiquement sont ce qu'on appellera des espèces. L'idée était déjà dans Aristote, mais le mot n'y était pas, et l'idée même était moins précise, car Aristote n'en parle guère qu'incidemment, à propos des difficultés que soulève l'origine de certains animaux; Ray dit, au contraire, expressément: «Les formes spécifiquement différentes conservent toujours la même apparence; jamais une espèce ne naît de la semence d'une autre, ni réciproquement.» Il semble que Ray détermine non seulement de la façon la plus nette le critérium de l'espèce, mais qu'il affirme de plus la fixité absolue des formes spécifiques: il ne va cependant pas jusque-là. Il remarque d'abord qu'il existe entre les animaux de même espèce des différences sexuelles qui peuvent être assez considérables, et il ajoute que son «caractère de l'espèce n'est pas absolument infaillible. Les expérience montrent, en effet, que quelques semences peuvent dégénérer, que des plantes d'espèce différente peuvent, dans des cas exceptionnels, naître de la semence d'une plante d'espèce donnée et donner lieu, par conséquent, à une transmutation des espèces.» Ces réserves devront bientôt disparaître.

Ray embrassait dans le cercle de ses études la botanique et presque toutes les branches de la zoologie qu'il avait étudiées soit seul, soit avec le concours de son ami Willoughby, mort prématurément et dont il publia les travaux. Peu à peu, l'accroissement considérable du nombre des animaux recueillis dans toutes les parties du monde obligea les naturalistes à se restreindre à l'étude de collections particulières qui étaient minutieusement décrites, comme on décrit de nos jours des cabinets de curiosités. Ce fut l'origine de livres tels que le *Thésaurus* de Seba, l'ouvrage de Rumphius sur les raretés d'Amboine (1705), le *Gazophylacium naturæ et artis* de Pétiver (1711) et autres publications analogues.

On pouvait aussi borner ses études, en décrivant des animaux d'une certaine catégorie ayant entre eux quelque ressemblance; former ces catégories, c'était déjà reconnaître l'existence de groupes naturels; c'est ainsi que Martin Lister s'occupa des coquilles, Breyn des oursins, Linck des étoiles de mer, etc. Ces divers travaux monographiques ne pouvaient conduire à des idées bien générales; mais ils demandaient une étude suivie des formes vivantes; ces formes étaient nettement définies, parfois soigneusement figurées, comme dans l'ouvrage de Linck sur les étoiles de mer, qui date de 1733. Parmi elles, celles qui se ressemblent le plus sont groupées en *genres* qui apparaissent ainsi comme des divisions secondaires des groupes plus étendus dont l'auteur se fait l'historien, groupes auxquels on n'a pas encore songé à attribuer de dénomination marquant leur degré de généralité. Dans les ouvrages de Breyn et de Linck, chaque genre reçoit un nom particulier, chaque espèce est distinguée de celles du même genre par une ou deux épithètes accolées au nom générique, de telle façon qu'un système de dénomination semblable à celui qui est en usage dans notre état civil tend de plus en plus à s'introduire dans la langue zoologique. D'abord l'usage de cette nomenclature est en quelque sorte accidentel; souvent on emploie plusieurs prénoms pour désigner une même espèce. Linné comprend enfin la nécessité de formuler les règles de la langue du naturaliste. Après s'être servi accidentellement en 1749, pour désigner les espèces communes en Scandinavie, d'un nom et d'un unique prénom dans un discours inaugural devenu célèbre sous le nom de *Pan suecica*, il montra en 1751, dans sa *Philosophie botanique*, les avantages de ce mode de dénomination; en fit en 1753 une première application aux plantes, dans son *Species plantarum*, et l'étendit à l'ensemble des espèces des deux règnes dans la 12e édition de son *Systema naturæ*, qui date de 1766. Cette façon de désigner les espèces, adoptée depuis par tous les naturalistes, est ce qu'on a appelé la *nomenclature binaire*.

Par un phénomène inverse de celui qui avait empêché Aristote d'atteindre à la notion de l'espèce, les groupes spécifiques nettement définis, et désignés chacun désormais par un nom particulier, facile à retenir, ne devaient pas tarder à être pris pour autant de réalités malgré ce que leur détermination présentait d'évidemment artificiel. Dans la période qui s'ouvre on voit, en effet, les naturalistes oublier peu à peu que les espèces ont été constituées par eux-mêmes à l'aide de groupes d'individus, pour ne plus voir que la forme abstraite à laquelle se rattachent tous les individus d'un même groupe. On s'applique à dénombrer ces formes, devenues autant d'êtres quasi réels; connaître toutes les formes vivantes, en donner un catalogue aussi complet que possible paraît à de nombreux zoologistes le but définitif de la science. On peut citer Klein comme le représentant le plus accompli de cette doctrine; ses travaux ont uniquement pour but de dresser un catalogue des animaux commode à consulter, et l'on doit y parvenir, suivant lui, au moyen d'un système de classification empruntant exclusivement ses caractères à l'extérieur de l'animal. Il est certain que, si l'on se propose seulement de dresser un inventaire du règne animal et d'arriver le plus rapidement possible à déterminer à quel chapitre de cet inventaire se rattache un animal donné, les caractères qui sont le plus apparents, le plus faciles à constater ont quelque droit à avoir la préférence; non seulement la nature des caractères employés, mais encore les façons dont ils sont mis en œuvre, ce qu'on pourrait appeler les *procédés de classification*, prennent une importance considérable. C'est ainsi que l'on est amené à considérer comme des inventions éminemment utiles des artifices, tels que ces tables dichotomiques des botanistes, qui permettent d'abréger le temps à dépenser pour trouver un nom. En soutenant qu'on ne devait pas obliger les naturalistes qui veulent trouver le nom d'un animal, à en ouvrir la bouche pour compter combien il possède de dents, Klein devait avoir pour lui tous les naturalistes descripteurs, et l'on en voit encore de nos jours regretter que toutes nos méthodes de classification n'aient pas été basées sur de tels principes.

Ce fut Linné qui eut l'honneur de limiter l'influence de Klein et d'affirmer que l'histoire naturelle devait atteindre un but plus élevé que celui auquel menaçaient de la restreindre les simples nomenclateurs. Pour son esprit poétique, il devait exister dans la nature une harmonie dont le naturaliste digne de ce nom devait être l'interprète. Que les conditions particulières à une science en voie de formation imposassent la nécessité d'avoir recours à des procédés plus ou moins artificiels pour parvenir à dresser un inventaire des êtres vivants, inventaire au moyen duquel on pût déterminer facilement les formes déjà connues et dans lequel il fût aisé d'assigner une place aux formes nouvelles, il ne le contestait pas; il dut lui-même, en partie, sa brillante réputation à l'invention et à l'emploi général de procédés de ce genre, particulièrement ingénieux, il est vrai; mais ces procédés, qu'il nommait des *systèmes*, n'étaient pour lui qu'une concession faite momentanément aux besoins de la nomenclature et ne représentaient nullement la science elle-même. Tout dans la nature lui paraissait rigoureusement ordonné; il était persuadé que, de même que nos pensées forment une chaîne ininterrompue, tous les êtres devaient se relier les uns aux autres d'une façon déterminée. Aussi s'était-il approprié cet aphorisme de Leibnitz: *Natura non facit saltum*: La nature ne fait point de saut. Dans la longue série des formes vivantes, chaque espèce devait être exactement intermédiaire entre deux autres. La science ne devait s'arrêter qu'après avoir permis de les disposer toutes dans un ordre tel que cette condition fût réalisée; seulement alors elle pourrait se considérer comme possédant un système de classification définitif; ce système définitif était nécessairement *unique*; c'est à lui qu'il fallait réserver le nom de *méthode naturelle*, et Linné pensait qu'on parviendrait à le réaliser en imaginant une suite de systèmes, destinés à être sans cesse perfectionnés par des retouches successives, de manière à se rapprocher de plus en plus du système définitif. Ainsi chacun de ces systèmes devait être comme nos théories, qui ne fournissent que des explications approximatives des phénomènes qu'elles se proposent de relier entre eux, jusqu'à ce que des perfectionnements progressifs, portant sur des points de détail, leur aient donné une inaltérable cohésion.

Cette méthode, image de la nature, traduction fidèle de la pensée du créateur, devait tenir compte de tous les faits que peut présenter l'histoire des animaux: non seulement leurs caractères extérieurs, mais leur structure anatomique, leurs facultés, leur genre de vie, devaient être pris en considération pour arriver à rapprocher les espèces suivant leur ordre naturel, et Linné, tout en se bornant à constituer ce qu'il appelle un *système de la nature*, introduit, autant que cela est possible de son temps, la notion de la structure dans ses divisions du règne animal; il ouvre de la sorte une voie nouvelle, que Cuvier poursuivra plus tard.

L'illustre Suédois a rendu à la philosophie zoologique un service plus important encore.

La première condition pour se rapprocher autant que possible d'un but aussi élevé que celui qu'il devait atteindre, était d'introduire dans la science une précision qui lui avait manqué jusque-là. Aussi le voyons-nous prendre le plus grand soin de définir tout ce dont il a à parler. Il semble qu'il soit inutile de dire ce que peuvent être les minéraux, les végétaux et les plantes; depuis longtemps, l'observation vulgaire a donné à chacun une notion précise de là signification de ces termes. Linné insiste cependant:

> Mineralia crescunt.
> Vegetalia crescunt et vivunt.
> Animalia crescunt, vivunt et sentiunt.

Les trois règnes sont ainsi caractérisés, et leurs caractères présentent une séduisante gradation. Les formes à classer ne sont pas définies avec moins de netteté:

«Nous comptons, dit Linné, autant d'espèces qu'il est sorti de couples des mains du Créateur.»

Ici, la définition pèche même par trop de précision, car elle juge, dans sa forme concise, une foule de questions qu'il eût été peut-être prudent de ne pas résoudre aussi vite. Linné paraît savoir, en effet, que les animaux sont sortis par couples des mains divines; que tous les animaux de même espèce que nous observons aujourd'hui sont descendus de ces couples, auxquels les relient une série ininterrompue de générations; qu'aucune des familles naturelles ainsi constituées ne s'est éteinte; qu'aucune n'a subi de mélange; qu'aucune ne s'est perfectionnée, dégradée ou même modifiée. Ce savoir, il ne pouvait le tenir ni de l'observation, ni de l'expérience; il se place donc, par cette définition de l'espèce, hors du terrain scientifique. C'est évidemment du récit de la création fait par la Genèse qu'il s'inspire; nous nous trouvons en présence non plus d'un fait rigoureusement déterminé, mais d'une croyance religieuse, d'un dogme. Et c'est bien un dogme en effet, que Linné vient d'introduire dans la science. S'il n'y attache pas lui-même une importance excessive, s'il entreprend des recherches propres à déterminer de quelles variations les êtres vivants sont susceptibles, s'il suppose plus tard que les espèces primitives de plantes ont été peu nombreuses et que leur nombre s'est accrue par suite de croisements entre les espèces fondamentales, si l'on peut croire, en un mot, qu'en définissant l'espèce comme il l'a fait, Linné a surtout cédé au besoin de donner une forme saisissante à la notion de l'espèce, encore vague pour le plus grand nombre de ses lecteurs, il n'en sera plus de même de ses successeurs et de ses élèves, qui prendront ce qu'il y a de plus absolu dans cette définition, et feront du principe, plus théologique que scientifique, de l'invariabilité des espèces la pierre angulaire de la zoologie. Linné avait dit: «toute espèce est exactement intermédiaire entre deux autres;» il avait dit aussi: «la nature ne fait point de saut» et ces deux propositions impliquaient, chez lui, un sentiment profond de la continuité du règne animal comme du règne végétal, qui tempérait la rigueur de ses définitions; ses successeurs affirmeront exclusivement la discontinuité.

On a souvent accusé l'école de Linné d'avoir enrayé toutes les études qui pouvaient nous éclairer relativement à l'origine et aux modifications possibles des êtres vivants. Ce reproche n'est pas absolument fondé. Les observations précises, quel que soit l'esprit dans lequel elles sont faites, finissent toujours, par cela seul qu'elles sont précises, par conduire à la vérité. Or Linné dotait l'histoire naturelle d'une précision inconnue jusqu'à lui. S'il était vrai que les formes vivantes étaient invariables et en nombre limité, l'accord devait rapidement se faire entre les naturalistes sur le nombre et les caractères de ces formes nettement séparées les unes des autres; si ces formes étaient au contraire variables, le zèle mis par chacun à décrire de prétendues espèces nouvelles devait augmenter indéfiniment le nombre des espèces, établir peu à peu entre les formes les plus différentes les transitions les plus graduées, soit par l'intermédiaire de formes actuellement existantes, soit par l'intermédiaire de formes ayant vécu, mais aujourd'hui disparues. Est-il besoin de dire ce qui est arrivé? Le nombre des espèces décrites depuis Linné s'est si rapidement augmenté, que les descripteurs, effrayés de leur œuvre, ont fini par se renvoyer réciproquement l'accusation de constituer des espèces de fantaisie, les uns multipliant à l'infini les dénominations différentes, les autres désignant au contraire sous un même nom des formes que l'on trouverait, sans aucun doute, fort disparates si l'on ne connaissait les formes intermédiaires qui les unissent. De par les divergences mêmes de ceux qui la prétendaient fixe, l'espèce est devenue un groupe aux limites flottantes, toutes conventionnelles, d'individus plus ou moins semblables entre eux. On n'a pu manquer d'être frappé de tout ce qu'avait d'arbitraire la délimitation de ces groupes; mais, quand on a voulu en fixer nettement les limites, on s'est heurté à de telles difficultés que chacun a donné de l'espèce une définition différente et qu'il a fallu avoir recours, pour trouver un terrain de conciliation, non à des caractères extérieurs, tels que ceux dont Klein demandait l'usage exclusif, non pas même à des caractères anatomiques, tels que ceux dont Linné commençait à faire usage, mais à un caractère exclusivement physiologique, nécessitant, pour être déterminé, des expériences souvent impraticables, le caractère même que le bon sens populaire, bien plus que son observation personnelle, avait dicté à Aristote: la fécondité ou l'infécondité des unions entre les individus dont l'identité spécifique était douteuse.

En serrant de plus près qu'on ne l'avait fait avant lui la notion de l'espèce, en conduisant ses élèves à adopter nettement une manière de voir déterminée, en donnant un corps à une conception vaporeuse jusque-là, Linné forçait l'attention des hommes de science à se porter sur des phénomènes qu'ils auraient sans doute longtemps encore négligés, à chercher la solution de problèmes difficiles à résoudre et qu'on eût peut-être éludés au lieu de les envisager de front. La multiplication même des prétendues formes spécifiques, dont on a accusé les naturalistes linnéens d'avoir encombré les sciences, est donc demeurée un bien, car plus ces formes devenaient nombreuses, plus il était nécessaire de les décrire avec précision, pour les distinguer les unes des autres, et plus devaient s'étendre nos connaissances relatives aux modifications diverses dont sont respectivement susceptibles les individus de même espèce.

* * * * *

Les prédécesseurs de Linné réunissaient dans des groupes plus ou moins étendus, qu'ils désignaient sous le nom de genre ou auxquels ils ne donnaient pas du tout de nom, les espèces qui, tout en étant distinctes, présentaient quelques similitudes. Linné définit le premier les différents degrés de ressemblance: dans ses ouvrages, les espèces les plus voisines furent constamment groupées en *genres*; les genres entre lesquels il existait des caractères communs furent réunis en *ordres*, les ordres en *classes*. Les rapports réciproques de ces diverses divisions furent établis par le tableau suivant, indiquant plusieurs sortes de hiérarchie et dans lequel les termes correspondants sont placés sur une même ligne verticale:

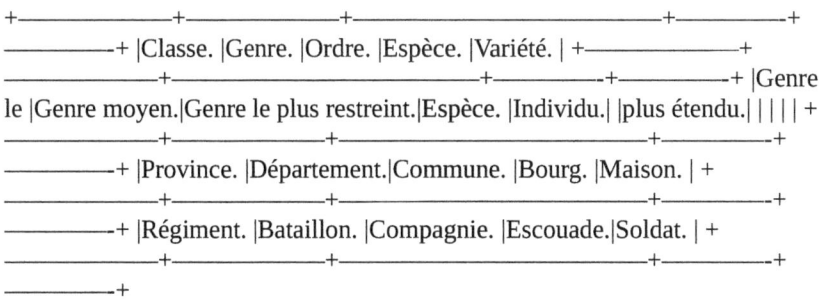

```
+————————+————————+——————————————+————————+
————————+ |Classe. |Genre. |Ordre. |Espèce. |Variété. | +—————————+
————————————+————————————————————+————————+————-+————————+ |Genre
le |Genre moyen.|Genre le plus restreint.|Espèce. |Individu.| |plus étendu.| | | | | +
————————+————————+——————————————+————————+———————+
————————+ |Province. |Département.|Commune. |Bourg. |Maison. | +
————————+————————+——————————————+————————+————————+
————————+ |Régiment. |Bataillon. |Compagnie. |Escouade.|Soldat. | +
————————+————————+——————————————+————————+————-+
————————+
```

La dernière édition du *Systema naturæ* est de 1766; plus tard, en 1780, entre l'ordre et le genre, Batsch introduisit une division nouvelle, dont l'importance est presque devenue prédominante, la *famille*. Il est évident que cette gradation des ressemblances présentées par les animaux devait rapidement éveiller l'idée d'un degré plus ou moins grand de parenté entre eux. Déjà Linné avait emprunté à l'état civil le système de la nomenclature binaire, désignant par un même nom les êtres de même genre, qu'il comparait par conséquent implicitement aux membres d'une même lignée; le mot de *famille*, choisi par Batsch, implique que la même comparaison est dans son esprit, et le mot *tribu*, qu'on emploiera également plus tard, précise encore cette assimilation. Mais ces comparaisons sont, pour ainsi dire, inconscientes; elles sont suscitées par la nature même de phénomènes qu'il s'agit de faire comprendre; on constate des ressemblances de divers degrés entre les animaux; on a constaté de même des ressemblances décroissantes entre les membres d'une même famille humaine à mesure qu'ils s'éloignent de leur souche commune: on rapproche ces deux faits; mais on demande si peu au second l'explication du premier qu'au lieu de se représenter la classification comme un arbre généalogique aux rameaux multiples, on en cherche l'image, soit comme Linné, dans les rapports que présentent entre elles les bourgades, les villes et les provinces inscrites sur une carte géographique, soit même, comme Bonnet, dans les rapports que présentent les anneaux d'une chaîne, les degrés d'une échelle. Cette doctrine de l'échelle des êtres, issue de la philosophie de Leibnitz, a vivement frappé l'esprit des philosophes; elle s'est conservée, sous des formes diverses, pendant de longues années; il est nécessaire de montrer comment la présentait celui qui en fut le plus ardent promoteur, Charles Bonnet.

CHAPITRE VI

LES PHILOSOPHES DU XVIIIe SIÈCLE

C. Bonnet: la chaîne des êtres; les révolutions du globe; l'état passé et l'état futur des plantes, des animaux et de l'homme; l'emboitement des germes.—Robinet: ses idées sur l'évolution.—De Maillet: les fossiles.—Erasme Darwin: le transformisme fondé sur l'épigénèse.—Transformation des animaux sous l'influence de l'habitude; analogie avec Lamarck et Charles Darwin.—Maupertuis: la sensibilité de la matière et le transformisme.—Diderot: la vie de l'espèce et la vie de l'individu.

Linné était avant tout un savant; s'il avait de brillantes échappées vers la philosophie, il faisait hautement profession de borner son ambition à la connaissance et à la contemplation des œuvres de la nature; Charles Bonnet est avant tout un philosophe qui interroge la nature pour y trouver des problèmes à résoudre, qui expérimente et observe, pour s'élever aussitôt des faits qu'il découvre aux plus hautes spéculations métaphysiques. Comme philosophe, Bonnet est un fervent disciple de Leibnitz: tous ses efforts tendent à démontrer la possibilité d'appliquer aux corps matériels et même aux êtres immatériels dont il admet l'existence, cette *loi de continuité* que nous avons déjà vue acceptée par Linné. Pour lui, tous les êtres forment une chaîne continue en dehors de laquelle il n'y a que Dieu. Graduellement, les minéraux passent aux êtres organisés et ceux-ci sont reliés entre eux par une foule d'insensibles transitions. Les diverses divisions de nos systèmes et de nos méthodes, les espèces mêmes n'ont qu'en apparence des limites fixes. En réalité, grâce aux innombrables variations que les individus peuvent présenter, les espèces sont étroitement reliées les unes aux autres: «Les intelligences qui nous sont supérieures découvrent peut-être entre deux individus que nous rangeons dans la même espèce plus de variétés que nous n'en découvrons entre deux individus de genres éloignés. Ainsi ces intelligences voient dans l'échelle de notre monde autant d'échelons qu'il y a d'individus. Il en est de même de l'échelle de chaque monde, et toutes ne composent qu'une seule suite, qui a pour premier terme l'atome et pour dernier terme le plus élevé des chérubins[6].» Comme conséquence de ces idées, Bonnet accepte l'opinion qu'il existe plusieurs mondes habités, que ces mondes présentent au point de vue de leur perfection une véritable gradation, qu'il en est d'inférieurs au nôtre et aussi de supérieurs.

«Les êtres terrestres viennent se ranger naturellement sous quatre classes générales: 1° les êtres *bruts* ou *inorganisés*; 2° les êtres *organisés* et *inanimés*; 3° les êtres *organisés* et *animés*; 4° les êtres *organisés*, *animés* et *raisonnables*[7]… L'assortiment d'êtres qui est propre à notre globe ne se rencontre vraisemblablement dans aucun autre. Chaque globe a son économie particulière, ses lois, ses productions. Il est peut-être des mondes si imparfaits relativement au nôtre qu'il ne s'y trouve que des êtres de la première ou de la seconde classe. D'autres mondes peuvent être au contraire si parfaits, qu'il n'y ait que des êtres propres aux classes supérieures. Dans ces derniers mondes, les rochers sont organisés, les plantes sentent, les animaux raisonnent, les hommes sont des anges.

«Quelle est donc l'excellence de la Jérusalem céleste, où l'ange est le moindre des êtres intelligents[8]?»

Bonnet passe, comme on voit, de la science à la théologie, des êtres matériels aux esprits. Ses tentatives de constituer par les inductions que lui inspire la loi de continuité une sorte d'histoire naturelle des créatures célestes peuvent paraître aujourd'hui bien naïves. Mais, si l'application d'un principe tiré de l'étude du monde tangible à un monde qui échappe totalement à nos sens conduit à des conclusions que rien ne saurait distinguer des rêves de notre imagination, l'application de ce même principe à la détermination des rapports réciproques des êtres organisés est, au contraire, féconde en conséquences intéressantes. C'est ainsi que Bonnet, après une comparaison longuement développée de la plante et de l'animal, arrive à cette conclusion, si éloquemment mise en lumière par Claude Bernard dans les dernières années de sa vie, qu'il n'existe entre les deux grands règnes organiques aucun caractère distinctif absolu: «Dites au vulgaire que les philosophes ont de la peine à distinguer un chat d'un rosier; il rira des philosophes et demandera s'il est rien dans le monde qui soit plus facile à distinguer? C'est que le vulgaire, qui ignore l'art d'abstraire, juge sur des idées *particulières* et que les philosophes jugent sur des idées générales. Retranchez de la notion du chat et de celle du rosier toutes les propriétés qui constituent, dans l'une et dans l'autre, l'espèce, le genre, la classe, pour ne retenir que les propriétés les plus générales qui caractérisent l'animal ou la plante, et il ne vous restera aucune marque distinctive entre le chat et le rosier[9]… Les plantes et les animaux ne sont que des modifications de la matière organisée. Ils participent tous à une même essence, et l'attribut distinctif nous est inconnu[10].»

La plante est donc une sorte d'animal inférieur; on passe par degrés de l'homme à l'animal, de l'animal à la plante, de la plante au minéral. Beaucoup de ces degrés sont encore à découvrir; ceux d'entre eux qui paraissent connus sont résumés par Bonnet dans cette échelle fameuse que nous reproduisons textuellement ci-dessous:

L'homme.
Orang-outang.
Singe.

Quadrupèdes.
Écureuil volant.
Chauve-souris.
Autruche.

Oiseaux.
Oiseaux aquatiques.
Oiseaux amphibies.
Poissons volants.

Poissons.
Poissons rampants.
Anguilles.
Serpents d'eau.

Serpents.
Limaces.
Limaçons.

Coquillages.
Vers à tuyaux.
Teignes.

Insectes.

Gallinsectes.
Tænia ou solitaire.
Polypes.
Orties de mer.
Sensitives.

Plantes.
Lichens.
Moisissures.
Champignons, agarics.
Truffes.
Coraux et coralloïdes.
Lithophytes.
Amiante.
Talcs, gypses, sélénites.
Ardoises.

Pierres.
Pierres figurées.
Cristallisations.

Sels.
Vitriols.

Métaux.
Demi-métaux.

Soufres.
Bitumes.

Terres.
Terre pure.

Eau.

Air.

Feu.
Matières plus subtiles.

Certes, dans cette longue énumération d'êtres entre lesquels sont établies des liaisons basées sur les ressemblances les plus superficielles, on aurait peine à reconnaître l'œuvre de l'ingénieux et sagace observateur, qui sut parfois égaler Réaumur et Trembley, de l'expérimentateur précis auquel la science est redevable d'avoir nettement déterminé les conditions de la parthénogenèse des pucerons, d'avoir découvert et étudié la reproduction des naïs par division et la restauration des parties mutilées chez les vers de terre, d'avoir observé les phénomènes de la reproduction chez les bryozoaires d'eau douce, les vorticelles et les stentors; Bonnet était évidemment peu pénétré de la nécessité de fonder sur la structure anatomique les rapprochements à établir entre les êtres vivants; aussi bien ne s'embarrasse-t-il pas de pénétrer dans le détail des classifications; il prend le règne animal en bloc, et, sans rechercher quels liens pourraient unir entre eux les groupes secondaires, il se pose d'emblée et discute longuement une question que Linné considère comme résolue *a priori*: Les êtres qui forment la population actuelle de notre globe ont-ils toujours été ce que nous les voyons? demeureront-ils éternellement ce qu'ils sont[11]? Avec une remarquable indépendance d'esprit, le philosophe de Genève se dégage des liens que la lettre de la Genèse avait imposés à Linné. Le globe a été, suivant lui, le théâtre de révolutions dont nous ignorons le nombre et qui peuvent encore se renouveler; le chaos décrit par Moïse est le résultat de la dernière de ces révolutions; la création dont il nous fait le récit n'est autre chose, comme l'avait déjà dit Whiston, que la résurrection des animaux qu'elle a détruits. De même que le monde qui précéda la période de la Genèse était très différent du monde actuel, les animaux anciens ne ressemblaient pas à ceux qui vivent de nos jours; ceux qui habiteront notre planète, lorsque la nouvelle révolution prédite par la Bible se sera accomplie, différeront aussi des animaux des deux périodes précédentes. Les êtres vivants subissent donc à chaque révolution du globe des transformations profondes. À la fin de chaque période, les formes vivantes sont anéanties; des formes différentes leur succèdent; il n'y a pas cependant, à proprement parler, de création nouvelle: les animaux nouveaux procèdent des germes contenus dans les animaux anciens, et ce sont ces germes, supposés indestructibles, qui établissent un lien entre la faune et la flore de chaque période et celles de la période suivante. Que sont eux-mêmes ces germes? En quoi consistent les modifications des formes vivantes? Quel est l'agent de ces modifications? C'est ce que nous avons maintenant à examiner.

Le transformisme de Bonnet, il faut se hâter de le dire, ne ressemble en rien au transformisme moderne. S'il est dit au chapitre IV de la *Palingénésie philosophique* que lorsque, dans l'œuf, «le poulet commence à devenir visible, il apparaît sous la forme d'un très petit ver;» que, «si l'imperfection de notre vue et de nos instruments nous permettait de remonter plus haut dans l'origine du poulet, nous le trouverions, sans doute, bien plus déguisé encore;» que «les différentes, phases sous lesquelles il se montre à nous successivement peuvent nous faire juger des diverses révolutions que les corps organisés ont eu à subir pour parvenir à cette dernière forme sous laquelle ils nous sont connus,» et qu'enfin «tout ceci nous aide à concevoir les nouvelles formes que les animaux revêtiront dans leur état futur»; si ces phrases rapprochées témoignent que Bonnet songeait déjà à une sorte de parallélisme entre les transformations embryogéniques de l'individu et les transformations subies par l'espèce à laquelle il appartient, l'idée que se fait notre philosophe du développement des êtres vivants est telle qu'elle ne peut apporter aucun éclaircissement sur l'origine des êtres organisés. Il existe entre les diverses parties d'un même animal une si complète harmonie, ces parties «conspirent si évidemment vers un même but général: la formation de cette unité qu'on nomme un animal, de ce tout organisé qui vit, croît, sent, se meut, se conserve, se reproduit,» qu'on demeure convaincu, écrit Bonnet, «qu'un tout si prodigieusement composé et pourtant si harmonique n'a pu être formé, comme une montre, de pièces de rapport ou de l'engrainement d'une infinité de molécules diverses réunies par apposition successive; un pareil tout porte l'empreinte indélébile d'un ouvrage fait d'un seul coup[12].» Bonnet se prononce donc contre tout essai d'explication mécanique des animaux; il se déclare adversaire résolu de l'épigénèse et admet qu'à tout être vivant préexistait un germe organisé. C'est le procédé de raisonnement au moyen duquel on a souvent tenté de démontrer l'impossibilité de l'évolution, en s'appuyant sur l'adaptation parfois si complète des animaux et des plantes à leurs conditions particulières d'existence. Il semble impossible, en effet, quand on se contente de porter à ces questions une attention superficielle, quand on les examine avec des idées préconçues, quand on est décidé à ne tenir compte d'aucune des propriétés fondamentales des animaux et des plantes, que l'admirable harmonie dans laquelle s'écoule leur existence, n'ait pas été soigneusement méditée et organisée, jusque dans ses détails les plus minutieux, par une intelligence d'une profondeur infinie et d'une prévoyance bien propre à confondre notre imagination.

L'hypothèse de la préexistence des germes conduit Bonnet à nier avec raison les générations équivoques; il s'étonne que Rédi ait pu admettre ce mode de génération pour les vers que l'on trouve dans les fruits et pour les helminthes, alors qu'on peut expliquer de bien des façons plus naturelles leur présence dans le lieu où on les observe, et qu'en particulier nombre de faits semblent parler «en faveur des transmigrations du Tænia[13]». Les vers intestinaux, comme tous les autres êtres vivants, sont issus d'un germe, et Bonnet entend par germe «toute préordination, toute préformation de parties, capable par elle-même de déterminer l'existence d'une plante ou d'un animal.» Les œufs, malgré l'extrême simplicité de composition que nous leur connaissons aujourd'hui, rentrent parfaitement dans cette définition[14], d'autant plus que Bonnet ajoute qu'on ne doit pas s'imaginer que «toutes les parties d'un corps organisé sont en petit dans le germe, précisément comme elles paraissent en grand dans le tout développé[15].» Mais ce sont là des concessions faites aux observations nombreuses déjà, qui ont porté sur les métamorphoses des insectes. Au fond, Bonnet voit dans le germe un être organisé fort complexe, et il est manifestement heureux toutes les fois qu'il peut montrer qu'on a découvert dans un œuf ou dans un embryon quelques parties qu'on n'y soupçonnait pas d'abord.

Les germes, étant presque aussi compliqués que les animaux adultes, ne sauraient avoir été formés, comme eux, que d'un seul coup et par un acte de création. Bonnet admet qu'ils ont été créés tous ensemble et enfermés dans des corps vivants, au sein desquels ils sont emboîtés les uns dans les autres, comme Vallisneri l'avait le premier supposé, attendant que leur tour arrive de croître et de se développer.

À proprement parler, il n'y a jamais *génération*, c'est-à-dire production d'un être vivant nouveau; il n'y a jamais qu'*évolution* d'un germe préexistant. La nécessité de supposer que les germes des êtres vivants sont, au moins dans un grand nombre de cas, enfermés les uns dans les autres, conduit à supposer aux derniers d'entre eux une petitesse hors de proportion avec tout ce que nous pouvons imaginer. Mais cela n'a rien qui puisse effrayer la raison, et Bonnet supprime d'avance toutes les objections qu'on lui opposera en déclarant que la doctrine de l'emboîtement lui paraît «une des plus belles victoires que l'entendement pur ait remporté sur les sens. J'ai montré, ajoute-t-il, combien il est absurde d'opposer à cette hypothèse des calculs qui n'effrayent que l'imagination et qu'une raison éclairée réduit facilement à leur juste valeur… Il ne faut pas que l'imagination, qui veut tout peindre et tout palper, entreprenne de juger des choses qui sont uniquement du ressort de la raison et qui ne peuvent être aperçues que par un œil philosophique[16].»

Une fois admise cette distinction entre l'œil organique et l'œil philosophique, entre les sens qui peuvent tromper et la raison qui ne saurait nous égarer, les faits n'ont plus rien de bien embarrassant. L'image la plus saisissante de l'épigenèse est celle que nous offrent les Végétaux, avec leurs branches, leurs rameaux, leurs feuilles, véritables individus indépendants, que notre œil organique voit pousser les uns sur les autres. Bonnet ne se fait pas du végétal une autre idée que nous. «Un arbre, dit-il, n'est pas un tout unique; il est réellement composé d'autant d'arbres et d'arbrisseaux qu'il a de branches et de rameaux. Tous ces arbres et tous ces arbrisseaux sont, pour ainsi dire, greffés les uns sur les autres et tiennent ainsi à l'arbre principal par une infinité de communications. Chaque arbre secondaire, chaque arbrisseau, chaque sous-arbrisseau a ses organes et sa vie propre; il est en lui-même un petit tout individuel qui représente plus ou moins en raccourci le grand tout dont il fait partie[17].» Les polypes, dont le bourgeonnement a été si bien étudié par Trembley, le ténia, composé d'anneaux semblables entre eux, les nais, les tubifex, les vers de terre, dont Bonnet a si bien étudié les modes de reproduction et de segmentation, se rapprochent des plantes, à cet égard; ce sont de vrais «zoophytes». La même explication suffit pour ramener les phénomènes de reproduction des zoophytes et des plantes à la théorie de l'emboîtement: des germes sont répandus dans toutes les parties de leur corps, qui est ainsi transformé en une sorte «d'ovaire universel». Dans un végétal qui pousse, dans un polype qui bourgeonne, ces germes se développent spontanément en individus qui peuvent demeurer unis ou se séparer; il faut un accident pour amener leur évolution chez les vers, dont les parties ne deviennent de nouveaux individus qu'après avoir été séparées les unes des autres. Ainsi, grâce à l'hypothèse des germes invisibles, les faits d'épigénèse les plus évidents sont tournés au profit de l'évolution.

On peut douer des corps invisibles, de toutes les propriétés qu'on voudra, sans crainte d'être contredit par les sens. Bonnet suppose donc que ses germes invisibles sont également indestructibles. Quand un corps vivant, fût-ce même un œuf, se détruit, les germes indestructibles qu'il contient sont mis en liberté et se logent où ils peuvent. «Des germes indestructibles peuvent être dispersés sans inconvénient dans tous les corps particuliers qui nous environnent. Ils peuvent séjourner dans tel ou tel corps jusqu'au moment de sa décomposition, passer ensuite sans la moindre altération dans un autre corps, de celui-ci dans un troisième, etc. Je conçois avec la plus grande facilité que le germe d'un éléphant peut loger d'abord dans une molécule de terre, passer de là dans le bouton d'un fruit, de celui-ci dans la cuisse d'une mite, etc.[18]» Ces germes, créés dès l'origine de notre monde, «bravent donc les efforts de tous les éléments, de tous les siècles.» Rien ne s'oppose à ce que «la puissance absolue ait pu renfermer dans le premier germe de chaque être organisé la suite des germes correspondant aux dernières révolutions que notre planète était appelée à subir.» De même que Leibnitz admettait une harmonie préétablie entre les pensées de notre âme et les mouvements de notre corps, de manière que les mouvements de l'un correspondissent en tout temps aux pensées de l'autre, de même Bonnet admet un parallélisme parfait entre le système astronomique et le système organique, entre les divers états de la terre considérée comme planète ou comme monde et les divers états des êtres qui devaient peupler sa surface. Les germes créés pour chaque période attendent, cachés dans les organismes qui les abritent, que l'avènement de ces périodes amène les conditions nécessaires à leur développement. De la sorte, les êtres propres à chaque période sont à la fois reliés à ceux de la période précédente qui ont abrité leurs germes, et ils en sont indépendants puisque tous les germes ont été créés en même temps; grâce à l'harmonie établie entre l'évolution des germes organiques et les révolutions de notre planète, des faunes et des flores nouvelles apparaissent sans qu'il soit besoin d'une création nouvelle.

Malgré sa hardiesse ordinaire, Bonnet croit d'ailleurs devoir se borner à considérer trois périodes dans l'histoire de notre globe, celle qui a précédé la révolution décrite dans la Genèse, celle qui suivra la fin du monde, produite par le feu, qu'ont annoncée les prophètes, et il est important d'ajouter qu'il se fait une étrange idée de l'état futur des animaux. Les germes d'où ils naîtront n'échapperaient pas à la destruction s'ils n'étaient formés d'une matière plus subtile que la matière ordinaire, d'une sorte d'éther; «si nous partons de la supposition du petit corps éthéré qui renferme en petit tous les organes de l'animal futur, nous conjecturerons que le corps des animaux dans leur nouvel état sera composé, d'une matière dont la rareté et l'organisation le mettent à l'abri des altérations qui surviennent aux corps grossiers et qui tendent continuellement à le détruire de tant de manières différentes. Le nouveau corps n'exigera pas sans doute les mêmes réparations que le corps actuel exige. Il aura une mécanique bien supérieure à celle que nous admirons dans ce dernier. Il n'y a pas d'apparence que les animaux propagent dans leur état futur.»

Nous arrivons ainsi dans le monde des esprits et de l'immortalité; nous sommes en pleine fantaisie. Une alliance singulière d'un raisonnement rigoureux, s'appuyant sur des faits mal connus, trop peu nombreux, avec les affirmations bibliques prises au pied de la lettre, conduit un des esprits les plus ingénieux d'une époque où le génie était commun, un observateur éminent, à des rêveries dans lesquelles son imagination ne connaît plus d'obstacle, où non seulement le contrôle expérimental des idées n'est plus possible, mais où les témoignages des sens sont d'avance récusés quand ils sont en désaccord avec les conceptions que le penseur attribue à sa raison.

* * * * *

Bonnet n'est pas le seul philosophe qui se soit engagé dans cette voie. L'origine des animaux, celle de l'homme préoccupaient à juste titre les hommes de science, les philosophes et même les simples rêveurs de son temps.

Robinet, dans ses livres *De la nature* (1766) et *Considérations philosophiques sur la gradation naturelle des formes de l'être* (1768), émet des idées qui, bien qu'elles aient été ridiculisées par Cuvier, ne sont pas très éloignées de celles de Bonnet. Son point de départ est aussi la loi de continuité de Leibnitz. Poussant de suite ce principe à l'extrême, il admet que toute la matière est vivante; que les étoiles, le soleil, la terre, les planètes sont des animaux; que tous les êtres forment une chaîne continue; qu'il n'y a ni classes, ni ordres, ni genres, ni espèces, mais seulement des individus que l'imperfection seule de nos sens nous conduit à considérer comme spécifiquement identiques. Les individus naissent de germes qui se développent successivement; ils sont directement formés par la nature. Le monde matériel est gouverné par un monde invisible, composé de forces. La nature ne se répète jamais, et il pourra y avoir un temps auquel il n'y ait pas un seul être conformé comme nous sommes aujourd'hui; les formes vivantes se sont constituées par un perfectionnement progressif, allant du simple au composé; il pourrait y avoir au-dessus de l'homme des créatures immatérielles; mais l'homme se rattache par une infinité de formes présentant une infinité de différences graduelles à un prototype simple. Toutes ces formes intermédiaires sont des œuvres séparées de la nature s'essayant à faire l'homme, son œuvre actuellement la plus parfaite; cette œuvre pourra être perfectionnée dans l'avenir si l'homme, devenant hermaphrodite, réunit les beautés de Vénus à celles d'Apollon. Au demeurant, ce perfectionnement de l'humanité n'est pas beaucoup plus étrange que celui rêvé pour elle par Bonnet.

* * * * *

De Maillet, plus connu sous le pseudonyme choisi par lui de Telliamed, avait cherché, comme Bonnet et comme Robinet, dans la création d'une infinité de germes l'explication de l'origine des êtres vivants; mais il avait fait de la mer le réservoir commun de tous ces germes. Tous les animaux, les hommes même avaient donc été primitivement marins. La mer avait eu d'ailleurs autrefois une beaucoup plus vaste extension, et de Maillet en donnait pour preuve l'énorme quantité de coquilles marines que l'on trouve enfouies dans le sol, jusque sur les plus hautes montagnes. À mesure que les continents s'étaient accrus, un certain nombre d'animaux marins avaient été accidentellement entraînés hors de l'eau, sur des rivages gardant encore une certaine humidité, et de là sur la terre ferme. Les individus ainsi dépaysés s'habituèrent au nouveau genre de vie qui leur était imposé par les circonstances et transmirent à leurs descendants les habitudes et les organes nouveaux qu'ils avaient acquis. Il est inutile d'insister sur les arguments bizarres qu'emploie de Maillet pour soutenir son hypothèse; mais on doit lui laisser le mérite d'avoir reconnu la véritable nature des fossiles et d'en avoir saisi la signification, à une époque où de nombreux savants refusaient encore d'y voir les restes d'êtres ayant jadis vécu; d'avoir pensé que les organismes vivants susceptibles de se modifier, étaient capables de transmettre leurs modifications à leur descendance, et d'avoir compris, par conséquent, l'importance des phénomènes si connus, mais si négligés, de l'hérédité.

* * * * *

En admettant la possibilité de changements héréditaires dans la structure des êtres vivants, de Maillet réalise un progrès sur Bonnet et sur Robinet, qui ne voient dans les modifications présentées par la population de la terre qu'une continuation du miracle primitif de la création. Le Dr Erasme Darwin, grand-père de l'illustre réformateur du transformisme, va, à son tour, plus loin que de Maillet. Il a exposé dans sa *Zoonomia* un système où l'on trouve soutenues, à l'aide d'arguments qui témoignent d'une grande perspicacité, quelques idées peu différentes de celles que développera plus tard Lamarck. Pour rendre son système intelligible, Erasme Darwin, par une inspiration heureuse, recherche d'abord comment s'accomplit le développement embryogénique de l'individu et suppose que l'espèce à laquelle il appartient a subi, dans la série des temps, une évolution analogue, mais de beaucoup plus longue durée. Il rejette la doctrine de l'emboîtement des germes, qui conduit à supposer l'existence de corps vivants infiniment plus petits «que les diables qui tentèrent saint Antoine et dont 20 000 pouvaient, sans se gêner aucunement, danser une sarabande échevelée sur la pointe de la plus fine aiguille.» L'embryon est, pour lui, un filament constitué probablement par l'extrémité d'une fibre nerveuse motrice. Ce filament est doué de certaines propriétés: les unes lui sont personnelles; les autres lui ont été transmises par ses parents, dont il n'est en réalité qu'une branche, une élongation, puisqu'il a fait, à un certain moment, partie de leur substance. Le filament embryonnaire est doué d'irritabilité, de sensibilité, de volonté; il possède aussi la faculté de se nourrir, et on le voit grandir, se compliquer, se perfectionner par l'addition de parties nouvelles, résultant de ce qu'une quantité plus ou moins grande de matière vivante est venue s'ajouter à la sienne. Cette addition de matière vivante a lieu d'abord sous l'influence des propriétés primitives des filaments embryonnaires; mais, à mesure qu'elle se produit des organes nouveaux apparaissent et avec eux des facultés nouvelles. Ces facultés créent des besoins, ces besoins des façons de vivre, des habitudes qui interviennent, pour une certaine part, dans les transformations que subit chaque individu au cours de son existence.

Telle a été aussi la marche de l'évolution des espèces: les organismes vivants ont été créés sous des formes extrêmement simples, rappelant celle des filaments vivants, qui sont encore la forme première de chaque individu. Ces filaments étaient très peu nombreux en espèces, et, de même que chaque corps chimique est doué d'affinités particulières qui déterminent la nature des composés qu'il produira dans les diverses circonstances où il sera placé, de même les filaments vivants primitifs étaient doués de facultés différentes, qui ont déterminé, dans une large mesure, la marche de leur évolution ultérieure. Étant données les ressemblances manifestes que présentent tous les animaux à sang chaud, il est probable que tous ces animaux descendent d'une même sorte de filament primitif; peut-être les mêmes filaments ont-ils aussi donné naissance aux autres animaux à sang rouge, mais froid. Les habitudes spéciales des poissons semblent autoriser à leur attribuer une origine particulière; mais les intermédiaires qui les unissent aux animaux à sang chaud plaident cependant en faveur de leur parenté avec ces derniers.

«Les insectes sans ailes, de l'araignée au scorpion ou de la puce au homard, les insectes ailés, du moustique ou de la fourmi à la guêpe ou à la libellule, diffèrent, au contraire, si complètement les uns des autres et sont si éloignés des animaux à sang rouge, aussi bien sous le rapport de la forme du corps que sous celui du genre de vie, qu'on ne peut guère admettre qu'ils proviennent d'un filament vivant de même sorte que celui qui a produit les classes diverses d'animaux à sang rouge… Il y a encore une autre classe d'animaux, que Linné a désignés sous le nom de vers, qui présentent une structure plus simple que ceux déjà mentionnés. La simplicité de leur structure n'apporte cependant aucun argument contre l'hypothèse qu'ils aient été produits par un seul filament vivant.» En d'autres termes Erasme Darwin considère les vertébrés, les articulés et les vers comme trois types organiques qui se sont développés simultanément et parallèlement et qui sont, tous les trois, partis de formes organiques également simples, mais douées de propriétés différentes.

Si les trois lignées admises par le savant anglais ne correspondent pas à ce que nous connaissons aujourd'hui des rapports des organismes, l'idée première que plusieurs types organiques se sont constitués et développés d'une façon indépendante doit être encore, de nos jours, considérée comme la seule forme du transformisme qui soit d'accord avec les données de la paléontologie. La réduction de toutes les formes animales à trois lignées distinctes témoigne que, dès 1794, plusieurs années par conséquent avant la publication des premiers travaux de Cuvier, Erasme Darwin avait déjà saisi l'intime parenté des animaux composant les quatre premières classes de Linné et les différences considérables qui les séparent de ceux de la cinquième classe; mais le philosophe anglais laissait la sixième dans le chaos d'où Cuvier devait peu d'années après la tirer.

Chacun des filaments vivants qui est devenu la souche des trois grandes lignées animales avait en lui une sorte de devenir résultant de propriétés dont il avait été originairement doué; mais son évolution, dans chaque cas particulier, a été réglée, en partie, par les sensations éprouvées par l'animal parvenu à un stade déterminé, par la peine ou le plaisir qu'il a éprouvé, les efforts qu'il a faits pour prolonger son bonheur ou se soustraire à ses souffrances. L'eau et l'air étant fournis aux animaux à profusion, trois ordres de besoins ont surtout excité les convoitises des animaux et par conséquent contribué à changer leurs formes: le besoin de se reproduire, le besoin de se nourrir, le besoin de vivre en sûreté. Ils ont acquis les armes nécessaires pour défendre contre leurs rivaux les compagnes, la nourriture, les retraites qu'ils avaient conquises. Erasme Darwin, décrivant cette évolution, s'élève presque à la conception de la lutte par la vie et de la sélection naturelle car il finit par dire: «Le but de ces batailles entre les mâles paraît être d'assurer la conservation de l'espèce par le moyen des individus les plus forts et les plus actifs[19].» Au lieu de dire le *but*, Charles Darwin aurait dit la *conséquence*; cette différence doit être signalée. Sur la réalité de la sélection naturelle, le grand-père et le petit-fils sont d'accord; mais le point de vue philosophique auquel ils se placent est fort différent: pour Erasme Darwin, comme pour Lamarck, les animaux acquièrent des organes en vue de la satisfaction de tel ou tel besoin; pour Charles Darwin, ces organes apparaissent accidentellement; la sélection naturelle conserve et perfectionne ceux qui sont utiles et laisse s'éteindre ceux qui ne le sont pas. Ainsi les animaux et les végétaux s'adaptent à des conditions d'existence déterminées sans que ces conditions agissent sur les individus pour les modifier, sans que ces individus eux-mêmes soient soumis à la nécessité de chercher à se mettre en harmonie avec elles.

Si ingénieuses qu'elles soient, les hypothèses d'Erasme Darwin nous laissent profondément ignorants sur la cause première de l'apparition des organismes. Elles nous font remonter jusqu'à la création des filaments vivants primitifs et s'arrêtent là. Une telle solution devait paraître insuffisante à bien des penseurs du XVIIIe siècle. Déjà, au XVIIe, Descartes avait cherché, sans grand succès, il est vrai, à expliquer par la seule étendue et le seul mouvement la formation des animaux et de l'homme. Maupertuis[20] constate cet échec; mais, en dehors de là il n'y a plus pour lui que deux systèmes: douer la matière de propriétés spéciales qui, venant s'ajouter à celles qu'on lui accorde déjà, l'auront rendue capable de produire spontanément les formes vivantes avec toutes leurs facultés y compris les facultés intellectuelles; ou bien admettre que tous les animaux, toutes les plantes sont aussi anciennes que le monde, et que tout ce que nous prenons, dans ce genre, pour des productions nouvelles, résulte simplement du développement et de l'accroissement de parties que leur petitesse avait tenue jusque-là cachées. C'est le système de l'emboîtement des germes adopté par Vallisneri, Leibnitz et Bonnet.

«Par ce système d'une formation simultanée, qui ne demandait plus que le développement successif et l'accroissement des parties d'individus tout formés et contenus les uns dans les autres, on crut s'être mis en état de résoudre toutes les difficultés; on ne fut plus en peine que de savoir où placer ces magasins inépuisables d'individus. Les uns les placèrent dans un sexe, les autres dans l'autre; et chacun pendant longtemps fut content de ses idées.

«Cependant si l'on examine avec plus d'attention ce système, on voit qu'au fond il n'explique rien; que supposer tous les individus formés par le Créateur dans un même jour de la création est plutôt raconter un miracle que donner une explication physique; qu'on ne gagne rien par cette simultanéité, puisque ce qui nous paraît successif est toujours pour Dieu simultané.»

La doctrine de l'emboîtement des germes étant ainsi repoussée, Maupertuis se range à la doctrine du transformisme, entendue, il est vrai, d'une façon assez particulière. Par un procédé familier aux théoriciens mais qui est plutôt un moyen de se mettre l'esprit en repos qu'une véritable explication, il transporte aux particules matérielles invisibles les propriétés intellectuelles les plus importantes des corps vivants: le désir, l'aversion, la mémoire, l'habitude, etc., et il déduit, de ces propriétés gratuitement attribuées à toutes les particules matérielles, tout un système d'évolution:

«Les éléments propres à former le fœtus nagent dans les semences des animaux père et mère; mais chacun, extrait de la partie semblable à celle qu'il doit former, conserve une espèce de *souvenir* de son ancienne situation et l'ira reprendre toutes les fois qu'il le pourra pour former dans le fœtus la même partie. De là, dans l'ordre ordinaire, la conservation des espèces et la ressemblance aux parents.»

C'est, à bien peu de chose près, l'hypothèse que Charles Darwin a développée de nouveau, sous le nom de *pangénèse*, dans son livre sur les *Variations des animaux et des plantes sous l'action de la domestication*.

«Si quelques éléments manquent dans les semences, ou qu'ils ne puissent s'unir, ajoute Maupertuis, il naît de ces monstres auxquels il manque quelque partie. Si les éléments se trouvent en trop grande quantité, ou qu'après leur union ordinaire quelque partie restée découverte permette à une autre de venir s'y appliquer, il naît un monstre à parties superflues.

«Si les éléments partent d'animaux de différentes espèces, dans lesquelles il reste encore assez de rapport entre les éléments, les uns plus attachés à la forme du père, les autres à la forme de la mère, ces éléments par leur union feront des métis…

«C'est une chose assez ordinaire de voir un enfant ressembler plus à quelqu'un de ses aïeux qu'à ses plus proches parents. Les éléments qui forment quelques-uns de ses traits peuvent avoir mieux conservé l'*habitude* de leur situation dans l'aïeul que dans le père, soit parce qu'ils auront été dans l'un plus longtemps unis qu'ils ne l'auront été dans l'autre, soit par quelque degré de force de plus pour s'unir, et alors ils se seront placés dans le fœtus comme ils l'étaient dans l'aïeul.»

Voilà encore des explications de l'hérédité, de l'atavisme, des caractères des métis, peu différentes de celles auxquelles, de nos jours, s'arrêtera *provisoirement* Charles Darwin. Mais Maupertuis demande, en outre, à son hypothèse l'explication de l'origine des espèces nouvelles.

«Ne pourrait-on pas expliquer, dit-il, comment de deux seuls individus la multiplication des espèces dissemblables aurait pu s'ensuivre? Elles n'auraient dû leur première origine qu'à quelques productions fortuites, dans lesquelles les parties élémentaires n'auraient pas retenu l'ordre qu'elles tenaient dans les animaux pères et mères; chaque degré d'erreur aurait fait une nouvelle espèce; et à force d'écarts répétés serait venue la diversité infinie des animaux que nous voyons aujourd'hui, diversité qui s'accroîtra peut-être encore avec le temps, mais à laquelle peut-être la suite des siècles n'apporte que des accroissements imperceptibles.»

C'est la théorie de la descendance nettement exposée. Maupertuis a même cherché à expliquer par une sorte d'incompatibilité née d'habitudes différentes cette singulière stérilité des métis, qui maintient séparées les espèces et empêche les formes animales de varier au delà de certaines limites. Il ne nous enseigne pas, à la vérité, comment ces habitudes différentes ont été acquises, et la démonstration de cette conséquence, à peine entrevue jusque-là de la sélection naturelle, demeure la grande nouveauté contenue dans l'œuvre de Charles Darwin.

Maupertuis considère d'ailleurs le mode de développement des animaux et des plantes comme ne différant pas essentiellement, dans le fond, de celui que nous montrent les cristaux. Ainsi le monde vivant et le monde minéral sont étroitement unis, ce qui devait être, du moment qu'on supposait à la matière une sensibilité, une mémoire, des affections et des haines, toutes facultés ordinairement considérées comme appartenant en propre aux plus élevés des êtres vivants.

* * * * *

C'est une dissertation de Maupertuis, publiée en 1751 sous le nom du docteur Baumann d'Erlang, que Diderot[21] discute dans ses *Pensées sur l'interprétation de la nature*. Il ne se prononce pas sur la question de savoir si la matière est inerte ou vivante, et si la matière inerte peut spontanément devenir vivante; mais il pense qu'il suffit, pour expliquer l'animal, de douer les molécules organiques d'une sorte de sensibilité rudimentaire qui les pousse à rechercher sans cesse la situation qui est, pour elles, la plus commode de toutes. L'animal est alors «un système de différentes molécules organiques, qui, par l'impulsion d'une sensation semblable à un toucher obtus et sourd, que celui qui a créé la matière en général leur a donné, se sont combinées jusqu'à ce que chacune ait rencontré la place la plus convenable à sa figure et à son repos[22].» Cette place, la plus convenable de toutes, peut changer avec les modifications sans nombre qu'apportent dans les relations des molécules la course incessante de celles qui ne sont pas parvenues à conquérir le repos. Aussi Diderot se demande-t-il «si les plantes ont toujours été et seront toujours telles qu'elles sont; si les animaux ont toujours été et seront toujours tels qu'ils sont, et il ajoute:

«De même que, dans les règnes animal et végétal, un individu commence pour ainsi dire, s'accroît, dure, dépérit et passe, n'en serait-il pas de même des espèces entières? Si la foi ne nous apprenait que les animaux sont sortis des mains du créateur tels que nous les voyons, et s'il était permis d'avoir le moindre doute sur leur commencement et sur leur fin, le philosophe, abandonné à ses conjectures, ne pourrait-il pas soupçonner que l'animalité avait de toute éternité ses éléments particuliers épars et confondus dans la masse de la matière; qu'il est arrivé à ces éléments de se réunir, parce qu'il était possible que cela se fît; que l'embryon formé de ces éléments a passé par une infinité d'organisations et de développements; qu'il a eu par succession du mouvement, de la sensation, des idées, de la pensée, de la réflexion, de la conscience, des sentiments, des passions, des signes, des gestes, des sons, des sons articulés, une langue, des lois, des sciences et des arts; qu'il s'est écoulé des millions d'années entre chacun de ces développements; qu'il a peut-être encore d'autres développements à prendre et d'autres accroissements à subir qui nous sont inconnus; qu'il a eu ou qu'il aura un état stationnaire; qu'il s'éloigne ou qu'il s'éloignera de cet état par un dépérissement éternel, pendant lequel ses facultés sortiront de lui comme elles y étaient entrées; qu'il disparaîtra peut-être de la nature ou plutôt qu'il continuera d'y exister, mais sous une forme et avec des facultés tout autres que celles qu'on lui remarque dans cet instant de la durée?»

À côté de Linné, naturaliste et observateur, voilà donc presque de son temps le problème de la transformation graduelle des espèces nettement posé par les philosophes du XVIIIe siècle. Aucun d'eux ne réussit à découvrir la voie qu'il fallait parcourir pour la résoudre. Mais un autre naturaliste, aussi puissamment doué que Linné, quoique d'un génie bien différent, libre d'ailleurs de toute attache dogmatique, assez fort pour se dégager de toute idée préconçue, s'engage dans une direction où le suivront bientôt une succession ininterrompue de brillants disciples. Cet homme, c'est Buffon. Avec lui s'ouvre pour la philosophie zoologique une ère nouvelle. Tout va désormais se préciser, et le progrès se précipitera à ce point qu'un demi-siècle fera plus pour la conquête de la vérité que tous les siècles écoulés depuis Aristote.

CHAPITRE VII

BUFFON

Opposition de Buffon aux classifications; elles conduisent nécessairement au transformisme.—Utilité des systèmes artificiels.—Distribution géographique des animaux.—Probabilité de modifications dans les espèces.—Espèces éteintes: lutte pour la vie.—Opposition à la doctrine des causes finales.—Principe de la continuité.

L'œuvre de Buffon est inspirée par une conception de la zoologie tout autre que celle dont l'œuvre de Linné représente le plus complet développement. Pour Linné, la classification résume, pour ainsi dire, toute la philosophie zoologique. La recherche de la *méthode naturelle* est, pour lui, le but suprême vers lequel doivent tendre tous les efforts; il conçoit la nature immuable, il n'y a donc rien à expliquer; le naturaliste doit simplement chercher à comprendre le dessein de la création et tâcher d'en reproduire le plan dans ses systèmes. Buffon laisse entièrement de côté tout l'appareil de divisions et de subdivisions plus ou moins symétriquement ordonnées dans lequel les élèves de Linné tendent déjà à enfermer la science; il étudie chaque espèce animale en elle-même, et, au lieu de fermer, comme l'illustre Suédois, la question de l'espèce par une définition dogmatique, il laisse, au contraire, la porte toute grande ouverte aux études et aux interprétations, en se demandant tout d'abord si l'espèce est variable, pourquoi elle varie et dans quelles limites peuvent être comprises ses variations.

On a donné diverses explications de l'aversion de Buffon pour les systèmes. Le président Lamoignon de Malesherbes l'accuse de les rejeter, parce qu'il ne les connaît pas; Daubenton le représente comme n'ayant pas bien entendu la méthode de Linné; Plourens accepte tous ces reproches et laisse entrevoir qu'il soupçonne Buffon d'une jalousie quelque peu haineuse à l'égard du grand naturaliste suédois. Malgré l'autorité qui s'attache à ces trois noms, dont deux appartiennent à des hommes éminents, amis et collaborateurs de Buffon, on regretterait d'être obligé de croire à leurs assertions. Reprocher à un homme du savoir et de la haute intelligence de Buffon de repousser les systèmes parce qu'il ne les connaît pas, paraîtra bien étonnant, si l'on considère que le *système de la nature* était loin d'être aussi compliqué du temps de Linné que de nos jours. Il eût suffi de quelques semaines à Buffon pour se mettre entièrement au courant de tout ce qui touche les mammifères, et peut-on croire qu'il n'aurait pas consenti, en commençant son *Histoire naturelle*, à consacrer quelques semaines à ce travail, s'il l'avait jugé nécessaire à la perfection de son œuvre? D'autre part, quand on voit Buffon se corriger sans cesse, chercher à rendre toujours plus claires et plus précises ses idées, abandonner celles qui ne lui paraissent plus exactes, reprendre celles qu'il avait d'abord repoussées, mettre sans fausse honte ses nombreux lecteurs au courant de tout le travail intime de sa pensée, peut-on admettre qu'une simple question d'amour-propre lui aurait fait condamner les méthodes s'il avait vu en elles l'expression vraie de la science? Quant au reproche de jalousie, en quoi le comte de Buffon, riche, comblé d'honneurs et de gloire, considéré par tous comme un savant de premier ordre, comme un littérateur de génie, habitant la plus belle capitale, admis à la cour la plus brillante de l'Europe, pouvait-il envier un professeur de l'université d'Upsal, illustre sans doute, mais d'une illustration bien modeste par rapport au bruyant renom du noble académicien, surintendant du jardin du roi et du cabinet d'histoire naturelle de Paris? Faut-il enfin penser, avec Daubenton, que Buffon n'ait pas entendu la méthode de Linné, lorsqu'il écrit: «Classer l'homme avec le singe, le lion avec le chat, dire que le lion est un chat à crinière et à queue longue, c'est dégrader, défigurer la nature, au lieu de la décrire et de la dénommer?»

«Buffon, dit Daubenton, veut jeter du ridicule sur les naturalistes qui ont mis le chat et le lion sous un même genre. Il fait dire à Linné que le lion est chat à crinière et à longue queue. Certainement le chat n'est pas un lion, et ce n'est pas ce que Linné a voulu dire. L'auteur qui le critique n'a pas bien entendu la méthode de Linné; s'il avait seulement parcouru les espèces rapportées sous le genre appelé *felis*, chat, il y aurait trouvé l'espèce du lion et celle du chat… Cette équivoque est venue de la manière de dénommer les genres, en leur donnant le nom de l'une des espèces qu'ils comprennent.» L'avenir a montré que Buffon avait beaucoup mieux compris que ne le suppose Daubenton les conséquences nécessaires du système de Linné et des classifications en général; peut-être même Buffon avait-il mieux vu que Linné lui-même dans quelle direction les nomenclateurs devaient entraîner la zoologie; ce sont ces conséquences, c'est cette direction que Buffon redoute, au moins momentanément; il le dit en termes exprès et qui montrent que les raisons de son opposition à Linné sont d'un ordre incomparablement plus relevé que celles indiquées par Lamoignon de Malesherbes et Flourens.

Avant d'aborder l'histoire des animaux, Buffon a écrit, avec une largeur de vues inconnue jusqu'à lui, l'histoire naturelle de l'homme. Il l'avait placé si haut dans la nature qu'il en faisait presque un dieu. L'une des premières conséquences des classifications était de faire rentrer l'homme dans le règne animal. L'homme, pour Linné, n'était que le représentant le plus élevé de l'ordre des Primates, dans lequel il se trouvait rapproché des singes. D'autre part, voulant exprimer les degrés divers de ressemblances des animaux, les élèves de Linné avaient comparé les êtres vivants à une grande famille et, afin de rendre plus sensible à l'esprit la similitude d'organisation des animaux d'un même groupe, employé pour dénommer les différentes divisions du règne animal les termes mêmes qui, dans le langage ordinaire, désignent un ensemble d'hommes ayant entre eux un certain degré de parenté, tels que les mots *famille* et *tribu*. Le mot *genre* lui-même ne saurait s'appliquer, si on le prend à la lettre, qu'à des animaux ayant un progéniteur commun. Il n'y a là bien certainement, dans l'esprit de Linné et de ses disciples, que de simples comparaisons, des métaphores destinées à rendre plus facilement intelligible l'économie de l'arrangement méthodique des animaux; à cela Linné qui, «compte autant d'espèces qu'il est sorti de couples des mains du Créateur», Linné, qui admet comme un axiome l'immuabilité de la nature, ne saurait voir aucun danger. Beaucoup moins biblique, habitué déjà par ses études sur la terre, par ses études sur l'homme à compter avec les modifications graduelles et de notre globe et de notre espèce, Buffon pressent que les choses ne se sont pas passées aussi simplement que le veut Linné; il craint que des esprits trop aventureux, cédant à un entraînement qu'il commence déjà à éprouver lui-même, ne veuillent scruter l'origine même des êtres vivants, qu'ils ne prennent dans leur sens absolu les termes imagés de Linné, qu'ils ne considèrent comme réellement unis par les liens du sang les animaux rapprochés dans une même famille par les nomenclateurs; dès lors, l'homme sera pour le moins un cousin des singes, et Buffon recule devant l'énormité de cette conclusion. Tout cela, il le dit lui-même et il est assez étonnant qu'on ait accepté les diverses explications qui ont été données de son oppositions aux classifications linéennes, sans s'arrêter à la sienne qui est cependant la seule conforme à son génie. Le passage où le grand naturaliste exprime sa façon de penser, à cet égard, mérite d'être cité en entier; il se trouve presque au début de l'histoire naturelle des Quadrupèdes; c'est l'exorde d'un chapitre, remarquable de tout point, consacré à l'un des plus humbles de nos animaux domestiques, l'âne.

«À considérer cet animal, dit Buffon, même avec des yeux attentifs et dans un assez grand détail, il paraît n'être qu'un cheval dégénéré… On pourrait attribuer les légères différences qui se trouvent entre ces deux animaux à l'influence très ancienne du climat, de la nourriture et à la succession fortuite de plusieurs générations de petits chevaux sauvages à demi dégénérés, qui peu à peu auraient dégénéré davantage, se seraient ensuite dégradés autant qu'il est possible, et auraient à la fin produit à nos yeux une espèce nouvelle et constante, ou plutôt une succession d'individus semblables, tous constamment viciés de la même façon, et assez différents des chevaux pour pouvoir être regardés comme formant une autre espèce. Ce qui paraît favoriser cette idée, c'est que les chevaux varient beaucoup plus que les ânes par la couleur de leur poil, qu'ils sont par conséquent plus anciennement domestiqués, puisque tous les animaux domestiques varient par la couleur beaucoup plus que les animaux sauvages de la même espèce… D'autre côté, si l'on considère la différence du tempérament, du naturel, des mœurs, du résultat, en un mot de l'organisation de ces deux animaux et surtout l'impossibilité de les mêler pour en faire une espèce commune ou même une espèce intermédiaire qui puisse se renouveler, on paraît encore mieux fondé à croire que ces deux animaux sont chacun d'une espèce aussi ancienne que l'autre et originairement aussi essentiellement différents qu'ils le sont aujourd'hui… L'âne et le cheval viennent-ils donc originairement de la même souche? Sont-ils, comme le disent les nomenclateurs, de la même *famille*? ou n'ont-ils pas toujours été des animaux différents?

«Cette question, dont les physiciens sentiront bien la généralité, les difficultés, les conséquences, et que nous avons cru devoir traiter dans cet article, parce qu'elle se présente pour la première fois, tient à la production des êtres de plus près qu'aucune autre et demande, pour être éclaircie, que nous considérions la nature sous un point de vue nouveau. Si, dans l'immense variété que nous présentent tous les êtres animés qui peuplent l'univers, nous choisissons un animal, ou même le corps de l'homme, pour servir de base à nos connaissances, nous trouverons que, quoique tous ces êtres existent solitairement et que tous varient par des différences graduées à l'infini, *il existe en même temps un dessein primitif et général qu'on peut suivre très loin* et dont les dégradations sont bien plus lentes que celles des figures et des autres rapports apparents, car, sans parler des organes de la digestion, de la circulation et de la génération, qui appartiennent à tous les animaux et sans lesquels l'animal cesserait d'être animal et ne pourrait ni subsister ni se reproduire, il y a, dans les parties mêmes qui contribuent le plus à la variété de la forme extérieure, une prodigieuse ressemblance qui nous rappelle nécessairement l'idée d'un premier dessein, sur lequel tout semble avoir été conçu… Que l'on considère séparément quelques parties essentielles à la forme, les côtes, par exemple; on les trouvera dans tous les quadrupèdes, dans les oiseaux, dans les poissons, et on en suivra les vestiges jusque dans la tortue; que l'on considère, comme l'a remarqué M. Daubenton, que le pied d'un cheval, en apparence si différent de la main de l'homme, est cependant composé des mêmes os, et l'on jugera si cette ressemblance cachée n'est pas plus merveilleuse que les différences apparentes, si cette conformité constante et ce dessein suivi de l'homme aux quadrupèdes, des quadrupèdes aux cétacés, des cétacés aux oiseaux, des oiseaux aux reptiles, des reptiles aux poissons, etc., dans lesquels les parties essentielles, comme le cœur, les intestins, l'épine du dos, les sens, etc., se trouvent toujours, ne semblent pas indiquer qu'*en créant les animaux l'Être suprême n'a voulu employer qu'une seule idée et la varier en même temps de toutes les manières possibles*, afin que l'homme pût admirer également et la magnificence de l'exécution et la simplicité du dessein.

«Dans ce point de vue, non seulement l'âne et le cheval, mais même l'homme, le singe, les quadrupèdes et tous les animaux pourraient être considérés comme ne formant qu'une seule et même *famille*; mais en doit-on conclure que, dans cette grande et nombreuse famille que Dieu seul a conçue et tirée du néant, il y ait d'autres petites *familles* projetées par la nature et produites par le temps, dont les unes ne seraient composées que de deux individus, comme le cheval et l'âne; d'autres de plusieurs individus, comme celle de la belette, de la martre, du furet, de la fouine, etc., et de même que, dans les végétaux, il y ait des familles de dix, vingt, trente, etc., plantes? Si ces familles existaient, en effet, elles n'auraient pu se former que par le mélange, la variation et la dégénération des espèces originaires. *Si l'on admet une fois qu'il y ait des familles dans les plantes et dans les animaux, que l'âne soit de la famille du cheval, et qu'il n'en diffère que parce qu'il a dégénéré, on pourra dire également que le singe est de la famille de l'homme, qu'il est un homme dégénéré, que l'homme et le singe ont une origine commune, comme le cheval et l'âne*; que chaque famille, tant dans les animaux que dans les végétaux, n'a eu qu'une seule souche; *et même que tous les animaux ne sont venus que d'un seul animal, qui, dans la succession des temps, a produit, en se perfectionnant et en dégénérant, toutes les races des autres animaux.*

«Les naturalistes qui établissent si légèrement des familles dans les animaux et dans les végétaux ne paraissent pas avoir senti toute l'étendue de ces conséquences, qui réduisaient le produit de la création à un nombre d'individus aussi petit qu'on voudra… Mais non; il est certain, *par la révélation*, que tous les animaux ont également participé à la grâce de la création; que les deux premiers de chaque espèce, et de toutes les espèces, sont sortis tout formés des mains du Créateur; et l'on doit croire qu'ils étaient tels à peu près qu'ils nous sont aujourd'hui représentés par leurs descendants.»

Ce passage est important à plus d'un titre: on y voit d'abord nettement et complètement exposée la théorie de l'unité de plan de composition du règne animal, que Geoffroy Saint-Hilaire devait plus tard pousser jusqu'à ses dernières conséquences; la fixité des espèces, que Buffon rejettera plus tard, s'y trouve affirmée sans réserves et presque dans les mêmes termes que par Linné; enfin, ce que Buffon condamne, ce n'est pas tant, en définitive, les classifications en elles-mêmes que la tendance des classificateurs à représenter leurs systèmes comme l'image fidèle de la nature; ce qu'il repousse surtout, ce sont les familles dites *naturelles* et il repousse ces familles parce qu'on les prétend naturelles; on ne peut les comprendre que comme résultant de modifications subies par l'une des espèces qu'elles contiennent, et alors «il n'y aurait plus de bornes à la puissance de la nature, et l'on n'aurait pas tort de supposer que d'un seul être elle a su tirer, avec le temps, tous les autres êtres organisés.»

Buffon est d'ailleurs bien loin de nier l'utilité des systèmes. «Il faut de plus considérer, dit-il, que, quoique la marche de la nature se fasse par nuances et par degrés souvent imperceptibles, les intervalles de ces nuances et de ces degrés ne sont pas égaux à beaucoup près; que plus les espèces sont élevées, moins elles sont nombreuses, et plus les intervalles des nuances qui les séparent y sont grands; que les petites espèces, au contraire, sont très nombreuses et en même temps plus voisines les unes des autres, en sorte qu'on est d'autant plus tenté de les confondre ensemble dans une même *famille*, qu'elles nous embarrassent et nous fatiguent davantage par leur multitude et par leurs petites différences, dont nous sommes obligés de nous charger la mémoire. Mais il ne faut pas oublier que ces *familles* sont notre ouvrage, que nous ne les avons faites que pour le soulagement de notre esprit; que, s'il ne peut comprendre la suite réelle de tous les êtres, c'est notre faute et non pas celle de la nature, qui ne connaît point les prétendues familles et ne contient, en effet, que des individus.»

Voilà nettement tracée la marche suivie par Buffon dans l'*Histoire naturelle des animaux*. Si l'on n'admet pas que les êtres vivants descendent d'un ancêtre primitif unique, si l'on n'admet pas, comme nous dirions maintenant, le *transformisme*, les classifications ne sont que des artifices de notre esprit; elles sont inutiles là où nous pouvons embrasser le détail des faits, et comme leurs auteurs, on ne l'a que trop vu depuis, prétendent les substituer à la vraie science, elles sont dangereuses; Buffon n'en fait que peu d'usage tant qu'il traite des gros mammifères: il rapproche cependant les animaux voisins, le cheval et l'âne, le bœuf et le mouton, les diverses espèces de cochons; le cerf, le daim et le chevreuil; le loup et le renard; la loutre, la saricovienne, les fouines, les martres, le putois, le furet, le touan, l'hermine et le grison, les diverses espèces de rongeurs, etc. Les séries naturelles sont parfaitement saisies; mais Buffon les rompt de propos délibéré, par les raisons qu'il a lui-même exposées. Il n'y revient à peu près complètement que lorsqu'il s'agit des oiseaux, dont la multiplicité est telle qu'on risquerait de s'égarer à chaque instant, si leur histoire n'était pas faite avec ordre et méthode. C'est le moment d'avoir recours à l'instrument imaginé par les nomenclateurs, et Buffon en a si bien compris le mécanisme que la plupart de ses groupes naturels n'ont été modifiés que dans le détail.

La détermination de Buffon de ne pas s'astreindre à suivre une méthode de classification a eu d'ailleurs d'heureuses conséquences. Il faut bien adopter dans l'exposition un ordre quelconque. Buffon décrit d'abord les animaux domestiques, puis les animaux sauvages d'Europe, les animaux sauvages de l'ancien continent et enfin ceux du nouveau continent. En d'autres termes, quand il n'a pas de motifs de faire autrement, il procède par *faunes*; son attention est ainsi appelée sur les caractères généraux que présentent ces faunes, sur la distribution géographique des animaux et les causes qui l'ont déterminée; là, Buffon a mérité d'être considéré comme le fondateur de la géographie zoologique; mais ces études successives l'ont amené à modifier profondément ses idées sur l'origine des espèces. En comparant les faunes des deux continents, il est conduit à croire à la variabilité des espèces, contre laquelle il s'était d'abord élevé; il devient transformiste. De même, un siècle plus tard, Darwin, durant son célèbre voyage autour du monde, concevra la doctrine qui devait immortaliser son nom, en voyant se succéder sous ses yeux les faunes à la fois diverses et intimement unies des grandes régions du globe.

Après avoir montré que les animaux communs à l'Europe et à l'Amérique sont peu nombreux, Buffon fait remarquer que la plupart des animaux européens n'en ont pas moins leurs analogues en Amérique, mais que les animaux du nouveau monde sont toujours plus petits que ceux qui leur correspondent dans l'ancien, et il se résume en disant:

«En tirant des conséquences générales de tout ce que nous avons dit, nous trouverons que l'homme est le seul des êtres vivants dont la nature soit assez forte, assez étendue, assez flexible pour pouvoir subsister, se multiplier partout et se prêter aux influences de tous les climats de la terre; nous verrons évidemment qu'aucun des animaux n'a obtenu ce grand privilège; que, loin de pouvoir se multiplier partout, la plupart sont bornés et confinés dans de certains climats et même dans des contrées particulières. L'homme est en tout l'ouvrage du ciel; les animaux ne sont à beaucoup d'égards que des productions de la terre; ceux d'un continent ne se trouvent pas dans l'autre; ceux qui s'y trouvent sont altérés, rapetisses, changés au point d'être méconnaissables. En faut-il plus pour être convaincu que l'empreinte de leur forme n'est pas inaltérable? que leur nature, beaucoup moins constante que celle de l'homme, peut varier et même se changer absolument avec le temps; que, par la même raison, les espèces les moins parfaites, les plus délicates, les plus pesantes, les moins agissantes, les moins armées, etc., ont déjà disparu ou disparaîtront avec le temps? Leur état, leur vie, leur être dépendent de la forme que l'homme donne ou laisse à la surface de la terre.»

Une évolution considérable s'est donc faite dans les idées de Buffon: l'espèce est maintenant variable; son état dépend de celui du milieu où elle vit, et, si une part trop grande est encore attribuée à l'influence de l'homme, ce grand fait de la disparition spontanée des espèces les moins bien douées par rapport au milieu où elles vivent, ce grand phénomène, de la *sélection naturelle* est déjà entrevu: «Le prodigieux *mammouth* n'existe plus nulle part. Cette espèce était certainement la première, la plus grande, la plus forte de tous les quadrupèdes; puisqu'elle a disparu, combien d'autres, plus petites, plus faibles et moins remarquables, ont dû périr sans nous avoir laissé ni témoignages, ni renseignements sur leur existence passée! Combien d'autres espèces s'étant dénaturées, c'est-à-dire perfectionnées ou dégradées par les grandes vicissitudes de la terre et des eaux, par l'abandon ou la culture de la nature, par la longue influence d'un climat devenu contraire ou favorable, ne sont plus les mêmes qu'elles étaient autrefois!»

Non seulement des espèces disparaissent, mais il en apparaît aussi de nouvelles: Buffon, qui l'avait d'abord énergiquement nié, l'admet aujourd'hui, puisque tous les animaux d'Amérique se sont formés récemment: «Il ne serait donc pas impossible que, même sans intervertir l'ordre de la nature, tous les animaux du nouveau monde ne fussent, en définitive, les mêmes que ceux de l'ancien, desquels ils auraient autrefois tiré leur origine; on pourrait dire que, en ayant été séparés dans la suite par des mers immenses ou des terres impraticables, ils auront avec le temps reçu toutes les impressions, subi tous les effets d'un climat devenu nouveau lui-même et qui aurait aussi changé de qualité par les causes qui ont produit la séparation; que, par conséquent, ils se seront avec le temps rapetissés, dénaturés. Mais cela ne doit pas nous empêcher de les regarder aujourd'hui comme des animaux d'espèces différentes: de quelque cause que vienne cette différence, qu'elle ait été produite par le temps, le climat et la terre ou qu'elle soit de même date que la création, elle n'en est pas moins réelle. La nature, je l'avoue, est dans un mouvement de flux continuel; mais c'est assez pour l'homme de la saisir dans l'instant de son siècle et de jeter quelques regards en arrière et en avant pour tâcher d'entrevoir ce que jadis elle pouvait être et ce que dans la suite elle pourra devenir[23].»

Dans ce discours, Buffon s'élève encore contre les classifications; mais cette fois c'est surtout à cause de l'abus qu'en font les nomenclateurs, qui, au lieu de rechercher les modifications dont chaque forme spécifique est susceptible, multiplient indéfiniment les espèces pour le vain plaisir d'accoler leur nom à ces futiles découvertes; Buffon n'en est pas moins sur le chemin de la conversion. D'abord partisan de la fixité des espèces, et, pour cette raison, opposé aux classifications, il est devenu transformiste; l'évolution qui s'est faite dans ses idées est d'autant plus complète qu'il a pris soin lui-même de montrer, nous l'avons vu, qu'on ne saurait être transformiste à demi; dès lors, son opposition à une distribution méthodique des animaux n'a plus de raison d'être, et il écrit[24]:

«En comparant ainsi tous les animaux et en les rapportant chacun à leur genre, nous trouverons que les deux cents espèces dont nous avons donné l'histoire peuvent se réduire à un assez petit nombre de familles ou souches principales desquelles il n'est pas impossible que toutes les autres soient issues.

«Et, pour mettre de l'ordre dans cette réduction, nous séparerons d'abord les animaux des deux continents et nous observerons qu'on peut réduire à quinze genres et à neuf espèces isolées non seulement tous les animaux qui sont communs aux deux continents, mais encore tous ceux qui sont propres et particuliers à l'ancien.»

Onze de ces genres correspondent exactement à nos groupes des solipèdes, des ruminants à cornes creuses, des ruminants à cornes pleines, des porcins, des chiens, des viverridés, des mustélidés, des rongeurs, des édentés, des quadrumanes, des cheiroptères; les quatre autres sont moins heureux: Buffon isole, en effet, complètement les bœufs, réunit les porcs-épics et les hérissons, considère comme des amphibies de même nature les loutres, les castors et les phoques. Mais, à part cela, ses groupes sont aussi bien délimités que ceux des autres nomenclateurs; en fait, c'est une véritable classification des mammifères que Buffon propose là, mais une classification généalogique, car l'auteur du chapitre sur l'âne n'a pas oublié que les espèces composant une même famille peuvent être considérées comme issues d'une souche commune, et il revient sur l'idée que plusieurs espèces du Nouveau-Monde descendent de celles de l'Ancien. Dans cette généalogie, il devient intéressant de connaître le degré de parenté des espèces. Buffon a recours, pour le déterminer, aux croisements, et quel programme il trace aux naturalistes de l'avenir: «Comment pourra-t-on connaître autrement que par les résultats de l'union mille et mille fois tentée des animaux d'espèces différentes leur degré de parenté? L'âne est-il plus proche parent du cheval que du zèbre? Le loup est-il plus près du chien que le renard ou le chacal? À quelle distance de l'homme mettrons-nous les grands singes qui lui ressemblent si parfaitement par la conformation du corps? Toutes les espèces animales étaient-elles autrefois ce qu'elles sont aujourd'hui? Leur nombre n'a-t-il pas augmenté ou plutôt diminué? *Les espèces faibles n'ont-elles pas été détruites par les plus fortes* ou plutôt par la tyrannie de l'homme, dont le nombre est devenu mille fois plus grand que celui d'aucune autre espèce d'animaux puissants? Quel rapport pourrions-nous établir entre cette parenté des espèces et une autre plus connue, qui est celle de différentes races de la même espèce? La race, en général, ne provient-elle pas, comme l'espèce mixte, d'une disconvenance à l'espèce pure dans les individus qui ont formé la première souche de la race?… Combien d'autres questions à faire sur cette seule matière, et qu'il y en a peu que nous soyons en état de résoudre!» Qui ne reconnaît, dans ces questions de Buffon, les questions mêmes qui sont aujourd'hui si passionnément agitées dans le monde savant? Pour Linné, que des doutes sérieux venaient cependant assaillir parfois, il n'y avait pas, pour ainsi dire, de question de l'espèce; pour Buffon, l'espèce est au contraire aujourd'hui la grande énigme que pose la nature à l'intelligence humaine, et il s'efforce de la résoudre. Ces mêmes questions seront bientôt reprises et traitées plus complètement; à Buffon revient l'honneur de les avoir soulevées et hardiment abordées; il a été de la sorte l'heureux précurseur de Lamarck, son élève enthousiaste, et d'Étienne Geoffroy Saint-Hilaire.

L'idée d'une filiation des êtres vivants, qui implique la variabilité des espèces, était d'ailleurs bien plus conforme que toute autre à la philosophie générale de Buffon. Si dans son *Premier discours sur la manière d'étudier et de traiter l'histoire naturelle* il n'est pas encore dégagé de toutes les idées qui ont cours de son temps dans ce que nous appelons le «grand public», il se montre déjà bien différent de lui-même dans ses études sur la génération des animaux. La continuité lui apparaît partout dans la nature; il n'admet pas même la démarcation entre les animaux et végétaux:

«Nos idées générales ne sont que des méthodes artificielles que nous nous sommes formées pour rassembler une grande quantité d'objets dans le même point de vue; et elles ont, comme les méthodes artificielles dont nous avons parlé, le défaut de ne pouvoir jamais tout comprendre; elles sont de même opposées à la marche de la nature, qui se fait uniformément, insensiblement et toujours particulièrement, en sorte que c'est pour vouloir comprendre un trop grand nombre d'idées particulières dans un seul mot que nous n'avons plus une idée claire de ce que ce mot signifie, parce que, ce mot étant reçu, on s'imagine que ce mot est une ligne qu'on peut tirer entre les productions de la nature, que tout ce qui est au-dessus de cette ligne est en effet *animal*, et que tout ce qui est au-dessous ne peut être que *végétal*, autre mot aussi général que le premier, qu'on emploie de même comme une ligne de séparation entre les corps organisés et les corps bruts. Mais, comme nous l'avons déjà dit plus d'une fois, ces lignes de séparation n'existent point dans la nature; il y a des êtres qui ne sont ni animaux, ni végétaux, ni minéraux, et qu'on tenterait en vain de rapporter aux uns ou aux autres... Nous avons dit que la marche de la nature se fait par degrés nuancés et souvent imperceptibles; aussi passe-t-elle par des nuances insensibles de l'animal au végétal; mais, du végétal au minéral, le passage est brusque[25].»

De ce dernier fait, Buffon conclut qu'on trouvera des intermédiaires aux êtres organisés et aux minéraux; quant aux intermédiaires entre les animaux et les végétaux, il en signale déjà un: c'est cette hydre d'eau douce, ce polype de la lentille d'eau, qui fut l'objet des immortelles expériences de Trembley.

Admettre dans le règne animal un plan général auquel sont conformes toutes les productions naturelles, admettre que ces productions passent de l'une à l'autre par des transitions insensibles, ne saurait que difficilement se concilier avec l'idée que tout, dans ce monde, a un but. Aussi Buffon s'élève-t-il énergiquement contre la doctrine des *causes finales*, qui domine la science depuis Aristote. C'est un sujet bien modeste, l'organisation de la patte du cochon, qui lui fournit l'occasion de combattre la tyrannie de cette doctrine: il remarque que, des quatre doigts qui terminent cette patte, deux seulement sont utilisés par l'animal, et il écrit: «La nature est donc bien éloignée de s'assujettir à des causes finales dans la composition des êtres; pourquoi n'y mettrait-elle pas quelquefois des parties surabondantes, puisqu'elle manque si souvent d'y mettre des parties essentielles?... Pourquoi veut-on que dans chaque individu toute partie soit utile aux autres et nécessaire au tout? Ne suffit-il pas, pour qu'elles se trouvent ensemble, qu'elles ne se nuisent pas, qu'elles puissent croître sans obstacles et se développer sans s'oblitérer mutuellement? Tout ce qui ne se nuit point assez pour se détruire, tout ce qui peut subsister ensemble, subsiste… Mais, comme nous voulons tout rapporter à un certain but, lorsque les parties n'ont pas des usages apparents, nous leur supposons des usages cachés; nous imaginons des rapports qui n'ont aucun fondement, qui n'existent pas dans la nature des choses, qui ne servent qu'à l'obscurcir. Nous ne faisons pas attention que nous altérons la philosophie, que nous en dénaturons l'objet, qui est de connaître le *comment* des choses, la manière dont la nature agit, et que nous substituons à cet objet réel une idée vaine, en cherchant à deviner le *pourquoi* des faits, la fin qu'elle se propose.»

Ainsi surgissent, posés par Buffon lui-même, ce partisan d'abord si résolu de la fixité des espèces, tous les problèmes dont la solution aura été sans aucun doute la pensée dominante de la seconde moitié de ce siècle: l'unité d'origine de tous les êtres vivants, animaux ou végétaux; l'unité d'origine des animaux de même type; le peuplement par migration des continents; la disparition des espèces anciennes, vaincues dans ce que Darwin appellera plus tard la lutte pour la vie; l'apparition d'espèces nouvelles par dégénérescence ou perfectionnement des espèces déjà existantes; l'évolution graduelle de l'espèce humaine; voilà ce qu'entrevoit Buffon à la fin de sa carrière. Et toutes ces grandes idées que Buffon devine en quelque sorte, vers lesquelles il est invinciblement entraîné par la puissante et rigoureuse logique de son génie, sont précisément celles qui commencent aujourd'hui, appuyées sur un ensemble imposant de recherches, à triompher de tous les scrupules.

Nous sommes à l'époque où l'insuffisance des moyens d'observation force les naturalistes à demander malgré eux à des hypothèses plus ou moins plausibles une explication provisoire des phénomènes les plus intimes de la vie et du mystère de la reproduction. Il était impossible, dans cette voie, d'innover beaucoup après tout ce qu'avaient tenté les anciens. En imaginant l'existence de *molécules organiques*, indestructibles, qui s'associent temporairement pour former les individus végétaux ou animaux, se dissocient par la mort de chaque individu et entrent ensuite dans la constitution d'autres organismes, Buffon se rapproche beaucoup d'Anaxagore. Les molécules organiques n'ont rien de commun avec les molécules des corps bruts. Il y a deux catégories de matières, la *matière morte* et la *matière vivante*, qui sont incapables de passer l'une à l'autre; mais les molécules vivantes sont répandues partout, et, quand l'animal se nourrit, il se borne à prendre là où elles se trouvent des molécules organiques semblables à celles qui le constituent et propres à remplacer celles qu'il peut avoir perdues.

«Un être organisé, dit-il[26], est un tout composé de parties organiques semblables, aussi bien que nous supposons qu'un cube est composé d'autres cubes: nous n'avons pour en juger d'autre règle que l'expérience; de la même façon que nous voyons qu'un cube de sel marin est composé d'autres cubes, nous voyons aussi qu'un orme est composé d'autres petits ormes, puisqu'en prenant un bout de branche, ou un bout de racine, ou un morceau de bois séparé du tronc, ou la graine, il envient également un orme; il en est de même des polypes et de quelques autres espèces d'animaux qu'on peut couper et séparer dans tous les sens en différentes parties pour les multiplier; et, puisque c'est nôtre règle pour juger, pourquoi jugerions-nous différemment?

«Il me paraît donc très vraisemblable, par les raisonnements que nous venons de faire, qu'il existe réellement dans la nature une infinité de petits êtres organisés, semblables en tout aux grands êtres organiques qui figurent dans le monde; que ces petits êtres organisés sont composés de parties organiques vivantes qui sont communes aux animaux et aux végétaux; que ces parties organiques sont des parties primitives et incorruptibles; que l'assemblage de ces parties forme à nos yeux des êtres organisés, et que par conséquent la reproduction ou la génération n'est qu'un changement de forme qui s'opère par la seule addition de ces parties semblables, comme la destruction de l'être organisé se fait par la division de ces mêmes parties… Si nous réfléchissons sur la manière dont les arbres croissent, et si nous examinons comment d'une quantité qui est si petite ils arrivent à un volume si considérable, nous trouverons que c'est par la simple addition de petits êtres organisés semblables entre eux et au tout. La graine produit d'abord un petit arbre qu'elle contenait en raccourci; au sommet de ce petit arbre, il se forme un bouton qui contient le petit arbre de l'année suivante, et le bouton est une partie organique semblable au petit arbre de la première année; au sommet du petit arbre de la seconde année, il se forme de même un bouton qui contient le petit arbre de la troisième année; et ainsi de suite tant que l'arbre croît en hauteur, et même, tant qu'il végète, il se forme à l'extrémité de toutes les branches des boutons qui contiennent en raccourci de petits arbres semblables à celui de la première année.»

L'idée que Buffon se fait du végétal ne diffère pas de l'idée que s'en fait Bonnet; tous deux expriment cette idée presque dans les mêmes termes. Mais Buffon proteste tout aussitôt contre l'opinion qui voudrait que tous les petits arbres qui sont assemblés pour en faire un grand étaient contenus dans la graine et que l'ordre de leur développement y était tracé. Expliquer la génération par l'hypothèse de l'emboîtement des germes, c'est répondre à la question par la question même. «Lorsque nous demandons, dit Buffon, comment on peut, concevoir que se fait la reproduction des êtres, et qu'on nous répond que dans le premier être cette reproduction était toute faite, c'est non seulement avouer qu'on ignore comment elle se fait, mais encore renoncer à la volonté de le concevoir.» Il dit exactement la même chose de l'hypothèse de la fixité des espèces. Dire à ceux qui cherchent comment les espèces se sont produites, qu'elles ont toujours été ce qu'elles sont, c'est renoncer à la volonté de découvrir leur origine, et, au point de vue scientifique, n'importe quelle opinion est préférable à cette décourageante doctrine.

Buffon repousse de même, à l'égard de la génération, toutes les hypothèses qui supposent la chose faite; il repousse encore, toutes celles qui ont pour objet les causes finales, parce que ces hypothèses, au lieu de rouler sur les causes physiques de l'effet qu'on cherche à expliquer, ne portent que sur des rapports arbitraires et sur des convenances morales, et il s'arrête finalement à cette fameuse hypothèse du *moule intérieur*, dans laquelle il suppose que la nature peut faire des moules par lesquels elle donne aux êtres vivants non seulement leur figure extérieure, mais aussi leur forme intérieure.

Ces mots de «moule intérieur» paraissent, au premier abord, peu faits pour aller ensemble, attendu qu'un moule est habituellement destiné à reproduire une surface et non les particularités de structure d'une substance massive; mais Buffon déclare employer ces mots faute de mieux. Pour lui, tout être vivant est donc un moule intérieur, dans lequel des forces spéciales font pénétrer les molécules organiques de sorte que chacune des parties du corps s'accroisse en dimension et en poids, sans changer ni de formes ni de structure. C'est grâce à cette pénétration des molécules organiques dans le moule intérieur, grâce à cette «susception» que l'être vivant se développe; mais la force qui produit le développement est aussi celle qui détermine la génération.

Il suffit, en effet, qu'il y ait dans un être vivant quelque partie semblable au tout pour que cette partie, convenablement nourrie, soit capable, si elle est détachée, de produire un tout indépendant identique à celui dont elle faisait primitivement partie.

«Ainsi, dans les saules et dans les polypes, comme il y a plus de parties organiques semblables au tout que d'autres parties, chaque morceau de saule ou de polype qu'on retranche du corps entier devient un saule ou un polype.

«Or, ajoute Buffon, un corps organisé dont toutes les parties seraient semblables à lui-même, comme ceux que nous venons de citer, est un corps dont l'organisation est la plus simple de toutes, car ce n'est que la répétition de la même forme et une composition de figures semblables toutes organisées de même; et c'est par cette raison que les corps les plus simples, les espèces les plus imparfaites sont celles qui se reproduisent, au lieu que, si un corps organisé ne contient que quelques parties semblables à lui-même, la reproduction ne sera ni aussi facile ni aussi abondante dans ces espèces qu'elle l'est dans celles dont toutes les parties sont semblables au tout; mais aussi l'organisation de ces corps sera plus composée que celle des corps dont toutes les parties sont semblables, parce que le corps entier sera composé de parties, à la vérité toutes organiques, mais différemment organisées; et plus il y aura dans le corps organisé de parties différentes du tout et différentes entre elles, plus l'organisation de ce corps sera parfaite, et plus la reproduction sera difficile.»

Nous retrouvons ici les mêmes idées sur la perfection organique que nous avons déjà trouvées dans Aristote et qui conduisent plus tard M. Milne Edwards à concevoir la théorie de la division du travail physiologique. Par la nutrition, l'être vivant ajoute sans cesse à lui-même de nouvelles molécules, de nouvelles parties organiques; il arrive un moment où ces nouvelles parties sont surabondantes; alors elles se rendent de toutes les régions du corps, de tous les organes dans les testicules du mâle, dans les ovaires de la femelle, et y forment des liqueurs dont le mélange préalable est nécessaire à la production d'un nouvel être vivant. Dans l'être vivant primitif, une force inconnue faisait pénétrer dans les organes les molécules organiques les plus propres à le grossir, celles qui ressemblaient le plus aux molécules dont il était déjà constitué; des molécules organiques représentant les divers organes de l'individu vont, en conséquence, se trouver réunies dans sa semence; la même force qui les faisait pénétrer dans les organes qui leur correspondent les agencera dans le même ordre que dans l'individu primitif. Cette théorie de la génération fut publiée par Buffon en 1746; Maupertuis, en 1751, n'avait fait que la reproduire, mais les facultés intellectuelles dont il dotait toutes les particules matérielles indistinctement lui permettaient de supprimer la force coordinatrice de Buffon.

Dans sa théorie de la génération, Buffon n'avait pas épargné les hypothèses; mais le grand écrivain ne se borne pas à raisonner. S'il a des idées, c'est que les faits les lui ont suggérées. «Cherchons des faits, dit-il, pour nous donner des idées.» Les faits, il les demande non seulement à l'observation, mais aussi à l'expérimentation. Directeur du Jardin des Plantes, il y rassemble des collections d'animaux de toutes les parties du monde et les observe, toutes les fois qu'il le peut, à l'état vivant. Entre les espèces, l'infécondité des croisements établit une barrière incontestable; dans quelle mesure est-il possible de franchir cette barrière? Quelle part les croisements ont-ils pu prendre à la formation d'espèces nouvelles? Quelles sont les espèces sauvages que l'on peut considérer comme ayant fourni à l'homme ses espèces domestiques? Toutes ces questions, Buffon les attaque par l'expérimentation. Le temps lui paraît un élément indispensable pour les résoudre, et il conçoit le plan d'un établissement modèle où ces études séculaires pourraient être poursuivies. Cet établissement, réalisé depuis et qui, dès son origine, répand un vif éclat dans le domaine scientifique, c'est le Muséum d'histoire naturelle.

Trois grands hommes y vont poursuivre, par des voies diverses, l'œuvre de Buffon: Lamarck, Geoffroy Saint-Hilaire et Cuvier.

CHAPITRE VIII

Importance attribuée aux animaux inférieurs.—Génération spontanée.—
Perfectionnement graduel des organismes; influence des besoins et de l'habitude.
—L'hérédité et l'adaptation.—Transformation des espèces appartenant aux
périodes géologiques antérieures.—Inanité des cataclysmes généraux.—
Importance des causes actuelles.—Généalogie du règne animal.—Origine de
l'homme.

Familier de la maison de Buffon, qui en avait fait le compagnon de voyages et le
guide de son fils, Lamarck peut être considéré comme le continuateur immédiat
de la philosophie de l'illustre auteur des *Époques de la nature*. S'il n'a pas
l'ampleur de son style, il a comme lui, au plus haut degré, l'art de grouper les
faits et de les enchaîner par de lumineuses conceptions. Tout autre est son
éducation scientifique, tout différents les objets ordinaires de ses études. Buffon,
qui s'adresse parfois de préférence aux *physiciens* plutôt qu'aux *naturalistes*, a
puisé dans ses connaissances étendues en mathématiques et en physique, en
même temps que l'art de généraliser les observations et de remonter aux causes,
une précision et une prudence qu'on ne trouve pas toujours au même degré dans
Lamarck. Lamarck doit à l'étude approfondie qu'il a faite des plantes et des
animaux inférieurs une sûreté dans sa manière d'envisager les rapports des êtres
vivants, une ampleur dans sa conception de la vie que Buffon n'a pas atteintes.

L'étude de l'homme, celle des animaux supérieurs présentent, en effet, la vie sous
des apparences trop complexes et trop mystérieuses pour que ceux qui s'y sont
livrés exclusivement puissent pressentir une explication prochaine des
phénomènes si variés qu'ils observent. La vie leur apparaît avec un cortège
d'organes et de fonctions, propre à leur dissimuler sa véritable nature; toute
tentative pour en pénétrer les secrets, toute spéculation sur ses causes leur
semble d'avance inutile et essentiellement téméraire. Aussi Lamarck a-t-il bien

raison de dire: «Ce qu'il y a de singulier, c'est que les phénomènes les plus importants à considérer n'ont été offerts à nos méditations que depuis l'époque où l'on s'est attaché principalement à l'étude des animaux les moins parfaits, et où les recherches sur les différentes complications de l'organisation de ces animaux sont devenues le principal fondement de leur étude. Il n'est pas moins singulier de reconnaître que ce fut presque toujours de l'examen suivi des plus petits objets que nous présente la nature, et de celui des considérations qui paraissent les plus minutieuses, qu'on a obtenu les connaissances les plus importantes pour arriver à la découverte de ses lois et pour déterminer sa marche.»

C'est, en effet, la considération des conditions simples sous lesquelles se manifeste la vie dans les organismes inférieurs qui conduit Lamarck à penser que ces organismes ont été les premiers formés, qu'ils ont été produits spontanément et que de leur perfectionnement graduel sont résultées toutes les autres formes vivantes. Des «fluides subtils» mis en mouvement par la chaleur et la lumière du soleil ont pénétré de petites particules de matière mucilagineuse inerte qui se sont trouvées aptes à recevoir leur action, les ont animées et ont ainsi constitué les premiers êtres vivants; ces fluides n'ont nullement perdu la faculté d'animer la matière inerte; de nouveaux organismes, des infusoires, se forment sans cesse par ce procédé et naissent ainsi par *génération spontanée*. C'est depuis cette supposition de Lamarck qu'il s'est établi une sorte de solidarité entre l'hypothèse d'une évolution graduelle des êtres vivants et celle des générations spontanées. Cette solidarité n'est nullement nécessaire. De ce que, à un certain moment de l'évolution de la terre, se sont trouvées réalisées des conditions propres à permettre la formation de substances agitées de ces mouvements spéciaux qui constituent la vie, capables de transmettre ces mouvements plus ou moins modifiés à des substances inertes et de les transformer ainsi en substances vivantes, il ne résulte nullement que ces conditions durent encore, et les recherches expérimentales si étendues de M. Pasteur ont depuis longtemps montré que, dans les conditions habituelles des milieux inertes qui nous entourent, il n'y avait jamais de générations spontanées. Quant à l'origine des organismes primitifs, Lamarck ne fait que dire, dans le langage de son temps, qu'il a fallu douer la matière de mouvements spéciaux pour les réaliser; qu'ils se sont produits sous des formes très simples, que l'action persistante des fluides subtils, c'est-à-dire des mouvements moléculaires auxquels ils devaient leur origine, a graduellement perfectionnées. Dans ces organismes, Lamarck suppose, comme Erasme Darwin, qu'ont alors apparu des stimulants nouveaux, les *besoins,* qui se sont multipliés pour chaque être vivant à mesure que son organisme se compliquait, que ses rapports avec le monde extérieur se diversifiaient. Mais, tandis que son émule anglais admet que l'irritation produite dans les organes par les besoins suffit à déterminer la formation d'organes nouveaux ou la modification d'organes déjà existants, Lamarck introduit un intermédiaire entre la production des besoins et les modifications qu'ils déterminent. Suivant lui, ces besoins persistants ont déterminé la répétition incessante de certains actes, la production de certaines habitudes qui sont devenues à leur tour des causes nouvelles de modification. En effet, tout organe dont un animal fait un fréquent usage, un usage habituel, se développe et se perfectionne; tout organe dont l'animal cesse de se servir s'atrophie, au contraire, et disparaît. Ainsi, grâce aux habitudes, certains, organes peuvent disparaître, d'autres se perfectionner. Il est incontestable, par exemple, que les yeux des animaux vivant habituellement dans l'obscurité tendent à disparaître, et l'observation journalière ne permet pas de douter que la plupart des organes se perfectionnent par l'exercice. Mais ce procédé de diversification suppose que les organes dont il s'agit existent déjà; comment des organes nouveaux peuvent-ils se constituer de toutes pièces? Ici, Lamarck dépasse la hardiesse permise à l'hypothèse, lorsqu'il suppose que le seul fait du besoin d'un organe peut en déterminer l'apparition chez un animal; l'on admettra difficilement pour expliquer, par exemple, comment les ruminants ont acquis des cornes, que «dans leurs accès de colère, qui sont fréquents, surtout chez les mâles, leur sentiment intérieur, par ces efforts, dirige plus fortement les fluides vers cette partie de leur tête; où il se fait une sécrétion de matière cornée dans les uns et de matière osseuse mélangée de matière cornée dans les autres, qui donne lieu à des protubérances solides.» Ce n'est pas seulement au cas particulier des ruminants que Lamarck applique sa doctrine de l'*effort intérieur* dirigeant vers telle ou telle partie du corps les fluides qui doivent y porter un surcroît d'activité. «Lorsque la volonté détermine un animal à une action quelconque, les organes qui doivent exécuter cette action y sont aussitôt provoqués par l'affluence des fluides subtils qui y deviennent la cause déterminante des mouvements qu'exige l'action dont il s'agit…; il en résulte que des répétitions multipliées de ces actes d'organisation fortifient, étendent, développent et même *créent* les organes qui y sont nécessaires.» Cela revient à dire qu'un animal arrive forcément à posséder un organe qui lui est nécessaire ou simplement utile, dans les conditions biologiques où il est placé. On a durement reproché à Lamarck cette affirmation, véritablement un peu téméraire et qu'on a quelquefois malicieusement remplacée par cette autre: «Un animal finit toujours par posséder un organe quand il le veut.» Telle n'est pas la pensée de Lamarck, qui attribue simplement les transformations des espèces à l'action stimulante des conditions extérieures se traduisant sous la forme de besoins et explique par là tout ce que nous appelons aujourd'hui des *adaptations*. Ainsi le long cou de la girafe résulte de ce que l'animal habite un pays où les feuilles sont portées au sommet de troncs élevés; les longues pattes des échassiers proviennent de ce que ces oiseaux ont besoin de chercher sans se mouiller leur nourriture dans l'eau, etc. Ces interprétations n'enlèvent rien de leur valeur à ces deux lois énoncées par Lamarck:

«1° *Dans tout animal qui n'a point dépassé le terme de ses développements, l'emploi plus fréquent et plus soutenu d'un organe quelconque fortifie peu à peu cet organe, le développe, l'agrandit et lui donne une puissance proportionnée à la durée de cet emploi; tandis que le défaut constant d'usage de tel organe l'affaiblit insensiblement, le détériore, diminue progressivement ses facultés et finit par le faire disparaître.*

«2° *Tout ce que la nature a fait acquérir ou perdre aux individus par l'influence des circonstances où leur race se trouve depuis longtemps exposée et, par conséquent, par l'influence de l'emploi prédominant de tel organe ou par celle d'un défaut constant d'usage de telle partie, elle le conserve par la génération aux nouveaux individus qui en proviennent, pourvu que les changements acquis soient communs aux deux sexes ou à ceux qui ont produit ces nouveaux individus.*»

* * * * *

De nombreux exemples peuvent être ajoutés aujourd'hui à ceux que Lamarck avait réunis pour appuyer la première de ces lois; le seul point qui puisse, en ce qui la concerne, prêter à la discussion, c'est l'étendue des changements qu'un organe peut subir, en raison de l'usage qu'en fait l'animal qui le possède. C'est là une simple question de mesure. La possibilité de la création d'un organe par suite des excitations extérieures est elle-même un point qui mériterait d'être étudié, qu'on n'a pas le droit de rejeter sans examen, sans observations, sans expériences, et de traiter comme une ridicule rêverie; Lamarck l'aurait sans doute plus facilement fait accepter s'il n'avait pas cru utile de passer par l'intermédiaire des besoins. Il est incontestable que par défaut d'excitation, les organes s'atrophient et disparaissent: nous l'avons déjà dit, les animaux des cavernes obscures et des grandes profondeurs de la mer sont fréquemment aveugles; le protée des lacs souterrains de la Caroline est blanc; sous l'action de la lumière, ses téguments se pigmentent, il devient brun; la lumière est incontestablement nécessaire à l'apparition de la chlorophylle dans les plantes. Dans les deux cas, quel que soit le mécanisme intime par lequel sont produits le pigment et la chlorophylle, ils n'apparaissent que sous l'influence d'une excitation extérieure.

L'idée que Lamarck se fait de la vie se lie d'ailleurs très intimement à son hypothèse sur le mode de formation et de développement des organes, et cette hypothèse, considérée à ce point de vue, perd tout ce qu'elle peut avoir d'apparence déraisonnable. Elle commande le respect, comme l'effort infructueux d'un grand esprit cherchant à deviner, en s'appuyant sur toutes les connaissances acquises de son temps, la solution d'un problème que, malgré tous les progrès accomplis, nous n'avons encore pu forcer la nature à nous livrer.

Deux fluides, selon Lamarck, pénètrent les molécules aptes à vivre: la *chaleur* et l'*électricité*. La chaleur distend les molécules vivantes, les éloigne les unes des autres, sans détruire leur cohésion, et maintient ainsi les tissus vivants dans un état spécial de tension que Lamarck désigne sous le nom d'*orgasme*. Cet orgasme est un état de lutte entre la cohésion des molécules vivantes et la chaleur; de cet état naît l'*irritabilité* des tissus. Vienne, en effet, se manifester sur un point l'influence de l'électricité, sans cesse en mouvement, et que les influences extérieures peuvent attirer sur ce point ou que la volonté peut y diriger, l'équilibre entre la cohésion et la chaleur est détruit, l'orgasme cesse; le tissu qui n'est plus en état de tension se contracte sur le point où la chaleur a faibli, pour reprendre l'instant d'après son état primitif. Le tissu réagit ainsi contre les excitations extérieures. Un muscle non contracté manifeste son état d'orgasme par ce qu'on a appelé le *ton* musculaire. Dans les muscles, les nerfs, instruments de la volonté, apportent-ils l'électricité qui fait cesser l'orgasme, le muscle se contracte pour reprendre bientôt son volume. Sans doute, nous expliquerions autrement aujourd'hui tous les phénomènes que Lamarck attribue à l'orgasme; mais sommes-nous beaucoup plus avancés sur les causes mêmes de la vie? Quand nous disons qu'on doit la considérer comme une sorte de mouvement des particules protoplasmiques, mouvement que nous ne sommes pas en état de définir, exprimons-nous une idée essentiellement différente de celle de Lamarck, puisque la chaleur n'est, en définitive, qu'une sorte de mouvement?

Avons-nous été plus heureux dans la détermination des causes des modifications des organismes? Si personne n'admet plus que les besoins et les désirs qu'ils provoquent soient suffisants, à eux seuls, pour amener l'apparition d'organes nouveaux ou de modifications plus ou moins importantes dans les organes déjà existants, on ne conteste guère les effets de l'usage et du non-usage des organes; on ne révoque plus en doute l'action directe des milieux; on croit à des modifications corrélatives des organes telles que, lorsqu'un organe se transforme, plusieurs autres subissent le contre-coup de ses modifications, soit qu'ils se développent avec lui, soit qu'ils se réduisent au contraire en raison de son développement; beaucoup de faits conduisent à penser que la rapidité croissante avec laquelle s'effectue le développement à mesure que les organismes se compliquent et que leurs parties se solidarisent peut intervenir dans les changements que les parties du corps présentent dans leurs rapports. On admet aussi une certaine spontanéité dans la variation des organismes; on fait enfin quelquefois intervenir les croisements, mais les caractères qui résultent des unions croisées ne viennent que de la transmission par hérédité des caractères produits par les diverses causes que nous venons d'énumérer. D'ailleurs jusqu'ici aucune étude systématique de l'influence propre à ces diverses causes modificatrices n'a pu être faite, et Darwin lui-même se borne à constater que les espèces varient sans se demander pourquoi; la théorie de la sélection naturelle peut admettre, en effet, dans une première approximation, ce simple fait, comme un point de départ, dont on pourra renvoyer l'examen à plus tard.

* * * * *

La seconde loi de Lamarck, la loi de l'*hérédité* des caractères, est demeurée la clef de voûte de l'édifice de Darwin. Seulement Darwin, en démontrant que la lutte pour la vie a nécessairement pour conséquence d'éliminer les formes stationnaires et celles qui ne présentent que des variations inutiles, pour ne laisser subsister que celles qui sont avantageuses à un titre quelconque, a pu expliquer comment il se fait qu'il n'existe pas une continuité absolue entre toutes les formes simultanément vivantes, comment un grand nombre ont disparu, et comment celles qui restent, qu'elles aient en apparence dégénéré ou qu'elles se soient perfectionnées, sont tellement adaptées aux conditions d'existence dans lesquelles elles vivent, qu'on a pu les croire créées spécialement en vue de ces circonstances et appuyer la théorie des *causes finales* sur l'harmonie merveilleuse qu'elles présentent avec le milieu ambiant.

Comme Buffon, Lamarck est absolument opposé à la doctrine aristotélique de la finalité; loin de considérer les espèces vivantes comme créées *pour* un genre de vie déterminé, il affirme qu'elles sont créées *par* le genre de vie que leur ont imposé les circonstances dans lesquelles elles se sont trouvées placées; les adaptations sont pour lui la preuve de l'action directe des milieux; sa théorie du transformisme, au lieu de les expliquer, comme le fait celle de Darwin, les prend pour point de départ; il y a là entre les méthodes des deux grands naturalistes une opposition qui mérite d'être signalée.

Les espèces, étant l'œuvre des conditions d'existence dans lesquelles elles vivent, doivent demeurer immuables, tant que ces conditions demeurent les mêmes. Lamarck répond par là victorieusement à une objection que l'on a cru un moment devoir renverser tout son système et qu'on a plusieurs fois reproduite contre Darwin. Durant l'expédition d'Égypte, Geoffroy Saint-Hilaire avait recueilli dans les nécropoles un grand nombre de momies d'animaux qu'il étudia à son retour de concert avec Cuvier. Ces animaux, qui étaient morts depuis plusieurs milliers d'années, furent trouvés identiques aux animaux actuels de l'Égypte. Cuvier crut voir là une preuve de l'immuabilité des espèces. On ignorait à cette époque quelle avait pu être la durée des périodes géologiques; pour qui admettait, au lieu de ce siècle de millions d'années que la géologie assigne aujourd'hui à notre monde, une création remontant à peine à six mille ans, les momies des hypogées de l'Égypte pouvaient paraître des représentants des premiers âges du monde. On sait au contraire aujourd'hui que leur ancienneté n'est qu'une illusion, que rien, pas même l'homme, n'a changé autour d'elles, et que l'espace de temps qui nous sépare de l'époque où elles ont vécu a la durée d'un éclair par rapport à celui qu'emploie habituellement la nature pour constituer un âge nouveau. D'ailleurs, comme on l'a dit fort justement, la persistance même des formes des momies prouve plus qu'il ne faudrait; car ce ne sont pas seulement les espèces contemporaines des anciens qui ont été conservées, mais aussi les races de leurs animaux domestiques, races dont la variabilité n'est cependant pas douteuse.

Familiarisé avec l'étude des mollusques fossiles, qui sont extrêmement nombreux et dont on peut suivre les variations successives beaucoup plus facilement que celles des mammifères, Lamarck, qui aperçoit de nombreuses séries de formes de transition entre les espèces que l'on considère comme disparues et les espèces actuelles, n'admet pas que les espèces s'éteignent; il suppose qu'elles se transforment toutes.

«S'il y a, dit-il[27], des espèces réellement perdues, ce ne peut être sans doute que parmi les grands animaux qui vivent sur les parties sèches du globe, où l'homme, par l'empire absolu qu'il y exerce, a pu parvenir à détruire tous les individus de quelques-unes qu'il n'a pas voulu conserver ni réduire à la domesticité. De là naît la possibilité que les animaux des genres *Palæotherium*, *Anoplotherium, Megalonyx, Mastodon* de M. Cuvier et quelques autres espèces de genres déjà connus, ne soient plus existant dans la nature; *néanmoins il n'y a là qu'une possibilité.*

«Mais les animaux qui vivent dans le sein des eaux, surtout des eaux marines, et, en outre, toutes les races de petite taille qui habitent la surface de la terre et qui respirent à l'air, sont à l'abri de la destruction de leur espèce de la part de l'homme; leur multiplication est si grande et les moyens de se soustraire à ses poursuites et à ses pièges sont tels qu'il n'y a aucune apparence qu'il puisse détruire l'espèce entière d'aucun de ces animaux.»

Pénétré, comme Buffon, de l'importance du rôle de l'homme dans la nature, Lamarck ne voit pas d'autre cause de destruction des espèces que l'homme lui-même. Il n'aperçoit pas que la guerre déclarée par notre espèce aux animaux n'est qu'un cas particulier de la grande lutte qu'ils se livrent entre eux et dont les premières conséquences ne lui ont cependant pas échappé, car il écrit[28]:

«Par suite de la multiplication des petites espèces, et surtout des animaux les plus imparfaits, la multiplicité des individus pouvait nuire à la conservation des races, à celle des progrès acquis dans le perfectionnement de l'organisation, en un mot à l'ordre général, si la nature n'eût pris des précautions pour restreindre cette multiplication dans des limites qu'elle ne peut jamais franchir.

«Les animaux se mangent les uns les autres, sauf ceux qui vivent de végétaux; mais ceux-ci sont exposés à être dévorés par les animaux carnassiers.

«On sait que ce sont les plus forts et les mieux armés qui mangent les plus faibles, et que les grandes espèces dévorent les plus petites.»

Ici, nous sommes bien près, semble-t-il, non seulement de la lutte pour la vie telle que la concevra Darwin, mais même de la sélection naturelle. Malheureusement, au lieu de poursuivre l'idée, Lamarck aussitôt s'engage dans une autre voie; il n'a pas vu les conséquences de l'ardente concurrence qui s'établit entre les animaux de même espèce dès que les vivres ne sont plus que juste suffisants; bien au contraire, il croit «que les individus d'une même race se mangent rarement entre eux et font la guerre à d'autres races». Puis il revient sans le vouloir aux causes finales lorsqu'il développe les précautions prises par la nature pour empêcher les grosses espèces de se multiplier au point de devenir un danger pour l'existence des petites. Darwin a pris ici exactement le contrepied de Lamarck; mais on ne peut blâmer ce dernier de n'avoir pas cherché à résoudre un problème qui n'était même pas posé de son temps, celui de l'extinction graduelle et du renouvellement, en dehors de l'influence de l'homme, de la plupart des espèces animales et végétales.

* * * * *

Partisan de la fixité des espèces, Cuvier n'hésitait pas à affirmer que de nombreux animaux avaient disparu depuis un temps plus ou moins long, et il attribuait volontiers, nous le verrons bientôt, leur disparition à d'immenses catastrophes, à des cataclysmes généraux, bouleversant la surface entière du globe. Lamarck, frappé au contraire des transformations graduelles que semblent avoir éprouvées les mollusques, conteste la réalité de ces révolutions du globe, dont sir Charles Lyell et ses disciples démontreront plus tard l'inanité.

«Pourquoi, dit-il fort bien[29], supposer sans preuve une catastrophe universelle, lorsque la marche de la nature, mieux connue, suffit pour rendre raison de tous les faits que nous observons dans toutes ses parties? Si l'on considère, d'une part, que dans tout ce que la nature opère elle ne fait rien brusquement, et que partout elle agit avec lenteur et par degrés successifs, et d'autre part que les causes particulières ou locales des désordres, des bouleversements, des déplacements peuvent rendre raison de tout ce que l'on observe à la surface du globe, on reconnaîtra qu'il n'est nullement nécessaire de supposer qu'une catastrophe universelle est venue tout culbuter et détruire une grande partie des opérations mêmes de la nature.»

C'est la doctrine des *causes actuelles* soutenue et développée à l'aurore même de la géologie; c'est l'indication du programme qu'a si bien rempli depuis toute une grande école de géologues.

Appliquant aux classifications la théorie de la descendance, Lamarck semblait devoir être ramené vers l'échelle des êtres de Bonnet; mais il s'aperçoit bien vite qu'on ne saurait disposer les animaux en une série linéaire unique. Il les divise, en effet, en deux lignées dont les progéniteurs sont dus à la génération spontanée; mais les uns se sont formés librement; les autres, plus élevés, ont pris naissance dans des corps déjà vivants, dont les humeurs se sont organisées; ils ont vécu d'abord en parasites, constituant ainsi la classe des helminthes. La première série n'a présenté qu'une évolution très bornée: la seconde a abouti aux vertébrés. Lamarck est le premier qui, au lieu de placer ces derniers en tête du règne animal, procède, au contraire, du simple au composé, et s'élève graduellement des infusoires ou des helminthes les plus simples jusqu'aux formes les plus parfaites sous lesquelles se manifeste la vie.

«L'ordre de la nature, dit-il, c'est l'ordre même dans lequel les corps ont été formés depuis l'origine,» et, comme ces corps paraissent tous procéder les uns des autres, il est évident qu'ils doivent former des séries ininterrompues, dans lesquelles il n'est possible de tracer aucune ligne de démarcation séparant les uns des autres des groupes plus ou moins compréhensifs: «La nature n'a réellement formé ni classes, ni ordres, ni familles, ni genres, ni espèces constantes, mais seulement des individus qui se succèdent les uns aux autres et qui ressemblent à ceux qui les ont produits.» Ceux de ces individus qui se ressemblent le plus et qui se conservent dans le même état, de génération en génération, depuis qu'on les connaît, constituent des *espèces*. Mais les individus constituant les espèces ne présentent de caractères constants que si les circonstances dans lesquelles ils sont placés demeurent invariables; dès que ces circonstances varient, les individus changent: de là les intermédiaires, pour ainsi dire en nombre indéfini, qui relient entre elles les formes animales les plus disparates au premier abord. Il n'y a donc pas d'espèce invariable.

À la vérité, Lamarck exagère le nombre des formes de passages qui, dans la nature actuelle, existent entre les espèces[30]; il exagère aussi la facilité avec laquelle les espèces peuvent se croiser; l'instabilité de l'espèce lui apparaît trop grande; mais cela tient à ce qu'il n'est pas encore en possession du grand fait de la disparition des espèces et que, dès lors, il lui paraît impossible qu'il puisse y avoir de lacune dans la nature. Toutefois Lamarck est loin d'admettre que la gradation soit absolue, comme on l'a quelquefois supposé; il voit un *hiatus* profond entre les corps bruts et les corps organisés[31], et il suppose un semblable hiatus entre les animaux et les plantes, les animaux possédant une faculté, l'*irritabilité*, qui manque entièrement à tous les végétaux. À leur tour, au point de vue de leur complication organique, et si l'on ne tient compte que des classes, les animaux et les plantes forment respectivement dans chaque règne une série unique, une véritable *échelle*, dont les degrés sont caractérisés par le développement de systèmes d'organes de plus en plus compliqués. Cette échelle représente «l'ordre qui appartient à la nature et qui résulte, ainsi que les objets que cet ordre fait exister, des moyens qu'elle a reçus de l'Auteur suprême de toute chose. Elle n'est elle-même que l'ordre général et immuable que ce sublime Auteur a créé dans tout, et que l'ensemble des lois générales et particulières auxquelles cet ordre est assujetti. Par ces moyens, dont elle continue sans altération l'usage, elle a donné et donne perpétuellement l'existence à ses productions; elle les varie et les renouvelle sans cesse et conserve ainsi partout l'ordre entier qui en est l'effet[32].»

Les formes diverses des animaux et des plantes résultent, en définitive, pour Lamarck, de deux causes:

1° Un certain ordre naturel, directement institué par le Créateur, et qui se manifeste dans la série unique et graduellement nuancée, dans l'échelle que forment respectivement les animaux et les plantes;

2° L'influence des conditions extérieures qui, sans altérer cet ordre dans ce qu'il a d'essentiel, agit pour varier à l'infini les productions naturelles et pour créer autour de l'échelle unique qui représente chaque règne une infinité de petites séries rameuses, dont quelques branches peuvent même paraître complètement isolées.

Ceci est important: on représente souvent Lamarck comme ayant exclusivement attribué aux forces naturelles l'évolution de l'univers; Hæckel, dans son *Histoire de la création naturelle*[33] reproduit cette opinion. Telle n'était cependant pas la pensée de l'illustre auteur de la *Philosophie zoologique*. Sans doute la matière et ses «fluides subtils», que nous nommons aujourd'hui les forces physico-chimiques, ont suffi, selon Lamarck, à former les plus simples des êtres vivants; sans doute l'influence des circonstances extérieures a joué un rôle prépondérant dans la production des formes organiques; mais ces formes néanmoins se sont compliquées suivant un plan assigné d'avance par «le sublime Auteur de toutes choses», et que traduit la gradation successive des organismes. Il semble que Lamarck greffe en quelque sorte sa théorie des actions de milieu sur l'idée de l'échelle des êtres de Bonnet, dont il n'arrive pas à se dégager complètement, parce qu'elle lui paraît sans doute conforme à sa conception particulière de la majesté du Créateur. Ce sont, en définitive, les causes finales qui reviennent dans l'esprit de Lamarck, malgré lui, et qui lui font dire ailleurs[34]: «Ainsi, *par ces sages précautions, tout se conserve dans l'ordre établi*; les changements et les renouvellements perpétuels qui s'observent dans cet ordre sont maintenus dans des bornes qu'ils ne sauraient dépasser; les races des corps vivants subsistent toutes, malgré leurs variations; les progrès acquis dans le perfectionnement de l'organisation ne se perdent point; tout ce qui paraît désordre, anomalie rentre sans cesse dans l'ordre général et même y concourt; *et partout, et toujours, la volonté du suprême Auteur de la nature et de tout ce qui existe est invariablement exécutée.*»

On ne saurait mieux exposer la théorie des causes finales, car si Dieu a tout fait, tout coordonné, tout agencé, de manière que sa volonté soit partout et toujours exécutée, c'est qu'il a tout prévu, que par tous les moyens dont il a doté la nature celle-ci court inconsciemment, comme le veulent les finalistes, vers un but déterminé: l'accomplissement de la volonté créatrice.

Cependant, par une étonnante contradiction, Lamarck, finaliste dans l'ensemble, se montre, dans le détail, adversaire résolu des causes finales. Les ouvrages des naturalistes et des philosophes sont remplis de l'étonnement que leur cause le merveilleux outillage dont les animaux sont pourvus, la merveilleuse appropriation de chacun de leurs outils aux fonctions qu'il remplit; c'est pour la plupart d'entre eux une preuve indiscutable de l'intelligence, de la sagesse qui ont présidé à la création.

«Le fait est, dit Lamarck[35], que les divers animaux ont, chacun suivant leur genre et leur espèce, des habitudes particulières et toujours une organisation qui se trouve parfaitement en rapport avec ces habitudes.

«De la considération de ce fait, il semble qu'on soit libre d'admettre, soit l'une, soit l'autre des deux conclusions suivantes, et qu'aucune d'elles ne puisse être prouvée.

«*Conclusion admise jusqu'à ce jour*: La nature (ou son Auteur), en créant les animaux, a prévu toutes les sortes possibles de circonstances dans lesquelles ils auraient à vivre et a donné à chaque espèce une organisation constante, ainsi qu'une forme déterminée et invariable dans ses parties qui force chaque espèce à vivre dans les lieux et les climats où on la trouve et à y conserver les habitudes qu'on lui connaît.

«*Ma conclusion particulière*: La nature, en produisant successivement toutes les espèces d'animaux, en commençant par les plus imparfaits et les plus simples, pour terminer son ouvrage par les plus parfaits, a compliqué graduellement leur organisation; et, ces animaux se répandant généralement dans toutes les régions habitables du globe, chaque espèce a reçu de l'influence des circonstances dans lesquelles elle s'est rencontrée les habitudes que nous lui connaissons et les modifications dans ses parties que l'observation nous montre en elle.»

Entre ces deux conclusions, Lamarck n'hésite pas. La première suppose que les espèces sont fixées et ont été de tout temps aussi étroitement adaptées que nous le voyons aux conditions dans lesquelles elles ont vécu; mais cette fixité des espèces suppose, à son tour, la fixité des conditions d'existence dans lesquelles elles sont placées. Or ce dernier fait est absolument contraire à tout ce que l'observation nous démontre; il y a plus: nous avons volontairement changé les conditions d'existence d'un certain nombre d'animaux, ce sont les animaux domestiques; or ces animaux se sont eux-mêmes modifiés avec les conditions qui leur ont été imposées. Aucun d'eux ne ressemble plus aux animaux de la souche sauvage dont il descend, et nous pouvons encore les modifier à notre gré. L'argument est irrésistible; quelque effort que l'on ait fait depuis pour en diminuer la portée, il se dresse toujours aussi solide contre tous les raisonnements qui voudraient établir la fixité des espèces.

Ces arguments se réduisent d'ailleurs à ceci: les modifications imposées aux animaux domestiques n'ont pas dépassé certaines limites. À quoi l'on peut répondre que personne n'a jusqu'ici essayé de modifier complètement les conditions primitives; l'homme s'est toujours borné à tirer parti de l'œuvre de la nature, à profiter des résultats obtenus par elle, à s'avancer plus loin dans la voie où elle s'était engagée, et dans la mesure que lui indiquait la satisfaction de ses besoins; il ne s'est pas proposé de transformer les animaux, de leur imposer des changements profonds; il a voulu conserver et perfectionner à son profit, plutôt que créer; et, se fût-il proposé ce dernier but, il y a encore un facteur dont il lui aurait fallu tenir compte: le temps. Aux six mille années dont il a pu disposer, depuis qu'il est civilisé la nature oppose l'œuvre de cent millions d'années: c'est cette œuvre que l'homme s'étonne modestement de n'avoir pas encore bouleversée!

Lamarck accepte donc pleinement l'opinion que les espèces anciennes se sont graduellement modifiées pour produire les espèces actuelles. Les infusoires, nés directement par génération spontanée, ont produit, en se perfectionnant, les radiaires; les vers qui se sont formés dans des corps déjà organisés ont eu une évolution plus rapide et sont montés plus haut. Ils se sont divisés en deux branches, dont l'une a fourni les insectes, ensuite les arachnides, puis les crustacés; l'autre a donné successivement, et dans l'ordre où leurs noms sont énoncés, les annélides, les cirrhipèdes, les mollusques, les poissons et les reptiles. Là, nouvelle bifurcation: les reptiles engendrent d'une part les oiseaux, d'où naissent ensuite les mammifères monotrèmes; d'autres reptiles produisent les mammifères amphibies, et ces derniers forment une souche d'où se détachent d'abord les cétacés, puis les mammifères ordinaires, qui se divisent enfin en onguiculés et ongulés. Voici d'ailleurs ce tableau généalogique du règne animal, le premier qui ait été dressé sur des données scientifiques:

TABLEAU

Servant à montrer l'origine des différents animaux.

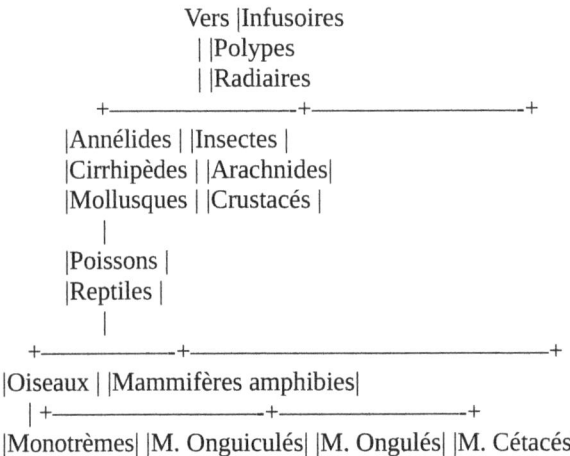

```
                    Vers |Infusoires
                    |  |Polypes
                    |  |Radiaires
        +-----------------+-----------------+
        |Annélides | |Insectes |
        |Cirrhipèdes | |Arachnides|
        |Mollusques | |Crustacés |
            |
        |Poissons |
        |Reptiles |
            |
    +-----------+-----------------------+
    |Oiseaux | |Mammifères amphibies|
      | +-----------------+-----------------+
    |Monotrèmes| |M. Onguiculés| |M. Ongulés| |M. Cétacés|
```

Beaucoup des documents qui pourraient servir aujourd'hui à établir un arbre semblable manquaient à Lamarck. Il n'y a donc pas lieu de s'étonner qu'il ait renversé l'ordre dans lequel s'est probablement faite l'évolution des animaux articulés; qu'il ait à tort intercalé les cirrhipèdes, qui sont des crustacés, entre les annélides et les mollusques; qu'il ait fait descendre les monotrèmes des oiseaux, au lieu de les réunir aux autres mammifères; qu'enfin il ait cherché à tirer les mammifères ordinaires des amphibies, au lieu de faire descendre ces animaux des premiers, comme on le ferait aujourd'hui. Ce sont là des renversements qui sont inévitables tant que les connaissances sont incomplètes, qui se sont produits plusieurs fois depuis, mais que les progrès de la science rendent chaque jour plus rares. L'essentiel était d'avoir reconnu entre les différents types organiques une parenté qui a presque toujours été confirmée depuis.

On remarquera que l'homme n'est pas compris dans ce tableau. La pensée de Lamarck, à l'égard de l'origine de l'homme, a été présentée de façons diverses; il est intéressant de citer ses propres paroles:

«Si l'homme n'était distingué des animaux que relativement à son organisation, il serait aisé de montrer que les caractères d'organisation dont on se sert pour en former, avec ses variétés, une famille à part, sont tous le produit d'anciens changements dans ses actions, et des habitudes qu'il a prises et qui sont devenues particulières aux individus de son espèce[36].»

Effectivement, Lamarck montre comment une race perfectionnée de quadrumanes, cessant de grimper, a pu devenir bimane; comment elle a acquis l'attitude verticale, par suite de la nécessité d'explorer au loin le pays pour assurer sa sécurité; comment elle s'est associée à ses semblables pour dominer le monde et parquer dans les forêts les espèces rivales; comment, des besoins nouveaux créés par cette association, a dû naître le langage.

«Ainsi, ajoute-t-il, à cet égard, les besoins seuls ont tout fait; ils auront fait naître les efforts; et les organes propres aux articulations des sons se seront développés par leur emploi habituel.

«Telles seraient les réflexions que l'on pourrait faire si l'homme, considéré ici comme la race prééminente en question, n'était distingué des animaux que par les caractères de son organisation *et si son origine n'était pas différente de la leur*[37].»

Cette opinion peut se résumer ainsi: naturaliste, Lamarck n'hésite pas à considérer l'homme comme un singe modifié; philosophe et psychologue, il voit entre l'homme et les animaux un abîme, et l'homme lui apparaît dès lors comme une émanation directe du Créateur. Cette concession serait encore aujourd'hui suffisante pour rallier au transformisme bien des esprits que dominent de respectables croyances. Mais quel intérêt pourrait avoir la doctrine de la descendance si elle s'arrêtait précisément au point qu'il nous importe le plus d'élucider, si, après avoir prétendu nous révéler l'origine de tous les animaux, elle nous laissait complètement ignorants du passé de notre espèce?

Et cependant, même au point de vue psychologique, la barrière que Lamarck établit entre l'homme et les animaux est bien faible. Dans la doctrine de l'illustre naturaliste, les milieux extérieurs, on s'en souvient, n'agissent pas directement sur les organismes; ils ne les modifient qu'en excitant chez eux des besoins, puis des habitudes provoquant l'usage ou le défaut d'usage des organes, et déterminent ainsi leur accroissement ou leur atrophie. Les besoins sont intimement liés aux sensations, celles-ci aux facultés intellectuelles; aussi Lamarck attache-t-il une grande importance au développement plus ou moins grand de ces facultés chez les animaux, qu'il divise dans sa classification définitive[38] en *animaux apathiques*, *animaux sensibles* et *animaux intelligents*. Le simple énoncé de cette classification suffit à montrer que Lamarck admet un développement graduel des facultés intellectuelles. Il s'efforce du reste de démontrer que «tous les actes de l'entendement exigent un système d'organes particuliers pour pouvoir s'exécuter», et, comme ces organes sont les mêmes chez l'homme et les animaux supérieurs, qu'il n'y a entre eux qu'une différence de degré, il s'ensuit nécessairement que, si les animaux les plus élevés sont issus des plus simples, l'homme doit à son tour être issu des formes supérieures du règne animal. Après avoir développé toutes ses idées sur la nature de l'entendement, qu'il regarde simplement comme un ensemble de phénomènes mécaniques, Lamarck ne revient cependant pas sur le problème de la place de l'homme dans la nature.

On se demande s'il n'a pas craint par une dernière et suprême hardiesse de compromettre le succès d'une œuvre qui lui avait coûté une incroyable dépense de génie et qu'il savait être de beaucoup en avance sur son époque. Aussi termine-t-il son livre par cette mélancolique réflexion, qui n'a malheureusement pas cessé d'être vraie:

«Les hommes qui s'efforcent par leurs travaux de reculer les limites des connaissances humaines savent assez qu'il ne leur suffit pas de découvrir et de montrer une vérité utile qu'on ignorait, et qu'il faut encore pouvoir la répandre et la faire reconnaître; or la *raison individuelle* et la *raison publique,* qui se trouvent dans le cas d'en éprouver quelque changement, y mettent en général un obstacle tel qu'il est souvent plus difficile de faire reconnaître une vérité que de la découvrir. Je laisse ce sujet sans développement, parce que je sais que mes lecteurs y suppléeront suffisamment, pour peu qu'ils aient d'expérience dans l'observation des causes qui déterminent les actions des hommes.»

Simple et sans amertume, empreinte d'une douce philosophie, cette phrase n'en reflète pas moins le sentiment bien net qu'éprouvait Lamarck de l'injustice de ses contemporains à son égard. Un d'eux a laissé sur l'exemplaire de la *Philosophie zoologique* qui appartient à la bibliothèque du Muséum cette appréciation anonyme: «*homme assez superficiel*». Ce lecteur expansif traduit assez exactement l'impression que fit sur ceux qui ne le comprirent pas le grand naturaliste qui osa le premier envisager d'un point de vue nouveau l'empire organique tout entier. Lamarck s'était imposé aux zoologistes par son *Histoire naturelle des animaux sans vertèbres,* qui lui fit décerner le nom de Linné français. On lui pardonna, suivant le mot d'Isidore Geoffroy Saint-Hilaire, la philosophie zoologique, en raison de son grand ouvrage descriptif. Quant aux idées neuves et fécondes qu'il avait si généreusement semées dans son œuvre, elles furent bientôt ensevelies sous des sarcasmes auxquels on regrette que Cuvier lui-même se soit associé. Elles devaient dormir un demi-siècle avant de s'offrir de nouveau aux méditations des savants.

L'homme qui a le premier cherché à préciser scientifiquement quels liens de parenté généalogique unissaient ensemble les animaux les plus simples aux plus parfaits, qui le premier a pénétré l'importance du phénomène d'hérédité, a osé affirmer que nous devions chercher l'explication de la nature présente dans la nature passée; qui a posé comme une règle générale du développement de notre globe, comme de celui des organismes, une évolution lente et graduelle, sans secousses et cataclysmes; l'homme qui a essayé le premier de sonder les mystères de la vie à la lumière des sciences physiques, cet homme aura éternellement droit à l'admiration de tous. Sans doute le mécanisme réel du perfectionnement des organismes lui a échappé, mais Darwin ne l'a pas expliqué davantage. La loi de sélection naturelle n'est pas l'indication d'un procédé de transformation des animaux; c'est l'expression d'un ensemble de résultats. Elle constate ces résultats sans nous montrer comment ils ont été préparés. Nous voyons bien qu'elle conduit à la conservation des organismes les plus parfaits;

mais Darwin ne nous laisse pas voir comment ces organismes eux-mêmes ont été obtenus. C'est une lacune qu'on a seulement essayé de combler dans ces dernières années.

Peut-être les idées de Lamarck eussent plus rapidement conquis la place qui leur revenait, si, à l'époque même où il les développait, l'arène scientifique n'avait pas été presque entièrement occupée par deux terribles champions, plus jeunes et plus ardents que lui: Geoffroy Saint-Hilaire et Cuvier. Nous ne devons pas séparer dans cette esquisse deux noms qui retentirent si souvent ensemble dans les débats académiques de la première moitié de ce siècle, qui sont demeurés inscrits sur les drapeaux de deux écoles rivales et que l'on peut considérer comme l'expression la plus saisissante de deux tournures opposées de l'esprit humain.

CHAPITRE IX

ÉTIENNE GEOFFROY SAINT-HILAIRE

Opposition des deux doctrines de la fixité et de la variabilité des espèces.—
L'unité de plan de composition.—Importance des organes rudimentaires.—
Balancement des organes.—Théorie des analogues; principe des connexions.—
Analogie des animaux inférieurs et des embryons des animaux supérieurs.—
Arrêts de développement.—Les monstres et la tératologie.—Idées de Geoffroy
sur la variabilité des espèces; les transformations brusques; l'influence du milieu.
—Extension de la théorie de l'unité de plan de composition aux animaux
articulés: retournement du vertébré; idées d'Ampère.—Lien généalogique entre
les espèces fossiles et les espèces vivantes.

Désormais, deux opinions opposées relativement aux espèces sont établies dans
la science et vont compter chacune ses partisans. Linné avait affirmé d'une
manière absolue la fixité des formes spécifiques; Buffon et surtout Lamarck
proclament leur instabilité. Pour eux, l'espèce est capable de subir des
modifications sans nombre, que Buffon ne cherche pas à poursuivre bien loin,
mais dont Lamarck considère l'étendue comme indéfinie, puisque, suivant lui,
les espèces les plus élevées descendent des plus simples par une suite
ininterrompue de générations. La même opposition va se retrouver dans les idées
de Cuvier et de Geoffroy Saint-Hilaire; mais cette fois c'est dans le même champ
clos que les deux écoles vont se trouver en présence; c'est au Jardin des plantes
ou devant l'Académie des sciences de Paris que deux esprits, l'un et l'autre de la
plus haute portée, vont entamer une lutte demeurée célèbre dans l'histoire des
sciences. Geoffroy Saint-Hilaire a en quelque sorte pour patrie scientifique ce
Jardin du roi, dont Buffon avait élevé si haut la renommée. C'est là qu'il est initié
à l'étude des sciences, et c'est auprès de Daubenton lui-même, dans un milieu
encore tout rempli du souvenir et des idées de l'auteur illustre de l'*Histoire
naturelle,* qu'il fait son éducation d'anatomiste; c'est aussi grâce au vénérable

collaborateur de Buffon qu'il est nommé sous-garde et sous-démonstrateur du cabinet d'histoire naturelle, en remplacement de Lacépède, démissionnaire. Bientôt après, le décret de la Convention qui organisait le *Muséum d'histoire naturelle* lui donne, à lui minéralogiste et à peine âgé de vingt et un ans, le titre de professeur de zoologie dans la nouvelle «métropole des sciences de la nature». Il doit y enseigner l'histoire des animaux vertébrés, tandis que Lamarck est chargé d'exposer l'histoire des animaux sans vertèbres. Dès lors, le cercle des études du jeune naturaliste se trouve nettement tracé. Les vertébrés sont encore de son temps considérés comme les animaux par excellence; ce sont, en quelque sorte, les animaux typiques. Geoffroy se livre avec passion à des recherches sur leur organisation; il demeure frappé de la grande généralité des ressemblances qu'ils présentent entre eux et que Buffon n'avait pas manqué de signaler. Ce dessein, toujours le même, que, suivant l'expression de Buffon, la nature semble suivre «de l'homme aux quadrupèdes, des quadrupèdes aux cétacés, des cétacés aux oiseaux, des oiseaux aux reptiles, des reptiles aux poissons,» Geoffroy entreprend d'en démontrer la réalité, d'en déterminer exactement toute l'économie.

À qui avait parcouru cette longue série d'organismes qui s'échelonnent de l'homme aux poissons, il devait sembler, à cette époque, que rien au delà ne pouvait présenter un haut intérêt. Geoffroy pensa bien vite que ce plan commun, dont les objets favoris de ses études lui révélaient l'existence, se retrouvait dans la nature entière. Dès 1795, à peine âgé de vingt-trois ans, à une époque où il vivait dans la plus grande intimité avec Cuvier, qu'il venait d'introduire au Muséum d'histoire naturelle, il écrivait dans son *Mémoire sur les rapports naturels des Makis*: «La nature n'a formé tous les êtres vivants que sur un plan unique, essentiellement le même dans son principe, mais qu'elle a varié de mille manières dans toutes ses parties accessoires. Si nous considérons particulièrement une classe d'animaux, c'est là surtout que son plan nous paraîtra évident; nous trouverons que les formes diverses sous lesquelles elle s'est plue à faire exister chaque espèce dérivent toutes les unes des autres; il lui suffit de changer quelques-unes des proportions des organes pour les rendre propres à de nouvelles fonctions, pour en étendre ou restreindre les usages… Toutes les différences les plus essentielles qui affectent chaque famille, dépendant d'une même classe, viennent seulement d'un autre arrangement, d'une autre complication, d'une modification enfin de ces mêmes organes.»

Buffon avait dit: *un très grand nombre* d'animaux sont construits sur le même plan; Geoffroy affirme ici que *tous les animaux* ont la même structure fondamentale. Cette idée de l'*unité de plan de composition* des animaux, si simple et si grande, doit présider désormais à presque tous ses travaux; la démontrer doit être la préoccupation constante de sa vie. Ce qu'il recherche dans l'étude des animaux, ce ne sont pas, comme le font les disciples de Linné, les différences qui les séparent, ce sont les ressemblances qui peuvent exister entre eux, et cette préoccupation l'amène déjà en 1796 à un résultat intéressant. Dans les conclusions de ses *Recherches sur les rapports naturels des animaux à bourse*, il signale les ressemblances des dasyures avec les civettes, des phalangers avec les écureuils, des kanguroos avec les gerboises; il établit ainsi une sorte de parallélisme entre les mammifères marsupiaux et les mammifères ordinaires; c'est la première indication de l'idée des *classifications paralléliques* qu'Isidore Geoffroy, son fils, développera plus tard, et dont nous aurons à apprécier l'importance.

Mais, selon Geoffroy, «il est pour l'histoire naturelle quelque chose de plus important que des classifications»: c'est l'étude des rapports, étude qui le remplit d'enthousiasme et dans laquelle il croit trouver la voie qui doit conduire à l'explication des phénomènes de la nature. Un instant, la séduisante idée de l'enchaînement universel des êtres l'attire vers Bonnet, mais il est trop zoologiste pour s'y arrêter. «Cette chaîne universelle est une véritable chimère,» dit-il en 1794. Mais il sait trop bien que les êtres vivants ne sont pas isolés les uns des autres, qu'un lien intime les relie étroitement, malgré leur diversité, pour ne pas chercher à remplacer l'hypothèse du naturaliste genevois, et il croit à son tour avoir trouvé dans l'unité de plan de composition la loi même de la nature. Qu'on le remarque: cette idée, qui a fait la gloire de Geoffroy, qui a suscité toutes ses études, qui l'a conduit à la découverte de principes dont l'application a dominé les travaux de naturalistes des écoles les plus opposées, cette idée féconde, en raison de la part de vérité qu'elle contient, ce n'est pas à la fin d'une longue carrière de zoologiste praticien, après une longue accumulation de recherches sans but, qu'elle s'est présentée à son esprit; c'est dès le début de ses investigations, dès sa première jeunesse, et il en est presque toujours ainsi. Les idées générales ne surgissent pas quand l'esprit, fatigué de parcourir le dédale des petits faits et des minuties, arrive à son déclin; pourquoi ces fées bienfaisantes viendraient-elles illuminer les derniers travaux de ceux qui durant toute leur vie n'ont eu pour elles que méfiance et dédain? Elles ont d'ailleurs leurs caprices, se montrent coquettement, se laissent voir à demi, puis s'envolent; reviennent illuminer, comme de charmants feux follets, l'esprit doucement bercé, qui les prend pour un rêve et néglige, tant qu'il le peut encore, d'enchaîner ces sylphes légers, plus subtils en apparence que l'éther. Bientôt le sylphe se lasse;

ses apparitions sont plus rares; il se montre sous des traits moins séduisants; enfin la douce vision s'évanouit sans retour, laissant à ceux qui n'ont pas su la fixer le douloureux souvenir du charme rompu. Et cependant ces riens aux formes mouvantes, ces prétendus fantômes sont la force même de l'esprit humain; c'est à eux qu'il appartient de lui communiquer le génie qui sait découvrir les voies nouvelles, les jalonner de ses conquêtes et traîner enfin le vieux monde à sa remorque jusqu'aux brillants sommets où s'ouvrent les nouveaux horizons. Mais ils sont justement jaloux; en retour de leurs bienfaits, ils exigent de celui auquel ils se livrent une constante fidélité. Souvent aussi, ils ne se laissent conquérir qu'à moitié, ne laissent prendre qu'une de leurs formes; mais qu'importe s'ils n'en ont pas moins permis à celui qui croyait les posséder de faire, au profit de l'humanité, une riche moisson.

Tel fut le cas de Geoffroy Saint-Hilaire. Il rêvait de trouver une solution au problème que posent les ressemblances étroites des animaux; cette solution, il croit la voir apparaître dans l'idée de l'unité de plan de composition. La fée ne s'était laissé prendre qu'à demi; mais elle sut largement payer la part d'hospitalité qu'elle accepta. Déjà elle avait montré le bout de ses ailes à Aristote, à Galien, à Ambroise Paré, à Belon, à Newton[39], à Vicq-d'Azyr[40], à Buffon, à Gœthe, à Herder, à Pinel; seul Geoffroy eut assez de persévérance pour la fixer un instant et lui arracher de précieux secrets.

Durant l'expédition d'Égypte, des observations sur l'aile de l'autruche lui font déjà entrevoir l'importance des organes rudimentaires: chez cet oiseau, l'os bien connu sous le nom de fourchette est très peu développé. «Ces rudiments de fourchette n'ont pas été supprimés, dit Geoffroy, parce que la nature ne marche jamais par sauts rapides et qu'elle laisse toujours des vestiges d'un organe, lors même qu'il est tout à fait superflu, si cet organe a joué un rôle important dans les autres espèces de la même famille. Ainsi se retrouvent, sous la peau des flancs, les vestiges de l'aile du casoar; ainsi se voit, chez l'homme, à l'angle interne de l'œil, un boursouflement de la peau qu'on reconnaît pour le rudiment de la membrane incitante dont beaucoup de quadrupèdes et d'oiseaux sont pourvus.»

Vers cette même époque, en 1800, il écrit encore: «Les germes de tous les organes que l'on observe, par exemple, dans les différentes familles d'animaux à respiration pulmonaire, existent à la fois dans toutes les espèces, et la cause de la diversité infinie des formes qui sont propres à chacune, et de l'existence de tant d'organes à demi effacés ou totalement oblitérés, doit se rapporter au développement proportionnellement plus considérable de quelques-uns, *développement qui s'opère toujours aux dépens de ceux qui sont dans le voisinage.*» Ce dernier aperçu n'est autre chose que la première indication de ce que Geoffroy Saint-Hilaire appellera plus tard le *principe du balancement des organes*; et ce principe lui fournira l'explication de l'existence des organes rudimentaires, produits incomplets de germes qui ont avorté, parce que d'autres organes voisins se sont emparés de la nourriture qui leur était destinée.

Il est rare d'ailleurs que l'avortement soit complet; les rudiments, pour demeurer imparfaits, n'en existent pas moins à la place même qu'auraient dû occuper les organes qu'ils représentent; c'est là un fait important pour la démonstration de l'unité de plan de composition.

Une semblable unité suppose, nous l'avons vu, que *tous les animaux d'un même groupe*—Geoffroy semble restreindre ici l'affirmation absolue qu'il avait émise dans son mémoire sur les Makis—possèdent les mêmes organes. Mais comment reconnaître, dans la série innombrable des formes, les organes qui se correspondent? Ici, Geoffroy imagine une méthode d'investigation, indépendante de l'hypothèse de l'unité de plan de composition, applicable toutes les fois que des animaux sont construits sur le même plan, quel que soit le nombre des plans suivis par la nature, et qui, sous le nom de *théorie des analogues*, est devenue entre les mains des anatomistes de toutes les écoles l'un des instruments les plus féconds de découvertes.

On peut considérer les organes à divers points de vue, notamment au point de vue de leur forme, au point de vue de leur fonction, au point de vue de leur position relative. Lorsque chez deux animaux différents deux organes ont une forme voisine, une même fonction, une semblable position, tout le monde les appelle du même nom; personne n'émet un doute sur leur identité fondamentale: ce sont deux *organes analogues*. Mais l'observation apprend bientôt que, chez des organes dont l'analogie est cependant évidente, la forme et la fonction peuvent considérablement varier. Chez les vertébrés, par exemple, le membre antérieur peut être une patte locomotrice, une aile ou une nageoire; sa forme a changé, sa fonction s'est modifiée; mais il demeure très longtemps formé des mêmes parties, et, lors même que ces parties ont éprouvé certaines modifications, la position du membre, ses rapports avec les autres organes sont demeurés essentiellement les mêmes. Ce qui est évident des membres antérieurs, Geoffroy Saint-Hilaire le suppose vrai pour tous les autres organes. Il se laisse d'abord guider par son hypothèse pour identifier, en 1806, la structure de la nageoire antérieure des poissons avec celle des pattes des autres vertébrés, pour ramener à un type commun la composition du crâne de tous ces animaux. Assuré par ses découvertes successives de la haute valeur du guide qu'il a choisi, il énonce enfin le *principe des connexions*. «Un organe, dit-il, est plutôt altéré, atrophié, anéanti que transposé[41].» L'*anatomie philosophique* est essentiellement le développement de ce principe, qui implique une conception de l'organe toute nouvelle.

On disait volontiers jusqu'à Geoffroy: Tel organe est destiné à telle fonction. Geoffroy dit, au contraire: L'organe est indépendant de la fonction. Pour lui, la notion du plan de structure, la notion *morphologique*, comme on dirait aujourd'hui, est supérieure à la notion *physiologique*. L'animal existe avec une structure, toujours la même, quel que soit le rôle qu'il aura à jouer dans le monde. C'est le conflit de ses facultés et des conditions dans lesquelles il doit les exercer qui détermine les fonctions et la forme même de ses organes. On doit voir, dans cette façon d'envisager les êtres vivants, un progrès considérable et définitif.

Une voie féconde est ouverte désormais à l'anatomie, à qui Geoffroy Saint-Hilaire ne tarde pas à donner comme auxiliaire l'embryogénie. À comparer la tête des poissons osseux avec celle des mammifères adultes, on reconnaît bien vite qu'il y a dans la tête des premiers un grand nombre d'os sans analogues évidents dans la tête des seconds. Ce paraît être une pierre d'achoppement inévitable pour la théorie de l'unité de plan de composition. Geoffroy a l'idée lumineuse de comparer la tête des poissons non plus à celle des mammifères adultes, mais à celle des embryons de mammifère; de déterminer chez ces animaux non pas les os, mais les centres d'ossification et leurs rapports. Dès lors, la comparaison devient possible[, et des ressemblances incontestables sont établies entre les modes de constitution, différents en apparence, de la tête des poissons osseux, de celle des reptiles, de celle des oiseaux et de celle des mammifères. Chemin faisant, Geoffroy découvre des rudiments de dents dans la mâchoire des très jeunes baleines, dans celle des embryons d'oiseaux qui en sont dépourvus à l'état adulte. Quelle joie eût été celle du grand anatomiste s'il avait pu prévoir que la paléontologie exhumerait un jour de véritables oiseaux dont les dents étaient non seulement aussi développées à l'état adulte que celles des mammifères, mais présentaient comme elles une mue!

Le poisson avec ses os crâniens multiples, l'oiseau avec ses dents qui n'apparaissent que pour se fondre presque aussitôt avec les tissus environnants, peuvent être considérés comme s'étant arrêtés dans leur évolution à un état de développement que les mammifères ne font que traverser pour arriver à leur état définitif. À ces divers points de vue, Geoffroy les considérait comme des embryons permanents des animaux supérieurs. Bonnet, Erasme Darwin, Diderot avaient pressenti une sorte de parallélisme entre le développement embryogénique des animaux et les modifications successives des espèces; la comparaison de Geoffroy entre les animaux inférieurs et les embryons des animaux supérieurs détermine d'une façon précise l'interprétation que l'on peut donner de ce parallélisme sur lequel insisteront bientôt Serres et M. Henri Milne Edwards; et c'est, en définitive, la même idée qu'ont exprimée Fritz Müller et les embryogénistes partisans de la doctrine de la descendance en disant: «Les formes successives que présente un animal durant son développement embryogénique ne sont que la répétition abrégée de formes traversées par son espèce pour arriver à son état actuel.» C'est là une formule trop absolue, sans doute: les formes embryonnaires d'un animal ne sauraient bien souvent vivre en dehors de l'œuf; elles sont ordinairement modifiées par la présence d'un vitellus nutritif plus ou moins volumineux, par des adaptations diverses et surtout par les phénomènes accessoires que détermine la rapidité avec laquelle l'évolution s'accomplit, par ce que nous avons appelé l'*accélération embryogénique*. Mais la loi de Fritz Müller n'en demeure pas moins une des lois fondamentales de l'embryogénie comparée, et elle n'est, à tout prendre, qu'une généralisation des faits énoncés par Geoffroy Saint-Hilaire.

Mais si les animaux inférieurs rappellent, à beaucoup d'égards, les embryons des animaux supérieurs du même groupe, que, pour une raison quelconque, ces derniers soient frappés d'arrêt de développement dans quelques-unes de leurs parties, ils devront, dans ces parties, présenter les caractères propres aux formes inférieures de leur famille.

En 1820, cette idée devient pour Geoffroy le fondement d'une science nouvelle, la *tératologie*, grâce à laquelle sont pour la première fois classées, expliquées et ramenées aux lois ordinaires de l'embryogénie ces formes animales accidentelles, tantôt effrayantes, tantôt simplement étranges, qui ont à toutes les époques vivement frappé l'imagination populaire, et ont depuis longtemps reçu le nom de *monstruosités*. Pour toujours, les monstres sont enlevés à la légende; loin de les considérer comme des exceptions aux lois de la nature, Geoffroy les fait servir à la découverte, à l'extension, à la vérification de ces lois. Il démontre que les monstruosités tiennent toujours à quelque cause physique, déterminable, et va même jusqu'à indiquer comment on pourrait créer expérimentalement telle ou telle catégorie de monstres. Cette étude *expérimentale des monstruosités* a été de nos jours poursuivie non sans succès par M. Camille Dareste.

La plupart des monstruosités dites *par défaut* sont dues effectivement à un simple arrêt de développement de certaines parties de l'animal qui les présente; mais il en est aussi qui résultent de la soudure d'organes demeurant habituellement séparés dans les individus normaux. L'étude de ces dernières conduit encore Geoffroy à une loi importante, aussi vraie, aussi féconde en anatomie comparée qu'en tératologie et qu'on peut énoncer ainsi: «Les soudures n'ont jamais lieu qu'entre parties de même nature.» Il paraît à Geoffroy que ces parties exercent les unes sur les autres une sorte d'attraction réciproque que l'illustre anatomiste appelle l'*attraction du soi pour soi*, loi dont il a été si vivement frappé qu'il en a voulu faire, à la fin de sa vie, l'un des principes fondamentaux qui régissent les combinaisons de la matière. Il crut entrevoir, dans l'attraction du soi pour soi, la cause déterminante de tous les phénomènes qui s'accomplissent dans l'intimité des corps, comme l'attraction universelle paraît être la cause des grands phénomènes astronomiques.

Malheureusement, si les faits qui lui servaient de point de départ étaient exacts, la cause à laquelle il cherchait à les rattacher n'était guère qu'une illusion. Les organes de même nature n'exercent aucune attraction particulière les uns sur les autres; s'ils se soudent fréquemment, cela tient à ce qu'ils naissent symétriquement de chaque côté du corps, ou qu'ils se disposent sur une partie plus ou moins grande de sa longueur. Il arrive alors fréquemment qu'ils se trouvent en contact, si pour une raison quelconque leur accroissement est plus rapide que celui des parties qui les séparent; dès lors leurs tissus se confondent en raison même de leur homogénéité, absolument comme, dans le règne végétal, le tissu du greffon se confond avec celui de la souche sur laquelle on l'a placé.

* * * * *

Si les monstruosités doivent être attribuées à des causes naturelles, si elles ne résultent que d'une modification plus ou moins importante apportée à la marche ordinaire du développement, n'est-il pas possible que cette modification arrive à se produire régulièrement, à se manifester non seulement sur tous les individus nés de mêmes parents, mais aussi sur leur descendance? Si les lois du développement normal et celles du développement tératologique ne sont que des cas particuliers de lois plus générales, n'est-il pas possible que des individus, monstrueux au moment de leur première apparition, se perpétuent, se multiplient, prennent rang parmi les formes qui se renouvellent sans cesse par la reproduction, deviennent, en un mot, des espèces normales, des types zoologiques nouveaux? Cette idée de la *variation brusque* des types par voie tératologique devait se présenter à l'esprit de Geoffroy Saint-Hilaire. C'est ainsi effectivement que, poursuivant la majestueuse série de ses inductions, il arrive à concevoir que le type oiseau a pu se dégager du type reptile[42]: «Qu'un reptile, dans l'âge des premiers développements, éprouve une contraction vers le milieu du corps, de manière à laisser à part tous les vaisseaux sanguins dans le thorax et le fond du sac pulmonaire dans l'abdomen, c'est là une circonstance propre à favoriser le développement de toute l'organisation d'un oiseau.» Il ne semble pas aujourd'hui que ces modifications brusques des types, un moment admises par des naturalistes qui comptent parmi les plus éminents, aient été un procédé habituel de diversification des formes vivantes. Mais, tout au moins en ce qui regarde les oiseaux, la paléontologie a pleinement confirmé, nous l'avons dit, leur parenté généalogique avec les reptiles, parenté indiquée presque simultanément par Lamarck et Geoffroy.

* * * * *

Jusqu'ici, tous les efforts de Geoffroy Saint-Hilaire se sont tournés vers l'étude des animaux vertébrés. Les poissons, les reptiles, les oiseaux, les mammifères ont été l'objet de ses persévérantes recherches. Pour cet embranchement du règne animal, considéré comme le plus important de tous, l'unité de plan de composition est une loi définitivement acquise; et, dans sa course héroïque vers le but, Geoffroy n'a cessé de semer sur son chemin les aperçus nouveaux, les découvertes inattendues. L'anatomie est dotée pour la première fois d'une méthode d'investigation qui permet d'aller au-devant des découvertes, au lieu de les attendre du hasard; des préceptes rigoureux sont trouvés pour la comparaison des organes et leur détermination; la morphologie se trouve affranchie de la servitude trop étroite dans laquelle la tenait une certaine physiologie; l'embryogénie est introduite de plain-pied, comme une source féconde de renseignements, parmi les sciences sur lesquelles s'appuie la philosophie anatomique; la structure des animaux supérieurs est ramenée à des lois précises, jusque dans ces écarts qui semblaient à Geoffroy des produits «de l'organisation dans des jours de saturnales», où, fatiguée d'avoir trop longtemps industrieusement produit, elle cherchait des délassements en s'abandonnant à ses caprices; une telle œuvre ne pouvait être bornée à une portion du règne animal, si importante qu'on la suppose: elle devait s'étendre au règne animal tout entier.

En 1820, Geoffroy Saint-Hilaire aborde l'étude des animaux articulés. Déjà, sous l'empire des idées qu'il avait répandues dans la science, peut-être sous son inspiration directe, de remarquables travaux avaient été entrepris sur ces animaux: dans un mémoire devenu classique, Savigny, l'ami et le compagnon de Geoffroy durant l'expédition d'Égypte, avait montré que dans la bouche en apparence si variée des coléoptères, des punaises, des abeilles, des mouches, des papillons, se trouvaient toujours les mêmes pièces, semblablement placées et ne présentant, dans les groupes les plus divers, que des différences de forme: propres à broyer chez les coléoptères, à broyer et à lécher chez les abeilles, à piquer chez les punaises et les mouches, à humer des sucs liquides chez les papillons. Dans une série d'importantes recherches dont les conclusions ont été publiées en 1820, Audouin, appliquant à toutes les parties du corps des articulés la méthode des analogues, croyait pouvoir établir que, chez tous les articulés, les mêmes pièces se retrouvaient en même nombre dans toutes les parties du corps. «Ce n'est, disait-il, que de l'accroissement semblable ou dissemblable des segments, de la réunion ou de la division des pièces qui les composent, du maximum de développement des unes, de l'état rudimentaire des autres, que dépendent toutes les différences qui se remarquent dans la série des animaux articulés[43]. Latreille venait de montrer de son côté que tous les appendices des articulés n'étaient autre chose que des pattes modifiées et faisait rentrer les ailes même des insectes dans cette définition, les rapprochant ainsi des pattes respiratoires des crustacés ou articulés aquatiques. L'unité de plan de composition des animaux articulés ou plutôt des arthropodes prenait donc pied dans la science en même temps que l'unité de plan de composition des vertébrés. Le moment était venu d'essayer de montrer que ces deux unités n'en faisaient qu'une.

Il y a au point de vue de la position relative du système nerveux des différences profondes entre les vertébrés et les articulés. Chez les premiers, le système nerveux est tout entier dorsal; chez les seconds, il est en grande partie ventral, sauf à sa partie antérieure, où, traversé par le tube digestif, il constitue autour de lui une sorte d'anneau, le *collier œsophagien*. Abstraction faite du collier œsophagien, il semble, au premier abord, qu'il y ait opposition absolue entre les connexions du système nerveux chez les vertébrés et les articulés, et qu'il soit par conséquent de toute impossibilité de les ramener au même plan. Mais, se demande Geoffroy[44], la solution du problème n'est-elle pas dans cette opposition même des connexions du système nerveux? Comment sont définies les régions que nous nommons le *dos* et le *ventre* chez un animal? Le ventre, c'est la région du corps qui regarde le sol; le dos, celle qui regarde le ciel. Pour déterminer ces deux régions, nous prenons nos points de repère non pas dans l'animal lui-même, comme l'exigerait le principe des connexions, mais dans le monde extérieur. Il peut donc se faire que l'opposition, au lieu de se trouver dans les rapports réciproques des organes de l'articulé et du vertébré, existe seulement dans l'attitude des deux animaux. Effectivement, que l'on place un vertébré le dos en bas, le ventre en haut, et que, dans cette nouvelle attitude, contraire à son attitude normale, on le compare à un articulé, aussitôt l'opposition disparaît; les différents organes se trouvent occuper les mêmes positions relatives; il devient possible de comparer le vertébré et l'articulé, de découvrir entre eux un grand nombre de dispositions communes: les trois grands appareils organiques, le système nerveux, le tube digestif, le centre circulatoire, se trouvent occuper, dans les deux cas, les uns par rapport aux autres, exactement les mêmes positions. L'attitude ordinaire des animaux est d'ailleurs loin d'être constante dans un même groupe: Geoffroy cite un certain nombre d'exemples de poissons, d'insectes, de crustacés, qui présentent habituellement une attitude exactement inverse de celles de leurs congénères; nous aurons plus tard occasion d'étendre considérablement cette liste. Il n'y a donc rien de contraire aux faits bien constatés dans la supposition d'un reversement permanent de l'attitude des vertébrés par rapport à l'attitude ordinaire des articulés. À cet égard, l'embryogénie est venue donner encore pleinement raison à Geoffroy.

L'illustre anatomiste est moins heureux lorsqu'il veut poursuivre ses comparaisons dans le détail, découvrir la signification des pièces du squelette des articulés, ou trouver chez les vertébrés les équivalents de leurs membres. Chez les arthropodes, pensait Willis en 1692, les os recouvrent les muscles. Également séduit par l'idée de retrouver chez les insectes des parties solides analogues à celles qui semblaient caractéristiques des vertébrés, frappé, du reste, de voir, chez les articulés, les arceaux solides de la carapace qui protègent le corps se répéter aussi régulièrement que les vertèbres du squelette des animaux supérieurs, Geoffroy n'hésite pas à considérer ces parties comme réellement analogues. Dès lors devient inévitable cette singulière conséquence: tandis que les vertébrés vivent au dehors de leur colonne vertébrale, les articulés sont enfermés au dedans de la leur. Comment expliquer une aussi étrange disposition?

Geoffroy commence par faire remarquer qu'à tout prendre elle n'est pas aussi spéciale aux articulés qu'on pourrait le croire. Chez les tortues, certaines pièces évidemment analogues de pièces du squelette interne des autres vertébrés sont étroitement soudées à la carapace, de sorte que ces animaux sont aussi, à bien des égards, enfermés dans leur squelette et peuvent être considérés comme formant, à ce point de vue, une transition aux articulés. Mais Geoffroy sent bien que cette simple comparaison ne sera pas convaincante, et il cherche une explication. Tous les systèmes organiques se développent, pense-t-il, sous deux influences, celle de l'appareil circulatoire, celle du système nerveux. Chez les vertébrés, ces deux systèmes concourent simultanément et dans une juste mesure au développement de tout l'organisme, qui acquiert ainsi son plus haut degré de perfection; chez les mollusques, le système sanguin prédomine, l'animal reste mou et comme pénétré de liquides; chez les insectes, l'appareil circulatoire est rudimentaire; c'est donc le système nerveux qui va prendre la direction du développement. Les parties le plus immédiatement en rapport avec ce système—et le squelette est du nombre—vont, en conséquence, se développer les premières, se compléter longtemps avant que les autres aient pu se constituer; celles-ci se formant elles-mêmes au voisinage du système nerveux, et s'accroissant moins vite que le squelette, seront nécessairement enveloppées par lui: de là l'articulé. Il ne faut évidemment pas trop discuter cette explication *a priori,* proche parente de celles que nous verrons érigées en système par Oken et les *philosophes de la nature*; elle repose d'ailleurs sur une pure hypothèse, l'intervention directe du système nerveux et de l'appareil circulatoire dans les phénomènes de développement.

Quoi qu'il en soit, Geoffroy, ayant été conduit à considérer les segments cutanés solides des articulés comme des corps de vertèbres, ne peut voir autre chose que des côtes dans les membres de ces animaux. Les articulés marcheraient donc sur leurs côtes, qui, au lieu de former un cercle continu, comme chez le plus grand nombre des vertébrés, seraient ouvertes et étalées. Ces côtes n'auraient d'analogues, suivant Geoffroy, que celles des poissons pleuronectes, et dès lors les crustacés et les insectes doivent être considérés, au point de vue de leur squelette, comme marchant sur le flanc, tandis qu'au point de vue du système nerveux ils marchent au contraire sur le dos. Il a toujours paru assez difficile d'accorder ces deux manières de voir, que Geoffroy accepte cependant simultanément, tant il est convaincu de la valeur de sa méthode. Il signale d'ailleurs d'autres homologies entre les articulés et les vertébrés inférieurs: la tête des insectes est formée de trois segments, comme le crâne des vertébrés; leurs ailes, organes de respiration modifiés, suivant Latreille, correspondent à la vessie natatoire des poissons; leurs stigmates se retrouvent encore chez ces derniers: ce sont les petits orifices régulièrement disposés qui constituent la ligne latérale, et, fort de ces apparentes ressemblances, il s'écrie:

«Oui, sans doute, je puis aujourd'hui l'affirmer, des êtres dits et crus jusqu'ici sans vertèbres auront à figurer, dans nos séries naturelles, parmi les animaux vertébrés.»

Cette conclusion, tout au moins, paraît séduisante à nombre d'esprits éminents: Oken, Gœthe, en Allemagne, sont bien près de l'accepter; en France, Latreille s'efforce lui aussi de comparer les crustacés aux poissons; il lit devant l'Académie des sciences, le 10 janvier 1820, un mémoire où il essaye de montrer qu'un crabe, considéré simplement à l'extérieur, est une sorte de poisson dont la région operculaire ou jugulaire s'est agrandie en manière de thorax, dont l'autre partie du corps est divisée en segments. Ampère lui-même, l'illustre physicien à qui l'on doit l'électro-magnétisme, s'émeut et publie en 1824, dans les *Annales des sciences naturelles*, une lettre anonyme où il reprend, pour la modifier et la perfectionner, l'idée mère de Geoffroy. Il voit dans le squelette tégumentaire des articulés l'équivalent des côtes des vertébrés; le canal rachidien de ces animaux est, suivant lui, demeuré ouvert en dessus; la moelle épinière a disparu, et la chaîne ventrale, qui en remplit les fonctions, correspond au système des ganglions sympathiques des vertébrés. Toute contradiction, toute étrangeté disparaît ainsi dans la comparaison entre le vertébré et l'articulé, et l'assimilation entre les deux types prend une vraisemblance propre à la faire plus facilement accepter. On pourrait en effet citer une longue suite d'hommes illustres qui, tout en faisant telles ou telles réserves, ne lui ont pas moins accordé leur assentiment.

Quand une idée suscite à ce point l'intérêt, quand elle laisse dans l'esprit des hommes de science une trace tellement profonde qu'elle survit, malgré les démentis partiels que les faits semblent infliger à ses conséquences, c'est en général qu'elle est l'expression d'une vérité entrevue, expression incomplète, parce que la vérité est encore mal dégagée. Entre les vertébrés et les articulés, il y a deux points de ressemblance certains, indiscutables: les vertèbres des premiers se répètent exactement comme les anneaux des seconds; les organes principaux présentent, chez les uns et les autres, la même disposition relative, si, au lieu de considérer leur orientation par rapport au sol, on considère seulement leur orientation par rapport à l'un d'entre eux, le système nerveux, par exemple.

Voilà les faits. Il s'agit maintenant de découvrir leur explication ou, si l'on veut, leur interprétation. Toujours préoccupé de cette idée que les vertébrés sont les animaux typiques, Geoffroy et ses contemporains les prennent pour point de départ et cherchent à retrouver toutes leurs parties dans les animaux inférieurs; là est, en définitive, la source de leurs erreurs de détail. Il n'y a pas plus à chercher dans les animaux inférieurs tout ce que l'on trouve chez les animaux supérieurs, qu'il n'y a à chercher dans l'œuf, ou même dans l'embryon, tous les organes que l'on observera plus tard dans l'animal adulte. Mais, si nous le savons aujourd'hui, c'est en partie à une méthode de comparaison introduite par Geoffroy dans la science; c'est parce qu'il a songé à rapprocher les animaux inférieurs des embryons des animaux supérieurs, c'est parce qu'il a contribué plus que personne à renverser de fond en comble la doctrine de l'emboîtement des germes, encore soutenue par Cuvier, c'est parce qu'il a vaillamment défendu, avec Lamarck, l'idée de la mutabilité des espèces, sans laquelle il n'y a pas d'évolution possible, sans laquelle l'idée de gradation dans la complication organique est condamnée à demeurer confuse et stérile. On peut aujourd'hui considérer comme acquis, grâce surtout aux découvertes de Semper et de Balfour, que le corps des vertébrés était primitivement segmenté, comme celui des articulés; que les animaux articulés ont dû, pour devenir vertébrés, renverser complètement leur attitude primitive: on commence à discerner assez nettement[45] les raisons de ce retournement; mais on est assuré qu'il n'y a aucune ressemblance essentielle entre le squelette dermique des articulés et le squelette profond des vertébrés; bien plus, ce n'est pas des animaux articulés qui ont un squelette externe bien développé, ce n'est pas des arthropodes que les vertébrés se rapprochent; comme pouvait le faire prévoir le faible développement du squelette chez les Lamproies et chez l'Amphioxus, c'est avec les animaux articulés mous, avec les vers annelés que leurs affinités paraissent le plus intimes.

Profondément pénétré des ressemblances étroites que les animaux supérieurs présentent entre eux, accoutumé par ses études sur les monstres à mesurer l'influence que les conditions extérieures pouvaient avoir sur le terme final de l'évolution, Geoffroy devait être nécessairement partisan de la mutabilité des formes spécifiques. Au moment où de toutes parts, grâce à l'impulsion de Cuvier, des formes disparues pour toujours sont restituées à la science, le créateur de la philosophie anatomique arrive, comme Lamarck, à se demander s'il ne faut pas voir dans ces antiques habitants du globe les ancêtres probables des animaux actuels. De 1825 à 1828, il publie plusieurs mémoires sur les grands reptiles fossiles des environs de Caen et de Honfleur. Il démontre que ces animaux, auxquels il donne les noms de *Teleosaurus* et de *Steneosaurus*, sont bien distincts des crocodiles actuels; mais, ce premier point une fois acquis, se présente une autre question, savoir: «si les prétendus crocodiles de Caen et de Honfleur, renfermés dans de semblables terrains, ceux de la formation jurassique, avec les *Plesiosaurus*, ne seraient point dans l'ordre des temps, aussi bien que par les degrés de leur composition organique, un anneau de jonction qui rattacherait sans interruption ces très anciens habitants de la terre aux reptiles actuellement vivants et connus sous le nom de gavials[46].» Sans l'affirmer d'une façon absolument positive, Geoffroy n'hésite pas, au moins, à admettre la possibilité d'une semblable transformation, car, dit-il, «le monde ambiant est tout-puissant pour une altération des corps organisés[47],» et il ajoute quelques lignes plus bas: «La respiration constitue, selon moi, une ordonnée si puissante pour la disposition des formes animales qu'il n'est même point nécessaire que le milieu des fluides respiratoires se modifie brusquement et fortement, pour occasionner des formes très peu sensiblement altérées. La lente action du temps, et c'est davantage sans doute, s'il survient un cataclysme coïncidant, y pourvoit ordinairement. Les modifications insensibles d'un siècle à un autre finissent par s'ajouter et se réunissent en une somme quelconque: d'où il arrive que la respiration devient d'une exécution difficile et finalement impossible, quant à de certains systèmes d'organes: elle nécessite alors et se crée à elle-même un autre arrangement, perfectionnant ou altérant les cellules pulmonaires dans lesquelles elle opère, modifications *heureuses* ou *funestes*, qui se propagent et qui influent sur tout le reste de l'organisation animale. *Car, si ces modifications amènent des effets nuisibles, les animaux qui les éprouvent cessent d'exister, pour être remplacés par d'autres, avec des formes un peu changées, et changées à la convenance des nouvelles circonstances.*»

Ce sont là d'importantes déclarations, car elles établissent nettement la différence de doctrine entre Lamarck et Geoffroy Saint-Hilaire. Lamarck ne voit le monde extérieur agir sur les êtres vivants que par l'intermédiaire des habitudes qu'il détermine chez eux; tout organisme a donc une part d'activité dans les modifications qu'il éprouve; Geoffroy, sans condamner d'une façon absolue les idées de Lamarck[48], considère au contraire l'organisme comme passif et voit dans les modifications successives des êtres vivants l'effet de l'action directe des milieux. Pour Lamarck, comme pour Buffon, le grand destructeur des formes vivantes, c'est l'homme; ces deux grands naturalistes ne considèrent pas comme probable que des espèces disparaissent en dehors de son action; Geoffroy, au contraire, pense que les espèces disparaissent naturellement, lorsque leur organisation n'est plus en rapport avec le milieu dans lequel elles doivent vivre ou qu'elles ont subi des modifications vicieuses, et les passages imprimés en italiques dans la citation précédente montrent qu'il attribue cette disparition à une véritable sélection naturelle; toutefois cette sélection est l'œuvre du milieu lui-même, elle n'est pas provoquée ou plutôt stimulée par l'accroissement rapide du nombre des individus et par la lutte pour la vie qui en est la conséquence. Le grand fait de la disparition spontanée des espèces, sans secousse, sans cataclysme, n'en est pas moins nettement vu et placé à côté de cet autre grand phénomène, la formation des espèces nouvelles.

Les causes de cette formation peuvent d'ailleurs être multiples. Aux modifications insensibles dont il est question dans le passage cité plus haut s'ajoutent, pour Geoffroy, des modifications brusques, telles que celles auxquelles nous l'avons vu attribuer la transformation du reptile en oiseau, modifications de même nature que celles qui aboutissent, en temps ordinaire, aux monstruosités. En d'autres termes, un monstre dont les caractères exceptionnels sont, par une heureuse coïncidence, en rapport avec un mode d'existence nouveau et possible dans un milieu donné, un tel monstre peut faire souche et devenir l'origine d'une espèce nouvelle ou même d'un type nouveau, brusquement issu d'un type, en apparence, différent. Pourquoi, pense Geoffroy, des phénomènes que nous voyons se produire encore fréquemment sous nos yeux, au cours du développement embryogénique, n'auraient-ils pas été utilisés par la nature pour amener la diversification de ses types?

Ce rapprochement entre les phénomènes embryogéniques de l'individu et les phénomènes d'évolution des types spécifiques, que l'on considère, à bon droit, comme l'un des plus brillants résultats de la philosophie zoologique, ce rapprochement, Geoffroy ne cesse de l'avoir présent à l'esprit; écoutons-le décrivant et interprétant les métamorphoses des batraciens:

«Nous assistons chaque année, dit-il[49], à un spectacle visible je ne veux pas dire seulement pour les yeux de l'esprit, mais pour ceux du corps, spectacle où nous voyons l'organisation se transformer et passer des conditions organiques d'une classe d'animaux à celles d'une autre classe: telle est l'organisation des batraciens. Un batracien est d'abord un poisson sous le nom de têtard, puis un reptile sous celui de grenouille. Or nous arrivons à savoir comment se fait cette merveilleuse métamorphose. Là se réalise, dans ce fait observable, ce que nous avons présenté plus haut comme une hypothèse, la transformation d'un degré organique passant au degré immédiatement supérieur.

«Les faits physiologiques de la transformation du têtard ont été recueillis et sont parfaitement mis en lumière par mon célèbre ami M. Edwards[50], dans son ouvrage ayant pour titre: *De l'influence des agents physiques sur la vie*; et les faits anatomiques par beaucoup de naturalistes, et spécialement par M. le docteur Martin Saint-Ange…

«Les développements d'où résulte la transformation sont opérés par l'action combinée de la lumière et de l'oxygène, et les changements corporels par la production de nouveaux vaisseaux sanguins, qui sont alors soumis à la règle du balancement des organes, dans ce sens que, si les fluides du système circulatoire se précipitent de préférence dans de nouvelles voies, il en reste moins pour les anciennes. Ces vaisseaux alternants, qui ici se contractent et qui là se dilatent, changent les rapports des organes où ils se rendent; et, comme c'est successivement sur tous les points du corps, la transformation devient générale, ici par l'atrophie et la ruine de quelques parties, et là par l'hypertrophie de plusieurs autres dont il y avait d'abord à peine le germe. M. le docteur Edwards, en retenant sous l'eau des têtards, a retardé ou mieux empêché leur métamorphose. Ce qui fut là expérimenté en petit, la nature l'a pratiqué en grand à l'égard du protée, qui habite les lacs souterrains de la Carniole. Ce reptile, privé d'y ressentir l'influence de la lumière et d'y puiser l'énergie d'une libre pratique de la respiration aérienne, reste perpétuellement à l'état de larve ou têtard; mais d'ailleurs il peut toutefois transmettre sans difficulté à sa descendance ces conditions restreintes d'organisation, conditions de son espèce, qui furent peut-être celles du premier état de l'existence des reptiles, quand le globe était partout submergé.»

Non seulement l'influence du milieu est constatée, mais Geoffroy, comme autrefois Bacon, recommande de rechercher par des expériences quelles sont les conditions qui peuvent amener dans les organismes des modifications durables; il signale des expériences toutes faites, comme les modifications de nos animaux domestiques, comme celles qu'ont subies les animaux transportés en Amérique, expériences dont il resterait simplement à tirer parti. «Les naturalistes de notre époque, dit-il[51], si empressés à la description isolée des corps et des phénomènes naturels, si habiles à porter leur scalpel scrutateur dans l'intérieur labyrinthique des êtres organisés, semblent au contraire craindre de se compromettre dans la recherche des rapports et des actions réciproques des parties de l'univers, recherche difficile par elle-même, plus difficile encore par sa nouveauté, mais éminemment philosophique et féconde en progrès.»

C'est le programme dont Charles Darwin a si magnifiquement rempli une partie, car Geoffroy, dans les actions réciproques des parties de l'univers, comprend explicitement l'influence que les êtres vivants, obligés de vivre côte à côte, exercent nécessairement les uns sur les autres. Il prévoit aussi que les modifications subies par un organe ne sauraient être isolées: il y a, pense-t-il, des organes qui grandissent ensemble, d'autres qui sont réduits par cela seul que ceux-là grandissent; de là de nombreuses corrélations à déterminer, d'autant plus que toutes ces modifications concomitantes peuvent être dominées par les modifications d'un organe unique; il y a donc lieu de rechercher, «*parmi les organes qui parviennent ensemble à une grandeur démesurée, lequel exerce toute l'influence quand les autres s'en tiennent au rôle secondaire d'associés officieux*?» Geoffroy a donc clairement la notion de ces modifications corrélatives auxquelles Charles Darwin regrette dans ses dernières publications de n'avoir pas attaché tout d'abord une importance suffisante. Il formule enfin, en 1835. dans ses *Études progressives d'un naturaliste*[52], son opinion sur les êtres vivants et leur origine en disant: «Il n'est, suivant moi, qu'un seul système de créations incessamment remaniées, et successivement progressives, et remaniées avec de préalables changements et sous l'influence toute-puissante du monde extérieur.»

À la même époque, un autre grand génie, Cuvier, soutient et défend avec un incomparable talent des opinions exactement opposées. De là une lutte ardente, dont nous devrons aussi écrire l'histoire, car elle ne fut pas sans profit pour la philosophie naturelle et mit en pleine lumière la valeur de doctrines qui fussent sans cela demeurées longtemps stériles.

CHAPITRE X

Affinités avec Linné; influence des débuts de Cuvier sur son œuvre scientifique; les révolutions du globe; théorie des créations successives et des migrations.—Caractère des inductions de Cuvier.—Ordre d'apparition des animaux; création spéciale des principaux groupes.—La classification naturelle: adhésion au principe des causes finales; principe des conditions d'existence; loi de la corrélation des formes; loi de la subordination des caractères.—Les quatre embranchements du règne animal.

Nous venons de voir quelle intime parenté intellectuelle unissait à Buffon ces deux grands naturalistes Lamarck et Geoffroy. Presque tous les aperçus de philosophie zoologique contenus dans l'histoire naturelle sont repris, fécondés, développés, là avec une étonnante puissance de synthèse et un savoir immense de zoologiste, ici avec une merveilleuse pénétration, une logique admirable, un génie enfin qui sait élever toutes les questions, tirer un parti inattendu de toutes les branches de la science et les dominer toutes pour les faire concourir à ce but suprême: la découverte du plan, du secret même de la création. Cuvier va de même agrandir en quelque sorte Linné.

Les débuts de celui qui devait prendre un jour sur les sciences naturelles une domination, que justifiaient les plus brillantes découvertes et la plus haute intelligence, furent tout autres que ceux de Geoffroy. Tandis que Geoffroy, encore étudiant, se livrait à Paris, sous la direction de Daubenton, à l'étude des vertébrés supérieurs, le jeune Georges Cuvier, alors précepteur dans la famille d'Héricy, fixée au château de Fiquainville, près de Fécamp, occupait ses loisirs à l'étude des animaux inférieurs, des animaux sans vertèbres que la mer nourrit en si grande abondance. Là, point d'unité de plan qui séduise et puisse entraîner dès l'abord. La classe des vers, dans laquelle Linné a renfermé presque tous les invertébrés marins, sauf les Crustacés, se présente au contraire comme un

119

assemblage éminemment disparate d'êtres entre lesquels il ne semble y avoir de ressemblance que leur commune infériorité. Dès 1795, Cuvier, à peine âgé de vingt-six ans, propose de supprimer cette classe, véritable chaos, et il distribue tous les invertébrés, tous les animaux à sang blanc, comme on les appelait encore d'après Aristote, en six classes, à savoir celles des *Mollusques*, des *Insectes*, des *Crustacés*, des *Vers*, des *Echinodermes* et des *Zoophytes*. C'était montrer un sentiment profond des ressemblances et des différences que ces animaux, jusque-là si peu connus, présentent entre eux; il est même remarquable que la répartition actuellement admise des animaux sans vertèbres se rapproche davantage de celle que Cuvier proposait alors que de celle à laquelle il s'est définitivement arrêté. Les impressions de la jeunesse sont les plus vives et souvent aussi les plus justes que l'on ressente: Cuvier, pénétré dès lors des différences considérables qui existent entre les animaux à sang blanc, persuadé qu'ils sont séparés des vertébrés par un hiatus profond, ne reviendra plus sur ce sentiment. Il est désormais inaccessible à ces idées d'unité du règne animal que nous avons vu exercer jusqu'à la fin de sa vie un charme irrésistible sur le génie de Geoffroy.

Déjà ce premier mémoire 1795 contient l'indication de quelques-unes de ces corrélations que Cuvier, comme jadis Aristote, excellera plus tard à découvrir; elles sont exprimées à peu près comme dans les œuvres du précepteur d'Alexandre: Tous les animaux à sang blanc qui ont un cœur sont signalés comme possédant aussi des branchies; ceux qui n'ont pas de cœur, mais seulement un vaisseau dorsal, respirent à l'aide de trachées. Tous ceux qui possèdent un cœur et des branchies possèdent également un foie; les autres en manquent. Ces corrélations, Cuvier ne cherche pas à les expliquer ni à les interpréter autrement qu'en les appliquant à la classification; il les constate simplement comme des lois de la nature, résultant de l'observation immédiate des faits, et cette circonspection dans la façon de procéder ne fera que devenir plus grande à mesure qu'il avancera dans sa carrière de naturaliste.

Ces premiers résultats, communiqués à Geoffroy Saint-Hilaire en 1794, alors que Cuvier habite encore la Normandie, transportent d'enthousiasme le jeune professeur au Muséum. «Venez, écrit-il à son futur rival, venez jouer parmi nous le rôle d'un nouveau Linné.» C'est bien, en effet, un autre Linné qui se révèle, mais un Linné qui doit embrasser dans son vaste génie et les lois de la distribution méthodique des animaux et celles de leur organisation, qui doit ressusciter un passé évanoui depuis un nombre incalculable de siècles, qui doit faire revivre dans l'imagination étonnée de ses contemporains tout un monde anéanti pour jamais, qu'il n'a été donné à aucun œil humain de contempler et qui semblait devoir demeurer éternellement enfoui dans les entrailles d'un sol formé de ses débris.

Poursuivant ses recherches sur les animaux inférieurs, Cuvier donne successivement ses mémoires sur l'anatomie de la patelle (1792), sur l'anatomie de l'escargot (1795), sur la structure des mollusques et leur division en ordres (1795), sur un nouveau genre de mollusques, les phyllidies (1796), sur l'animal des lingules, sur l'anatomie des ascidies (1797), sur les vaisseaux sanguins des sangsues (1798), sur les vers à sang rouge (1802), sur l'aplysie, sur la vérétille et les coraux en général (1803), sur les biphores (1804), sur divers mollusques ptéropodes ou nudibranches. Il fait en même temps de nombreuses incursions dans l'histoire des animaux vertébrés, rassemble de précieux documents sur les os des êtres antédiluviens que l'on commence à exhumer de toutes parts et réunit enfin en 1811, dans un ouvrage capital, intitulé modestement *Recherches sur les ossements fossiles*, l'ensemble de ses travaux sur les animaux disparus.

En tête de cet ouvrage il place une sorte de préface devenue célèbre sous le nom de *Discours sur les révolutions du globe*, et il y expose les conclusions générales auxquelles l'ont conduit ses études relativement à l'origine et à l'ancienneté du règne animal. Écrit dans un style plein d'élégance, de clarté et de grandeur, ce discours ne pouvait manquer de faire une grande impression: il a réglé pendant longtemps la direction des recherches des géologues et des paléontologistes et, plus d'une fois, leur a dicté à leur insu les conclusions de leurs travaux. Cuvier y accumule les faits; sans cesse il se montre préoccupé de leur laisser exclusivement la parole; il fait profession de n'énoncer que les plus prochaines des conséquences qu'ils paraissent contenir; il rejette d'avance toutes les théories, nous fait assister, non sans quelque complaisance, à l'écroulement de tous les systèmes imaginés pour deviner le passé de notre globe, au moyen de quelque induction hardie; il paraît enfin introduire dans l'histoire naturelle une rigueur de démonstration inconnue jusque-là. À mesure que l'on avance dans la lecture de ce chef-d'œuvre de style scientifique, on se laisse envahir par l'idée que chaque pas est absolument assuré, chaque progrès décisif, chaque affirmation désormais inébranlable. Cette méthode, qui consiste à côtoyer les faits, à ne s'en écarter jamais pour les coordonner à l'aide de quelque idée générale, est devenue la règle d'une puissante école; elle a été présentée comme la méthode même de la science; il est d'un haut intérêt philosophique de rechercher quels résultats elle a donnés entre les mains du grand naturaliste qui en fut l'initiateur, au commencement de ce siècle.

Les déchirures profondes qu'offrent les grandes chaînes de montagnes, les discordances qui frappent dans la stratification des couches qui les composent, les plissements, les failles qu'elles présentent inspirent d'abord à Cuvier l'idée que notre globe a été le théâtre de révolutions nombreuses, d'épouvantables cataclysmes, qui en ont à plusieurs reprises bouleversé la surface. Qui donc ne ressentirait pas une semblable impression en contemplant, par exemple, nos Pyrénées aux crêtes tourmentées, aux couches redressées et tordues, aux gorges abruptes, comme si quelque gigantesque épée avait taillé d'un coup des brèches dans leurs flancs? Voilà le fait actuel, brutal, saisissant; il semble que la nature se soit laissée surprendre par l'observateur, qu'elle n'ait pas encore eu le temps de réparer le désordre dans lequel l'ont jeté ses dernières convulsions. L'image de cataclysmes terribles s'impose à l'esprit, qu'elle obsède comme l'inévitable conséquence de l'observation, et Cuvier affirme que ces cataclysmes ont eu lieu.

Bien plus, ils ont été subits: la preuve en est fournie par les cadavres de rhinocéros et de mammouth que les glaces de la Sibérie nous ont conservés intacts avec leur chair et leur peau. Sans aucun doute ces animaux ont été gelés aussitôt que tués; sans cela, la corruption se fût emparée de leur corps et n'en eût laissé que le squelette. Mais où vivent aujourd'hui les rhinocéros et les éléphants? Sous le climat brûlant de l'Afrique. Le climat de la Sibérie était donc torride, au moment où ces grands animaux y vivaient, et le même instant qui les a fait périr a dû rendre glacial le pays qu'ils habitaient.

«Cet événement, ajoute Cuvier dans son magnifique style, a été subit, instantané, sans aucune gradation, et ce qui est si clairement démontré pour cette dernière catastrophe ne l'est guère moins pour celles qui l'ont précédée. Les déchirements, les redressements, les renversements des couches plus anciennes ne laissent pas douter que des causes subites et violentes ne les aient mises dans l'état où nous les voyons; et même la force des mouvements qu'éprouva la masse des eaux est encore attestée par les amas de débris et de cailloux roulés qui s'interposent en beaucoup d'endroits entre les couches solides. La vie a donc souvent été troublée sur cette terre par des événements effroyables. Des êtres vivants sans nombre ont été victimes de ces catastrophes: les uns, habitants de la terre sèche, se sont vus engloutir par des déluges; les autres, qui peuplaient le sein des eaux, ont été mis à sec avec le fond des mers subitement relevé; leurs races même ont fini pour jamais et ne laissent dans le monde que quelques débris à peine reconnaissables pour le naturaliste.

«Telles sont les conséquences où conduisent nécessairement les objets que nous rencontrons à chaque pas, que nous pourrions vérifier à chaque instant, presque dans tous les pays. Ces grands événements sont clairement empreints partout pour l'œil qui sait en lire l'histoire dans leurs monuments.»

L'affirmation est énoncée sans aucune réserve: les faits ne paraissent-ils pas absolument pressants, les raisonnements qu'ils appuient ne sont-ils absolument rigoureux?

Une fois établie l'idée que des efforts violents et subits ont amené les révolutions du globe, Cuvier cherche à démontrer que les phénomènes dont notre Terre est actuellement le théâtre ne sauraient expliquer ces terribles événements; les effets de la pluie, des vents, de la course des eaux, du mouvement des vagues de la mer, des phénomènes volcaniques, des tremblements de terre sont rapidement passés en revue et éliminés; Cuvier ne s'arrête sur l'influence possible des modifications de position de l'axe terrestre que pour dire: «Ces deux mouvements... n'ont nulle proportion avec des effets tels que ceux dont nous venons de constater la grandeur. Dans tous les cas, leur lenteur excessive empêcherait qu'ils pussent expliquer des catastrophes que nous venons de prouver avoir été subites.» Voilà donc les forces actuelles déclarées insuffisantes pour expliquer l'état actuel de l'écorce terrestre, et les causes des prétendues révolutions du globe plongées dans un mystère dont elles auront bien de la peine à se dégager. Quant à la durée de la période de tranquillité pendant laquelle s'est déroulée notre histoire, Cuvier, s'appuyant cette fois sur une savante discussion de documents historiques ou archéologiques, l'évalue à environ six mille ans.

On sait à quels résultats sont arrivés aujourd'hui les géologues. Tous s'accordent à reconnaître que la période actuelle a une durée bien voisine d'un demi-millier de siècles[53]; tous reconnaissent que c'est à des phénomènes entièrement semblables à ceux qui s'accomplissent de nos jours qu'est dû en grande partie l'aspect actuel de la surface du globe; tous affirment que ces phénomènes ont été lents et graduels; qu'il n'y a jamais eu ni cataclysmes généraux ni révolutions subites; il est enfin démontré que les éléphants et les rhinocéros ensevelis dans les glaces de Sibérie étaient organisés pour vivre dans les pays froids.

Toutes ces conclusions sont la contradiction formelle de celles auxquelles était arrivé Cuvier. Comment expliquer que, à une époque où Geoffroy et Lamarck soutenaient déjà les idées qui ont prévalu, l'esprit éminemment logique et précis de Cuvier leur soit demeuré fermé? Ce qui domine avant tout, dans le *Discours sur les révolutions du globe*, c'est la persuasion que la science se trouve en présence d'énigmes pour longtemps indéchiffrables et dont il est inutile de chercher le mot. Cuvier se fait un jeu de montrer la fragilité des explications tentées jusqu'à ce jour: les grands noms de Descartes, de Leibnitz, de Kepler, de Buffon sont associés dans sa critique à ceux de Robinet et de Telliamed. Les idées générales au moyen desquelles les faits déjà connus peuvent être en partie coordonnés se trouvent ainsi complètement écartées. Mais la raison humaine ne perd jamais ses droits; elle a un besoin irrésistible de combiner et d'induire, besoin qui a existé de tout temps, qui a été l'origine, la condition nécessaire du langage, qui a fait de l'homme ce qu'il est, deux faits se présentent-ils à elle simultanément, elle leur suppose involontairement une relation immédiate de cause à effet, cette relation fût-elle de tous points inintelligible, si aucune théorie ne la prévient qu'entre ces deux faits s'échelonnent un grand nombre d'autres faits nécessaires pour établir leur véritable liaison; devant elle se dresse alors, comme seule explication, la volonté divine dans sa toute-puissance; rien ne lui semble plus invraisemblable, et elle accepte dans toute leur étendue les conséquences qui lui semblent se dégager du rapprochement des deux faits, si absurdes qu'elles puissent paraître.

Sans aucun doute, si Cuvier avait été moins pénétré de l'infirmité de notre intelligence aux prises avec la nature, s'il avait été moins convaincu de l'inanité des systèmes de Leibnitz et de Buffon, dont il a bien fallu, en définitive, reprendre quelque chose, s'il avait eu moins de dédain pour les conceptions générales, Cuvier eût hésité à croire qu'une région du globe avait pu être instantanément plongée d'une température torride dans une température glaciale; il se serait demandé si vraiment les éléphants et les rhinocéros trouvés en Sibérie étaient bien organisés pour vivre dans les pays chauds où sont actuellement confinées les espèces analogues; son attention se serait portée sur leur épaisse toison; peut-être aurait-il découvert, comme on l'a définitivement constaté aujourd'hui, que les mammouths vivaient au milieu de troupeaux de rennes; que c'étaient des animaux des pays froids, que par conséquent, au moment où ils étaient morts, la Sibérie n'avait pas été brusquement couverte de glace, mais l'était déjà depuis longtemps. Quelque doute serait entré dans son esprit relativement à la soudaineté des cataclysmes qu'il croyait deviner; peut-être même ces cataclysmes lui auraient-ils paru improbables; les idées de Lamarck et de Geoffroy relativement à la lenteur des changements qui se sont produits à la surface du globe auraient pu se faire jour, et l'on n'aurait pas vu s'établir dans la science une méthode de raisonnement qui pèse encore lourdement sur diverses branches de l'histoire naturelle.

Personne n'admet plus aujourd'hui les grands cataclysmes, les révolutions subites de notre globe; cependant on s'imagine souvent encore qu'on ne peut progresser d'une façon assurée qu'en s'interdisant tout essai de coordination quelque peu étendu, en se bornant à tirer des conséquences du rapprochement immédiat de faits rigoureusement observés, mais que rien ne relie à d'autres faits antérieurement connus et plus éloignés en apparence. On conclut volontiers, par exemple, de ce que des faunes se succèdent brusquement dans certaines suites de terrains, que ces faunes se sont aussi subitement modifiées, sans se demander quelle durée de temps peut bien représenter la simple fente qui sépare ces couches; on constate l'uniformité de la faune et de la flore durant la période primaire: on en conclut aussitôt que les climats étaient les mêmes par toute la terre et que les mers avaient partout la même constitution, sans se demander si l'uniformité ne tient pas simplement à ce que des types variés, étroitement adaptés à des conditions d'existence déterminées, n'avaient pas encore eu le temps d'apparaître. Supprimez dans notre flore actuelle les plantes dicotylédones et monocotylédones; supprimez, dans la faune, les mammifères, les oiseaux, les reptiles, les batraciens, les poissons osseux, les insectes, la faune et la flore de notre terre actuelle ne vous paraîtront-elles pas aussi d'une désespérante uniformité? Les climats ne vous sembleront-ils pas brusquement confondus? Vous n'aurez fait cependant qu'anéantir le thermomètre au moyen duquel les différences de climat peuvent être appréciées. Qui sait si les affirmations relatives à l'uniformité de température de la période primaire méritent plus de confiance que celles qui sembleraient dictées dans les circonstances hypothétiques où nous nous sommes placés? Nous pourrions multiplier ces exemples, bien propres à montrer tous les dangers que font courir à la science des défiances exagérées qui, au lieu de laisser à l'esprit tout son essor, de lui permettre de dominer de haut les questions, le maintiennent, les ailes repliées, dans un labyrinthe de faits où il ne peut cheminer qu'en rampant.

Mais, en présence des cataclysmes qui agiteraient périodiquement notre globe, que deviennent les animaux et les plantes? Cuvier suppose que chaque révolution fait disparaître un grand nombre d'espèces, bien différent en cela de Lamarck, qui considère l'homme comme seul capable de détruire les productions de la nature. Comment les espèces disparues en un point du globe sont-elles remplacées? Une nouvelle création est-elle nécessaire? On a souvent prêté à Cuvier cette opinion. Au moins dans le *Discours sur les révolutions du globe*, elle n'est pas très explicitement exprimée, et Cuvier même paraît s'en défendre. «Au reste, dit-il, lorsque je soutiens que les bancs pierreux contiennent les os de plusieurs genres, et les couches meubles ceux de plusieurs espèces qui n'existent plus, je ne prétends pas qu'il ait fallu une création nouvelle pour produire les espèces aujourd'hui existantes; je dis seulement qu'elles n'existaient pas dans les lieux où on les voit à présent et qu'elles ont dû y venir d'ailleurs.»

Mais ce passage s'applique surtout à l'homme et aux animaux supérieurs, aux mammifères notamment; car Cuvier admet d'autre part que les diverses classes d'animaux ont apparu successivement, ce qui suppose qu'elles ont été chacune l'objet d'une création particulière. «Ainsi, dit-il après avoir exposé l'ordre dans lequel se rencontrent les fossiles, comme il est raisonnable de croire que les coquilles et les poissons n'existaient pas à l'époque de la formation des terrains primordiaux, l'on doit croire aussi que les quadrupèdes ovipares ont commencé avec les poissons, et dès les premiers temps qui ont produit des terrains secondaires, mais que les quadrupèdes terrestres ne sont venus, du moins en nombre considérable, que longtemps après et lorsque les calcaires grossiers eurent été déposés…»

Après ces calcaires grossiers, on ne trouve plus que «des terrains meubles, des sables, des marnes, des grès, des argiles, qui indiquent plutôt des transports plus ou moins tumultueux qu'une précipitation tranquille; et, s'il y a quelques bancs pierreux et irréguliers un peu considérables au-dessus ou au-dessous de ces terrains de transport, ils donnent en général des marques d'avoir été déposés dans l'eau douce.

«Presque tous les cas connus de quadrupèdes vivipares sont donc ou dans ces terrains d'eau douce, ou dans ces terrains de transport; et par conséquent il y a tout lieu de croire que ces quadrupèdes n'ont commencé à exister, ou du moins à laisser leurs dépouilles dans les couches que nous pouvons sonder, que depuis l'avant-dernière retraite de la mer et pendant l'état de choses qui a précédé sa dernière irruption.»

Cuvier pense donc ou, pour nous servir de sa formule, est tout au moins disposé à penser que chacun des grands groupes zoologiques que nous venons d'énumérer a été l'objet d'une création spéciale. Quant aux espèces, elles sont pour lui immuables depuis leur création; il peut considérer le fait comme expérimentalement démontré, puisqu'il croit avoir établi que la période actuelle n'a encore que 6000 ans de durée, et que réellement les animaux conservés depuis la plus haute antiquité égyptienne ne diffèrent en rien des animaux actuels; mais l'argument perd évidemment beaucoup de sa valeur si la durée de l'époque actuelle doit être au moins décuplée, comme le pensent les géologues.

D'ailleurs, même à l'égard de la fixité de l'espèce, Cuvier fait ses réserves; si elle est vraiment fixe chez les animaux supérieurs, elle pourrait bien ne pas l'être chez les animaux à sang blanc. Voulant expliquer pourquoi ses études paléontologiques ont principalement porté sur les mammifères, il écrit: «Des coquilles annoncent bien que la mer existait où elles se sont formées; mais leurs changements d'espèces pourraient à la rigueur provenir de changements légers dans la nature du liquide ou seulement dans sa température.» On peut entendre, il est vrai, ce passage comme relatif à des migrations d'espèces plutôt qu'à des modifications morphologiques, et ce qui suit semble donner plus de probabilité à la première version. Mais, au début de son discours, Cuvier est plus explicite quand il s'exprime ainsi:

«On comprend que, au milieu de telles variations dans la nature du liquide, les animaux qu'ils nourrissaient ne pouvaient demeurer les mêmes... Il y a donc eu dans la nature animale une succession de variations qui ont été occasionnées par celles du liquide dans lequel les animaux vivaient ou qui du moins leur ont correspondu; et ces variations ont conduit par degrés les classes des animaux aquatiques à leur état actuel.»

Nous reconnaissons sans peine que ce passage prête encore à la discussion; mais, quand un écrivain aussi maître de sa plume que l'était Cuvier laisse quelques équivoques dans sa phrase, il est permis de croire que son opinion n'est pas complètement arrêtée dans son esprit, et c'est la seule chose qu'il soit ici intéressante de retenir.

On retrouve des traces de la même indécision dans les considérations sur l'espèce développées au début de son *Règne animal*[54]:

«On n'a aucune preuve que toutes les différences qui distinguent aujourd'hui les êtres organisés soient de nature à avoir pu être ainsi produites par les circonstances. Tout ce qu'on a avancé sur ce sujet est hypothétique. L'expérience *paraît* montrer, au contraire, que, dans l'*état actuel du globe*, les variétés sont renfermées dans des limites assez étroites, et, aussi loin que nous pouvons remonter dans l'antiquité, nous voyons que ces limites étaient les mêmes qu'aujourd'hui.»

Pour demeurer d'accord avec les faits, Cuvier aurait dû s'arrêter là; mais il généralise aussitôt et arrive à cette conclusion, qui n'est nullement la conséquence nécessaire du petit nombre de faits observés:

«*On est donc obligé* d'admettre certaines formes qui se sont perpétuées *depuis l'origine des choses*, sans excéder ces limites, et tous les êtres appartenant à l'une de ces formes constituent une *espèce*. Les variétés sont des divisions accidentelles de l'espèce.

«La génération étant le seul moyen de connaître les limites auxquelles les variétés puissent s'étendre, on doit définir l'espèce, la réunion des individus descendus l'un de l'autre ou de parents communs et de ceux qui leur ressemblent autant qu'ils se ressemblent entre eux.»

En résumé, Cuvier croit fermement à des bouleversements soudains et très généraux de la surface du globe. Ces bouleversements détruisent la plus grande partie des espèces vivant dans la région où ils se produisent. Plus tard, ces espèces sont remplacées par d'autres, pouvant venir des régions qui ont été épargnées. Une création nouvelle n'est donc pas nécessaire après chaque cataclysme; cependant elle est possible, et il est, en tout cas, certain que les différentes classes du règne animal ont apparu ou, si l'on veut, ont été créées successivement. Les espèces marines ont pu être en partie épargnées par les événements qui agitaient la surface de la terre émergée; mais la composition des eaux ayant sans aucun doute subi, dans la suite des temps, de nombreux changements, l'ensemble des espèces habitant une localité donnée a éprouvé des modifications correspondantes. Telle est la théorie de Cuvier; elle a été exagérée, comme il arrive d'ordinaire, par quelques-uns de ses disciples, dont plusieurs ont admis comme un dogme inébranlable l'hypothèse de *créations successives* ou plus exactement de créations spéciales à chaque grande période géologique.

Peu importe, du reste, que les animaux et les plantes aient été créés une fois pour toutes, ou que la puissance créatrice ait manifesté à diverses reprises sa féconde activité; du moment qu'on admet, comme Cuvier, que les espèces sont fixes, immuables, qu'elles ont dû être chacune l'objet d'un acte créateur distinct, il n'y a plus à se préoccuper de leur origine; toute l'activité de Cuvier se tourne vers une autre direction: un très grand nombre d'animaux présentent, dans leur organisation, des ressemblances incontestables; il en est d'autres qui sont séparés par des différences profondes. Cuvier va s'efforcer de formuler ces différences d'une façon précise; il va chercher à enchaîner les ressemblances dans des lois qui seront les lois mêmes de l'organisation; il va devenir d'une part le fondateur de la classification naturelle des animaux, d'autre part l'un des créateurs de l'anatomie comparée.

La période de Linné est, en quelque sorte, dominée par le besoin impérieux de distinguer nettement les unes des autres les espèces, considérées comme des formes fixes, immuables. On cherche avant tout le moyen d'arriver à reconnaître rapidement celles qui sont décrites, afin de pouvoir dénommer celles qui ne le sont pas. Ce dénombrement des êtres vivants conduit nécessairement à reconnaître entre eux des degrés divers de ressemblance. Tout en recherchant surtout des différences, on ne peut éviter de reconnaître que les espèces animales et végétales se disposent en longues séries dans lesquelles deux formes successives ne diffèrent que par des caractères insignifiants, les formes extrêmes, si étrangères qu'elles paraissent au premier abord les unes aux autres, se trouvant ainsi réunies par une foule d'intermédiaires. C'est ce même fait qui se traduit dans Bonnet par l'idée de l'échelle des êtres, dans Buffon et Geoffroy Saint-Hilaire par celle de l'unité de plan de composition, dans Lamarck par l'idée de l'évolution et la théorie de la descendance; c'est lui aussi qui amène Linné, les de Jussieu et Cuvier à concevoir l'idée qu'il existe une sorte de plan de création que nos procédés de classification des animaux doivent reproduire; qu'il y a lieu de rechercher une disposition de nos listes d'espèces, seule conforme à ce plan de la nature, et dans laquelle chaque espèce a sa place marquée entre les deux espèces qui lui ressemblent le plus. Cette place étant connue, on doit pouvoir en conclure toute l'organisation du végétal ou de l'animal qui l'occupe. Aussi distingue-t-on soigneusement ce procédé idéal de classification, désigné sous le nom de *méthode naturelle*, des *systèmes artificiels* dont avaient dû se contenter, faute de mieux, les premiers classificateurs.

La recherche de la méthode naturelle, désignée par Linné comme un des grands problèmes à résoudre, est, depuis l'illustre Suédois, la préoccupation dominante de nombreux naturalistes; les de Jussieu s'efforcent d'établir les principes sur lesquels cette méthode doit reposer chez les végétaux; Cuvier, persuadé qu'une bonne méthode, c'est la science elle-même, définit et développe ces principes avec une rare clarté en ce qui concerne le règne animal, auquel il en fait une séduisante application. «Pour que la méthode soit bonne, dit-il, il faut que chaque être porte son caractère avec lui; on ne peut donc prendre les caractères dans des propriétés ou dans des habitudes dont l'exercice soit momentané; mais ils doivent être tirés de la conformation.» Ces simples mots éliminent complètement l'embryogénie, à qui l'on demande cependant aujourd'hui la solution de tous les problèmes difficiles d'affinité, et qui sera vraisemblablement, dans un avenir prochain, la grande révélatrice des véritables rapports généalogiques des animaux. L'anatomie devient la base exclusive de la classification.

129

Mais, parmi les caractères divers que l'organisation d'un animal peut présenter, quels sont ceux que l'on choisira de préférence pour établir les grandes divisions? Cuvier fait ici remarquer que tous les caractères ne sauraient avoir la même valeur. «Il est, dit-il, tels traits de conformation qui en excluent d'autres; il en est qui, au contraire, en nécessitent. Quand on connaît donc tels ou tels traits dans un être, on peut calculer ceux qui coexistent avec ceux-là ou ceux qui leur sont incompatibles. Les parties, les propriétés ou les traits de conformation qui ont le plus grand nombre de ces rapports d'incompatibilité ou d'existence avec d'autres, en d'autres termes qui exercent sur l'ensemble de l'être l'influence la plus marquée, sont ce qu'on appelle les *caractères importants*, les *caractères dominateurs*; les autres sont des *caractères subordonnés*, et il y en a ainsi de différents degrés.»

Naturellement, ce sont les caractères les plus influents qui seront la base des divisions les plus étendues; les autres viendront après, dans leur ordre d'importance. Cela revient à dire, en somme, qu'il existe des caractères d'embranchement, de classe, d'ordre, de genre ou d'espèce, idée qui était évidemment dans l'esprit de Linné lorsqu'il établissait sa hiérarchie des divisions zoologiques ou botaniques. Mais, outre ce *principe de la subordination des caractères*, base de la méthode, le passage que nous venons de citer contient l'exposé d'un autre principe dont Cuvier fait la base de l'anatomie comparée: c'est le *principe de la corrélation des formes*, exprimant cette double idée: 1° que les parties d'un être vivant sont tellement liées entre elles «qu'aucune d'elles ne peut changer sans que les autres changent aussi[55]»; 2° qu'on peut, en conséquence, étant donnée la forme d'un organe d'un animal, calculer les formes de tous les autres. Ce sont là des propositions d'une hardiesse extrême et qui ne sont peut-être pas aussi étroitement liées l'une à l'autre que le texte de Cuvier pourrait le faire supposer. Si l'on considère, à l'exemple de Cuvier, le corps d'un animal comme une fonction à plusieurs variables, la fonction paraît au contraire *a priori* tellement compliquée, le nombre des variables si considérable qu'on ne peut se défendre de l'idée que les solutions seront ordinairement multiples et souvent indéterminées. Aussi Cuvier restreint-il d'avance le problème au moyen d'un autre principe, qui paraît de nature à le déterminer, le *principe des conditions d existence*, suivant lequel chaque animal possède tout ce qu'il lui faut et rien que ce qu'il lui faut pour assurer son existence dans les conditions où elle doit s'écouler. Cette proposition, dont le principe de la corrélation des formes paraît, au premier abord, une conséquence naturelle, n'est pas autre chose que le *principe des causes finales*, principe que Cuvier considère comme particulier aux sciences naturelles et qui est, suivant lui, le seul fondement sur lequel puissent s'appuyer leurs inductions.

Dans l'application, Cuvier se trouve cependant obligé de descendre des hauteurs où vient de l'entraîner un coup d'aile un peu trop vigoureux de son génie, et il finit par dire du principe de la corrélation des formes: «Ce principe est assez évident en lui-même, dans cette acception générale, pour n'avoir pas besoin d'une plus ample démonstration; mais, quand il s'agit de l'appliquer, il est un grand nombre de cas où notre connaissance théorique des rapports des formes ne suffirait point, si elle n'était appuyée sur l'observation... Puisque ces rapports sont constants, il faut bien qu'ils aient une cause suffisante; mais, comme nous ne la connaissons pas, nous devons suppléer au défaut de la théorie par le moyen de l'observation; elle nous sert à établir des lois empiriques, qui deviennent presque aussi certaines que les lois rationnelles, quand elles reposent sur des observations assez répétées.» Là se trouve exprimée la différence des méthodes de Geoffroy Saint-Hilaire et de Cuvier; par là aussi on peut apprécier la différence de leur portée. La cause suffisante des rapports des parties de l'organisme, Geoffroy cherche à la deviner; Cuvier s'interdit une pareille témérité. S'il ne connaît pas cette cause tout entière, Geoffroy réussit néanmoins à la saisir en partie, et dès lors il peut calculer et prévoir des combinaisons organiques très éloignées de celles qui sont réalisées chez les êtres actuellement vivants. Cuvier au contraire, dépourvu de ce guide, obligé de suivre pas à pas les faits qu'il observe, ne peut s'avancer au delà; non seulement il se prive volontairement d'un procédé précieux de découverte, mais sa foi exclusive dans la valeur des faits actuels l'expose, en paléontologie comme en géologie, à des erreurs contre lesquelles rien ne vient le mettre en garde. Geoffroy prévoit, cherche et découvre des germes de dents chez les embryons des baleines et des oiseaux; l'exhumation d'un oiseau pourvu de dents, tel que l'*Hesperornis* ou l'*Ichthyornis* de la craie d'Amérique, est pour lui un fait prévu; Cuvier au contraire non seulement ne saurait pressentir une telle découverte, s'il demeurait fidèle à sa méthode, mais encore, s'il lui eût été donné d'étudier une mâchoire isolée d'un oiseau pourvu de dents, le principe de la corrélation des formes lui eût interdit de rapporter cette mâchoire à autre chose qu'à un reptile. Geoffroy, comme tous les hommes pénétrés d'une idée générale coordinatrice, quelle qu'elle soit, est dans la situation privilégiée d'un observateur placé sur un sommet élevé d'où il peut découvrir un vaste panorama: dans ce panorama, les villages, les bourgades, les hameaux, les forêts, les bois, les champs, les montagnes et les vallées lui apparaissent non seulement avec les détails qui leur sont propres, mais aussi avec leurs rapports de position et de grandeur relativement aux autres objets. Cuvier, tout en s'élevant lui-même, quand il lui

131

plaît, recommande de ne jamais gravir de pareils sommets; il faut, suivant lui, s'avancer les yeux constamment fixés sur l'objet le plus prochain, marcher lentement, pas à pas et ne s'aventurer à décrire le pays qu'après en avoir parcouru à pied tous les sentiers. Lorsqu'il s'adresse à Geoffroy, on croirait entendre le lion conseillant à l'aigle de ne jamais faire usage de ses ailes.

En réalité, le principe de la corrélation des formes est toujours demeuré dans le domaine métaphysique; en paléontologie, la vraie méthode pratiquée par Cuvier, celle qui l'a conduit à ses découvertes, résidait simplement dans une comparaison rigoureuse des fragments des squelettes fossiles qu'il avait à sa disposition avec les fragments correspondants des squelettes des animaux actuels, comparaison exigeant une science profonde que Cuvier pouvait mettre au service d'une merveilleuse sagacité. En d'autres mains que les siennes, cette méthode, avec ses allures dogmatiques, est, on l'a vu depuis bien des fois, pleine de périls; Geoffroy laissait au contraire après lui, dans la théorie des analogues, une méthode d'une telle précision qu'elle est devenue la méthode habituelle d'investigation de tous les anatomistes.

En zoologie, Cuvier suit plus rigoureusement la voie indiquée par le principe de la subordination des caractères. Lorsqu'il cherche «quels sont les caractères les plus influents dont il faudra faire la base des premières divisions», il procède cependant par un *a priori*. «Il est clair, dit-il, que ce sont ceux qui se tirent des fonctions animales, c'est-à-dire des sensations et du mouvement, car non seulement ils font de l'être un animal, mais ils établissent encore le degré de son animalité[56].»

Cuvier s'adresse donc tout d'abord au système nerveux, auquel il attache une importance exceptionnelle, de qui il va même jusqu'à dire: «Le système nerveux est, au fond, tout l'animal; les autres systèmes ne sont là que pour l'entretenir et le servir[57].» Il reconnaît que le système nerveux se présente sous quatre états différents dans le règne animal: ou bien il constitue un ensemble formé du cerveau et de la moelle épinière, enfermés l'un et l'autre dans une enveloppe osseuse; ou bien il est formé de masses éparses parmi les viscères et réunies par des filets nerveux; ou bien encore il est formé de deux longs cordons ganglionnaires ventraux unis par un collier à deux ganglions situés au-dessus de l'œsophage; enfin, chez certains animaux, le système nerveux cesse d'être bien distinct. Fort de ses observations, Cuvier résume enfin ses idées sur le règne animal dans le passage suivant:

«Si l'on considère le règne animal d'après les principes que nous venons de poser, en se débarrassant des préjugés établis sur les divisions anciennement admises, en n'ayant égard qu'à l'organisation et à la nature des animaux et non pas à leur grandeur, à leur utilité ou au plus ou moins degré de connaissance que nous en avons, ni à toutes les autres circonstances accessoires, on trouvera qu'il existe quatre formes principales, quatre plans généraux, si l'on peut s'exprimer ainsi, d'après lesquels tous les animaux semblent avoir été modelés et dont les divisions ultérieures, de quelque titre que les naturalistes les aient décorées, ne sont que des modifications assez légères, fondées sur le développement ou l'addition de quelques parties qui ne changent rien à l'essence du plan.»

Ainsi l'unité de plan de composition est repoussée; il existe réellement quatre plans distincts, entre lesquels on ne saurait trouver aucun passage. Pourquoi quatre, pas un de plus, pas un de moins? Cuvier ne se préoccupe pas de le rechercher; l'observation a parlé; le fait est là, n'admettant ni discussion, ni explication, ni interprétation. Il y a quatre types de disposition du système nerveux et partant quatre embranchements; là est tout le raisonnement. Comment ne pas remarquer cependant que ce raisonnement implique une hypothèse: c'est que réellement *le système nerveux est au fond tout l'animal et que les autres organes ne sont là que pour l'entretenir et le servir.* Cette proposition, à laquelle aucun anatomiste, aucun embryogéniste ne saurait aujourd'hui souscrire, Cuvier la regarde comme un axiome évident; mais cela tient à ce qu'il la déduit lui-même, non pas tant de l'observation que d'autres principes, essentiellement métaphysiques.

Les espèces étant immuables, ayant été créées isolément, il est naturel d'admettre qu'un système d'organes régulateurs préside au développement des parties constitutives et immuables de chaque individu; ce système d'organes, fidèle gardien de la pensée créatrice, est le système nerveux. C'est lui qui, présent dans le «germe», bien qu'encore invisible, maintient chaque partie dans les rapports de grandeur et de position qu'elle doit présenter avec l'ensemble durant son accroissement; ces parties elles-mêmes existent déjà dans le germe, simple réduction de l'individu dont il s'est détaché et qui n'a besoin que de grandir et de développer celles de ses parties qui demeurent plus ou moins longtemps cachées pour devenir identiques à son parent.

* * * * *

Ainsi, dans le système de Cuvier, tout gravite autour de cette idée que, à part les révolutions subites, les cataclysmes qu'il croit avoir démontrés, la nature entière est immuable. Les espèces éteintes voisines de celles qui vivent de nos jours avaient les mêmes mœurs et vivaient dans les mêmes climats; les espèces actuelles ont été de tout temps ce que nous les voyons aujourd'hui; les individus eux-mêmes, malgré leurs changements apparents, leurs métamorphoses, ne font, durant leur accroissement, que laisser apparaître des parties plus ou moins longtemps cachées, mais toutes contenues dans un germe, image réduite de l'organisme d'où il s'est détaché; le système nerveux, dépositaire de la forme fondamentale de chaque type, règle la croissance et l'ordre d'apparition des parties qui ne peuvent s'écarter, dans leur évolution, d'une voie tracée de toute éternité; les types organiques divers sont traduits par les quatre dispositions différentes que présente le système nerveux; quoi d'étonnant, si les espèces ne peuvent se modifier, qu'il n'existe entre elles aucun passage, que ces quatre types soient complètement isolés l'un de l'autre?

Combien ces idées sont différentes de celles de Geoffroy! Pour l'auteur de la *Philosophie anatomique*, notre globe n'éprouve qu'une lente évolution sans cataclysmes bien différents de ceux qui troublent la période actuelle; à mesure que changent les climats et les conditions extérieures, les espèces se modifient peu à peu; durant sa vie, l'individu ne cesse lui-même de se transformer; dans l'œuf, ses parties se forment peu à peu, engendrées les unes par les autres, comme sur un arbre chaque rameau est produit par celui qui le porte; les circonstances dans lesquelles s'accomplit ce développement peuvent influer sur lui, donner lieu à l'apparition de formes nouvelles ou de monstruosités, et toutes ces formes s'enchaînent les unes aux autres, comme s'enchaînent celles que traverse successivement chaque animal.

Pour Cuvier, tout être vivant est l'œuvre miraculeuse d'une volonté, œuvre aussitôt exécutée que conçue par elle; pour Geoffroy, c'est un résultat, conséquence dernière d'une longue suite de phénomènes étroitement reliés entre eux. Il était impossible que deux doctrines aussi opposées n'entraînassent pas un conflit. Dans l'année 1830, un solennel débat les mit aux prises, au sein de l'Académie des sciences.

CHAPITRE XI

Essai d'extension aux mollusques de la théorie de l'unité de plan de composition. —Opposition de Cuvier; que doit-on entendre par unité de plan?—Les connexions éclairées par l'embryogénie et l'épigénèse.—Adhésion de Cuvier à l'hypothèse de la préexistence des germes.—Von Baër et les quatre types de développement.—L'école des idées et l'école des faits.—Influence respective de Geoffroy Saint-Hilaire, de Cuvier et de Lamarck.

Le 15 février 1830, Geoffroy Saint-Hilaire lut, devant l'Académie des sciences de Paris, au nom de Latreille et au sien, un rapport sur les travaux de deux jeunes naturalistes, MM. Laurencet et Meyranx, qui s'étaient efforcés de démontrer que l'organisation des mollusques céphalopodes[58] pouvait être ramenée à celle des vertébrés. En 1823, l'un des rapporteurs, Latreille, s'était exercé sur ce sujet; il avait signalé plusieurs catégories de ressemblances extérieures entre les calmars et les poissons; de Blainville avait également tenté quelques comparaisons dans ce sens. Laurencet et Meyranx pénétraient plus avant dans la question et cherchaient à retrouver entre les divers organes d'un céphalopode les connexions mêmes que l'on observe entre les organes des vertébrés. Il leur fallait avoir recours, pour cela, à une ingénieuse fiction. Ils supposaient un vertébré ployé en deux, à la hauteur de l'ombilic, de manière que la face ventrale demeurât extérieure et que les deux moitiés du dos, arrivées au contact, se soudassent entre elles. Alors, faisaient-ils remarquer, les deux extrémités du tube digestif sont ramenées au voisinage l'une de l'autre; le bassin se trouve rapproché de la nuque; les membres sont rassemblés à l'une des extrémités du corps; l'animal, marchant sur ces membres, présente «absolument la position d'un de ces bateleurs qui renversent leurs épaules et leur tête en arrière pour marcher sur leur tête et leurs mains.» L'intestin recourbé en anse des céphalopodes, l'existence en arrière de leur cou de pièces cartilagineuses en rapport avec ce qu'on nomme chez eux l'entonnoir, la présence autour de la tête de huit ou dix bras sur lesquels se meut l'animal sont autant de caractères qui s'expliquent dès lors assez naturellement et rapprochent d'une façon inattendue les plus élevés des mollusques des vertébrés. Le bec de perroquet des seiches, leurs gros yeux compliqués viennent fortifier encore ces analogies. Si extraordinaire que puisse paraître l'explication de Laurencet et Meyranx, elle n'était pas faite pour étonner beaucoup les naturalistes; des savants nombreux, même parmi ceux qui se rattachent le plus étroitement à l'école de Cuvier, ont eu bien des fois recours à des moyens plus violents qu'une simple plicature pour ramener de force au même type des êtres ne présentant que des analogies lointaines; le développement embryogénique des animaux est d'ailleurs fécond en phénomènes presque aussi étranges.

L'Académie eût peut-être adopté sans discussion le rapport de ses commissaires, si Geoffroy Saint-Hilaire, insistant sur la confirmation que les travaux de Laurencet et Meyranx semblaient apporter à ses idées, n'avait cité, dans son travail, un passage où Cuvier, après avoir numéré tous les caractères qui distinguent les céphalopodes des poissons, terminait en ces termes: «En un mot, nous voyons ici, quoi qu'en aient dit Bonnet et ses sectateurs, la nature passer d'un plan à un autre, faire un saut, laisser entre ses productions un hiatus manifeste. Les céphalopodes ne sont le passage de rien: ils ne sont pas résultés du développement d'autres animaux, et leur propre développement n'a rien produit de supérieur à eux.» Il parut à Cuvier que les conclusions du rapport de son confrère à l'Académie étaient une attaque dirigée contre ses propres écrits. Depuis longtemps, l'opposition des doctrines des deux illustres naturalistes s'était plus ou moins nettement affirmée en maintes circonstances. Plus d'une fois, Cuvier avait, dans ses rapports sur les travaux de l'Académie, critiqué assez amèrement les vues de son ami d'autrefois, et déjà, en 1820, Geoffroy terminait son mémoire sur les animaux articulés par ces touchantes paroles, empreintes de la douleur que lui causaient les appréciations du secrétaire perpétuel de l'Académie des sciences:

«On pense bien que je ne rapporte pas ces faits pour qu'ils profitent aux personnes qui sont dans la maturité de l'âge. Qui a reçu les leçons d'une longue expérience est à l'abri de toute séduction. Je m'adresse à la jeunesse, naturellement avide de nouveautés. Ma probité dans les sciences, mon amour pour la vérité et les inquiétudes que je n'ai point dissimulées tout à l'heure m'engagent à prémunir cette intéressante jeunesse contre mes propres résultats. Je ne puis lui donner de plus grandes marques d'égards qu'en l'avertissant que le motif pour elle de ne se point passionner pour des vues qu'elle serait cependant disposée à juger du plus haut intérêt en philosophie est une condamnation absolue de ces mêmes vues, prononcée (avec quelque violence sans doute) par le chef de l'école moderne, par le plus grand naturaliste de notre âge.»

Le moment était venu pour les deux adversaires de cesser les escarmouches et de se livrer enfin une bataille en règle. Cuvier répondit au rapport de Geoffroy Saint-Hilaire en attaquant de front, cette fois, l'unité de plan de composition, et en cherchant à démontrer que cette unité n'existait pas.

«Dans toute discussion scientifique, la première chose à faire, dit-il, est de bien définir les expressions que l'on emploie... Commençons donc par nous entendre sur ces grands mots d'*unité de composition* et d'*unité de plan*.

«La *composition* d'une chose signifie, du moins dans le langage ordinaire, les parties dans lesquelles cette chose consiste, dont elle se compose; et le *plan* signifie l'arrangement que ces parties gardent entre elles.

«Ainsi, pour me servir d'un exemple trivial, mais qui rend bien les idées, la *composition d'une maison*, c'est le nombre d'appartements ou de chambres qui s'y trouvent, et son *plan*, c'est la disposition réciproque de ces appartements et de ces chambres.

«Si deux maisons contenaient chacune un vestibule, une antichambre, une chambre à coucher, un salon, une salle à manger, on dirait que leur *composition est la même*; et si cette chambre, ce salon, etc., étaient au même étage, arrangés dans le même ordre, si l'on passait de l'un dans l'autre de la même manière, on dirait aussi que leur *plan est le même*.

«... Mais qu'est-ce que l'*unité de plan*, et surtout l'*unité de composition*, qui doivent servir désormais de base nouvelle à la zoologie?»

Ces mots ne peuvent évidemment être employés dans le sens ordinaire, dans le sens d'*identité*; car un polype et même une baleine, une couleuvre, ne possèdent pas tous les organes d'un homme semblablement placés; les mots unité de plan, unité de composition signifient donc seulement dans la bouche de ceux qui les emploient *ressemblance, analogie*. Mais alors «ces termes extraordinaires une fois définis ainsi, une fois dépouillés de ce nuage mystérieux, dont les enveloppe le vague de leurs acceptions ou le sens détourné dans lequel on en use, loin de fournir des bases nouvelles à la zoologie, des bases inconnues à tous les hommes plus ou moins habiles qui l'ont cultivée jusqu'à présent, restreints dans des limites convenables, forment au contraire une des bases les plus essentielles sur lesquelles la zoologie repose depuis son origine, une des principales sur lesquelles Aristote, son créateur, l'a placée.»

Ainsi, pour Cuvier, non seulement l'unité de plan de composition n'existe pas, mais la doctrine même de Geoffroy Saint-Hilaire, sa méthode n'ont rien de nouveau et remontent jusqu'au père de la philosophie. De ces deux propositions, l'une est incontestable, l'autre est évidemment injuste. Sans doute l'unité de plan de composition dans toute l'étendue du règne animal ne saurait être soutenue, au sens précis où l'entendait son défenseur; l'affirmation de cette unité, lancée un peu prématurément par Geoffroy Saint-Hilaire, est un boulet que son argumentation traîne péniblement après elle; mais on ne saurait nier que l'auteur de la *Philosophie anatomique* aperçoit entre les animaux considérés habituellement comme voisins des ressemblances autrement étendues que celles auxquelles on s'arrêtait jusqu'à lui; ces ressemblances ne résident pas seulement dans un petit nombre de caractères communs; il s'agit de les retrouver dans le détail de leurs parties, de suivre ces dernières dans leurs accroissements, leurs réductions, leurs soudures, leurs transformations diverses; il s'agit de comparer entre eux les animaux non seulement à l'état adulte, mais encore à toutes les périodes de leur vie; et pour y parvenir Geoffroy Saint-Hilaire donne une méthode, la *méthode des analogues*, dont les règles n'ont réellement jamais été formulées avant lui. Cette méthode elle-même, comme on l'a fait justement remarquer, est indépendante de la doctrine de l'unité de plan de composition; qu'il existe un plan unique d'organisation ou qu'il en existe plusieurs, elle s'applique à tous les animaux construits sur le même plan et devient un guide si précieux que les successeurs de Cuvier n'ont cessé d'en faire l'instrument ordinaire de leurs découvertes. Elle seule peut permettre de reconnaître combien il existe réellement de plans d'organisation dans la nature, et elle comprend non seulement le principe général des connexions, mais encore les comparaisons embryogéniques, dont Cuvier, partisan de la préexistence des germes; ne pouvait apprécier toute l'importance. C'est précisément l'embryogénie qui permet à Geoffroy d'étendre la notion du plan d'organisation plus que ne le fait Cuvier et sans sortir cependant de la définition si rigoureuse donnée par son adversaire.

Le principe des connexions, Geoffroy l'éclaire ou le justifie, en effet, par cet autre principe, plus important peut-être, plus général encore, sur lequel il fonde, en quelque sorte, l'embryogénie comparée: *tous les organes d'un animal naissent les uns des autres dans un ordre déterminé et constant*. Il suit de là que, chez les animaux adultes, ces organes présenteront toujours nécessairement les mêmes rapports.

Mais, suivant Geoffroy, ce développement se poursuit, nous l'avons déjà vu, sous la double influence du système nerveux et de l'appareil circulatoire, dont l'action peut n'être pas la même en tous les points de l'organisme; les conditions extérieures dans lesquelles s'accomplit le développement interviennent aussi parfois pour en troubler les résultats. Il pourra donc se faire que des organes demeurent à l'état de bourgeon; que d'autres, après s'être montrés, s'atrophient et disparaissent; que quelques-uns n'apparaissent pas du tout, tandis que leurs voisins prendront un accroissement relativement exagéré; il en résultera des déplacements, des soudures, des dissociations de divers organes, des déviations apparentes du plan commun, qui pourra même sembler complètement éludé. Mais le plan sera toujours retrouvé par une application rigoureuse du principe des connexions non seulement à la comparaison des animaux adultes, mais encore à celle de leurs embryons aux divers degrés de développement. En d'autres termes, il faut, selon Geoffroy, et cette idée est très nette chez lui, rechercher l'unité non pas tant dans le résultat définitif du développement des animaux, que dans la façon dont ce développement s'accomplit. Par là, Geoffroy échappe en grande partie, à l'argumentation de Cuvier et recouvre le droit d'appliquer sa théorie tout à la fois à des êtres d'une organisation fort simple et à des êtres d'une organisation fort compliquée: les premiers sont des organismes dont le développement est demeuré incomplet dans une plus ou moins grande mesure. Aussi dit-il très bien[59]: «Les mollusques avaient été trop haut remontés dans l'échelle zoologique; mais si ce ne sont que des embryons de ses plus bas degrés, s'ils ne sont que des êtres chez lesquels beaucoup moins d'organes entrent enjeu, il ne s'ensuit pas que leurs organes manquent aux relations voulues par le pouvoir des générations successives. L'organe A sera dans une relation insolite avec l'organe C, si B n'a pas été produit, si l'arrêt de développement, ayant frappé trop tôt celui-ci, en a prévenu la production. Voilà comment il y a des dispositions différentes, comment sont des constructions diverses pour l'observation oculaire.»

Cette simple phrase marque l'importance que doit avoir, dans les recherches zoologiques telles que les conçoit Geoffroy Saint-Hilaire, une science née à peine de la veille, à laquelle Cuvier n'a jamais fait que de rapides allusions: l'embryogénie comparée; et ce qu'en attendait le fondateur de la philosophie anatomique, elle l'a tenu et au delà. À la vérité, l'explication des phénomènes qu'elle étudie repose encore pour Geoffroy Saint-Hilaire sur une sorte de finalité: la réalisation du plan général sur lequel sont, d'après lui, construits les animaux; c'est toujours ce plan qui est en jeu; la variété n'est obtenue que par des arrêts ou des excès de développement d'un nombre plus ou moins grand de parties; à la vérité, l'unité de plan, telle que Geoffroy l'a observée chez les vertébrés, n'est qu'un *résultat*, et lorsqu'il en fait une sorte d'objectif de la nature, Geoffroy prend, comme il le reproche lui-même à Cuvier, l'effet pour la cause: mais une voie féconde est désormais ouverte; l'observation fera bien vite reconnaître le véritable point de vue d'où tous les faits peuvent être embrassés, et c'est à la recherche du plan hypothétique de Geoffroy que l'on devra d'avoir reconnu la nécessité, ou tout au moins l'importance, d'observations d'un genre tout nouveau.

Un moment, ces observations poursuivies en Russie d'une manière remarquable par Von Baër, semblent donner raison à Cuvier. Von Baër croit lui aussi reconnaître quatre types de développement des animaux, exactement correspondants à ceux que l'anatomie a indiqués à Cuvier. Et cependant un des arguments *a priori* invoqués par Cuvier contre l'unité de plan de composition peut tout aussi bien se retourner contre son système: «Si l'on remonte à l'auteur de toutes choses, dit-il[60], quelle autre loi pouvait le gêner que la nécessité d'accorder à chaque être qui devait durer les moyens d'assurer son existence, et pourquoi n'aurait-il pas pu varier ses matériaux et ses instruments?» Sans doute, mais pourquoi l'auteur de toutes choses se serait-il arrêté à quatre plans distincts plutôt qu'à un seul? C'est ce que la science actuelle commence à entrevoir; nous avons essayé de montrer dans notre ouvrage sur les *Colonies animales* qu'il y avait là des nécessités, en quelque sorte géométriques; mais il a fallu pour cela modifier notablement la conception de Cuvier. De même que Geoffroy avait, en somme, déduit le principe de l'unité de composition de l'étude des seuls vertébrés, Cuvier avait été amené à concevoir l'existence de quatre embranchements par l'étude d'animaux relativement élevés; von Baër n'avait pas procédé autrement; les quatre types, débarrassés des formes inférieures de chacun d'eux, devaient donc lui paraître extrêmement nets et absolument séparés. Cependant de nombreuses formes aberrantes ne tardèrent pas à se révéler; quelques-unes ont pu être ramenées au type idéal auquel on les rattachait; d'autres ont résisté, et il a bien fallu reconnaître que, dans les formes inférieures, les caractères de l'embranchement pouvaient s'effacer; qu'il existait de réelles transitions entre certains embranchements; que des animaux réunis dans quelques-unes de ces grandes divisions n'avaient au contraire de commun qu'une semblable disposition de parties d'ailleurs dissemblables; que chaque série distincte pouvait se rattacher à des formes simples, mais dénuées de type déterminé, et au delà desquelles il n'y avait plus que des êtres de nature en quelque sorte indécise; c'est le travail que nous verrons s'accomplir dans les années qui vont suivre.

S'il se rapprochait plus de la réalité que Geoffroy Saint-Hilaire, Cuvier, en soutenant l'existence de quatre types organiques distincts, n'était donc pas non plus absolument dans le vrai.

Aussi bien le dissentiment entre les deux académiciens était-il en réalité plus profond et portait-il sur de plus hautes questions. «Du jour où, en 1806, écrit un savant autorisé[61], Geoffroy Saint-Hilaire entreprit de démontrer l'unité de composition par sa méthode propre, *par l'alliance de l'observation et du raisonnement,* du jour où il donna place à la synthèse, à côté, disons mieux, au-dessus de l'*analyse,* le germe de tous les dissentiments futurs entre Cuvier et lui fut jeté dans la science; mais, comme la jeune plante à son origine, il allait se développer à l'insu de tous. Les deux collègues se croyaient encore en conformité de vues que déjà leur scission était devenue inévitable dans l'avenir et pour ainsi dire commençait virtuellement. L'un d'eux se faisant novateur, il fallait que l'autre se fît ou, son disciple ou son adversaire. Disciple, Cuvier ne pouvait l'être de personne et, par les tendances de son esprit, moins de Geoffroy Saint-Hilaire que de tout autre; il devint donc son adversaire.»

Cuvier ne s'était cependant pas toujours refusé à la synthèse, son *Discours sur les révolutions du globe,* l'introduction de son *Règne animal* en sont la preuve irrécusable; mais peu à peu ses dissentiments latents ou publics avec Geoffroy l'amènent à formuler d'une façon de plus en plus nette, de plus en plus radicale son opposition aux idées de son collègue. «Pour nous, dit-il en 1829[62], nous faisons dès longtemps profession de nous en tenir à l'examen des faits positifs.» Plus tard, il recommande aux naturalistes dignes de ce nom de s'en tenir à l'exposé des faits, au détail des circonstances et de ne jamais s'aventurer au delà de l'indication des conséquences immédiates des faits observés. Nommer, classer, décrire, telles doivent être les seules préoccupations du vrai naturaliste. C'est pour lui le seul moyen de se préserver de l'erreur; et, cessant de discuter à l'Académie la doctrine de Geoffroy, il se plaît à exposer au Collège de France, dans de brillantes leçons sur l'histoire des sciences naturelles, les divers systèmes pour lesquels l'esprit humain s'est successivement passionné, et qui, fugitives lueurs, se sont évanouis pour jamais, après avoir momentanément jeté un éclat trompeur sur le champ de la science.

De pareilles leçons, faites par un tel homme, devaient trouver un puissant écho: réduire la science à la récolte des faits, c'était la mettre à la portée des plus humbles intelligences; montrer les plus puissantes conceptions venant se briser l'une après l'autre sur des écueils inattendus, c'était mettre le génie sous les pieds de quiconque tenait une loupe ou un scalpel; interdire le raisonnement, c'était défendre contre les investigations indiscrètes de la science toutes les croyances, tous les mystères, tous les dogmes; proscrire ce qu'il y a de plus personnel dans l'homme, le droit de créer des idées, c'était flatter toutes les vanités. Certainement de telles intentions étaient bien loin de l'esprit de Cuvier; mais les actes ont leurs conséquences nécessaires; l'aurait-il voulu, le grand homme qui s'était illustré par de si magnifiques conceptions n'aurait pu empêcher que son nom ne servît de drapeau à une *école des faits*, dont le dédain pour les disciples de Geoffroy devait croître avec l'enthousiasme de ceux-ci.

Geoffroy lui-même ne peut rester indifférent. Il s'élève de toute son énergie contre cette prétention affichée par l'école soi-disant positive—le mot sera bientôt créé—de maintenir l'histoire naturelle «dans les usages du passé».

«Pour de certains esprits, finit-il par dire[63], la conviction leur doit arriver par les yeux du corps et non par des déductions conséquentes… C'est un parti pris de repousser les idées pour n'admettre *exclusivement* que des reliefs corporels, seulement des faits que l'on puisse pratiquer matériellement et, par conséquent, qui ne cessent jamais d'être palpables à nos sens. Pour cette école, la science du naturaliste doit se renfermer dans ces trois résultats: *nommer, enregistrer et décrire*.

«Cette école, que de certains intérêts font en ce moment prévaloir, enseigne que l'histoire des sciences apporte de toutes parts le témoignage que les théories se sont successivement précipitées dans le gouffre immense des erreurs humaines, que les idées ne sont rien en soi, et que les faits seuls se défendent des révolutions et surnagent. Cependant, au lieu de livrer ainsi l'enfance de l'humanité à la critique moqueuse de la société actuelle, qui ne tient son plus d'instruction que de la puissance du temps et d'une civilisation progressive, ne vaudrait-il pas mieux expliquer ces vicissitudes naturelles autant que nécessaires, pour les voir selon l'ordre des siècles? Et, quant à cette affectation de présenter les faits comme constituant seuls le domaine de la science, il serait aussi, je crois, plus juste de dire qu'ils n'arrivent aux âges futurs que s'ils sont escortés et protégés par les idées qui s'y rapportent et qui seules, par conséquent, en font la principale valeur.

«Des faits, même très industrieusement façonnés par une observation intelligente, ne peuvent jamais valoir, à l'égard de l'édifice des sciences, s'ils restent isolés, qu'à titre de matériaux plus ou moins heureusement amenés à pied d'œuvre. Or, comme on ne saurait porter trop de lumière sur cette thèse, je ne craindrai pas d'employer le secours de la parabole suivante:

«Paul a le désir et le moyen de se procurer toutes les jouissances de la vie: il est intelligent, inventif, et il s'est appliqué à rechercher et à rassembler tout ce qu'il suppose devoir lui être nécessaire. Il approvisionne son cellier des meilleurs vins; il remplit son bûcher de tout le bois que réclamera son chauffage; il agit avec le même discernement pour tous les autres objets de sa consommation probable. Les qualités sont bien choisies, les objets habilement rangés, et un ordre savant règne partout. Mais, arrivé là, Paul s'arrête. De ce vin, il ne boira pas; de ce bois, il ne se chauffera pas; de toutes les autres pièces de son mobilier, il n'usera pas.—Mais, me direz-vous, votre *Paul est un fou.*—Je l'accorde.»

Paul n'est pas toujours fou; mais il lui semble parfois que les biens qu'il accumule ne seront jamais suffisants pour qu'il en puisse tirer le parti rêvé; l'heure vient, sans qu'il y ait pris garde, où il ne peut plus en jouir; ayant toute sa vie fait profession d'être sage, il continue à voir la sagesse dans cette incessante accumulation, et ne peut s'empêcher de traiter de téméraires ceux qui, ayant comme lui rassemblé des matériaux, s'aperçoivent à temps que le moment est venu de bâtir.

La lutte ouverte entre Cuvier et Geoffroy Saint-Hilaire ne fut pas de longue durée. Le 13 mai 1832, Cuvier mourait presque subitement; Geoffroy eut alors à se défendre contre ceux qui croyaient avoir hérité de la pensée du maître; souvent il dut regretter de ne plus avoir devant lui son illustre adversaire, et ce n'est pas sans tristesse qu'on lit les pages tour à tour indignées ou contristées que lui arrachent des oppositions trop souvent mesquines et tracassières. Que de souffrances intimes révèle un passage tel que celui-ci:

«Je ne continuerai point ces fragments, commencés naguère sous de meilleurs auspices; je suis aujourd'hui le jouet de forces majeures, sans rien pouvoir opposer à une fatalité sombre qui m'atteint, qui tourne à persécution et qui réserve mes derniers jours à l'excès des disgrâces... Il m'est pénible de laisser ces feuilles imparfaites, que je n'aurai pu amener à l'état d'un ouvrage achevé. Mais les tracasseries qui me sont suscitées, les atteintes de l'âge et le découragement qui me gagne me créent une situation d'impuissance, à laquelle il faut désormais que je range ma conduite et les dernières heures de ma vie. À de nouvelles luttes où l'on paraît vouloir m'engager, ma prudence et ma débilité me conseillent de refuser[64].»

Geoffroy, plein de courage et d'ardeur, avait pourtant écrit trois ans auparavant: «Ce n'est pas tout que d'établir des faits...; il faut que le jugement s'exerce à les comprendre; puis on dira, comme je l'entends dire autour de moi, que de tels jugements, c'est de la théorie. Je ne m'épouvanterai point de cette augmentation plutôt bruyante que logique: et je réponds à tout ce bavardage, fait pour étourdir et chercher à en imposer, que le temps de crier à la poésie et de dresser de vagues accusations est passé; ces cris se jugent et se nomment *déclamation*[65].»

Les choses ne passent pas aussi vite que le pensait Geoffroy; bien des savants se demandent encore aujourd'hui si les naturalistes peuvent exercer ce droit à la synthèse dont usent si largement et avec tant de bonheur les physiciens et les chimistes; beaucoup, surtout parmi ceux dont les premières études ont porté sur l'homme, jugent encore le règne animal inexplicable, repoussent d'avance tout essai de coordination et vont même jusqu'à en affirmer l'impossibilité. À ceux-là Geoffroy avait pourtant donné en 1821 ce sévère avertissement: On discutait devant un officier de l'ancien régime les chances qu'avaient les armées de la République de forcer le passage du Rhin. Le vieux soldat venait de démontrer péremptoirement. à son auditoire la folie d'une semblable entreprise; il cessait à peine de parler qu'une nouvelle arrivait: les troupes françaises venaient de réaliser l'impossible; le Rhin était franchi.

Cuvier, quoi qu'il en ait dit, ne croyait pas exclusivement aux faits; Geoffroy s'est toujours tenu soigneusement à l'écart des aberrations dont l'école allemande va nous fournir bientôt de singuliers exemples; s'il essayait de deviner la nature, c'était méthodiquement, et ses «pressentiments» étaient presque toujours soumis au contrôle de cette sorte d'observation provoquée qui est bien voisine de l'expérience; son anatomie philosophique, sa philosophie zoologique, sont ce qu'on appellerait aujourd'hui de l'*anatomie*, de la *zoologie expérimentales*. Pour les esprits élevés, les écarts qu'on pourrait lui reprocher sont des écueils à éviter, mais ne diminuent en rien la valeur de sa méthode, l'importance de la synthèse; l'alliance étroite de l'observation et du raisonnement demeure leur règle de conduite; c'est ce qu'exprime en ces termes un des savants les plus illustres de l'Allemagne, Johannes Müller[66]:

«Les vérités les plus importantes des sciences naturelles n'ont pas été trouvées par une simple analyse de l'idée philosophique, ni par la seule observation; c'est par une expérience méditée, qui sépare l'essentiel de l'accidentel et trouve ainsi la loi fondamentale d'où l'on déduit ensuite de nombreuses conséquences. C'est là plus que l'expérimentation, c'est l'expérience philosophique.»

C'est aussi l'opinion de M. Henri Milne Edwards[67].

«Dans quelques écoles, on professe un grand dédain pour les vues de l'esprit, et l'on répète à chaque instant que les faits seuls ont de l'importance dans la science. Mais c'est là, ce me semble, une grave erreur. Une pareille pensée serait excusable chez un ouvrier obscur, qui, employé sans relâche à tailler dans le sein de la terre les matériaux d'un vaste édifice, croirait que le rôle de l'architecte ne consiste qu'à entasser pierre sur pierre et ne verrait dans le plan tracé d'avance par le crayon de l'artiste qu'un jeu de son imagination, une fantaisie inutile. Mais l'ouvrier carrier lui-même, s'il ne restait pas dans son souterrain et s'il voyait tous les blocs informes qu'il en a tirés se réunir, sous la main du maître, pour constituer le Parthénon d'Athènes ou le Colisée de Rome, comprendrait que la science de l'architecte n'est pas une science inutile, lors même que le monument créé par son génie ne devrait avoir qu'une durée éphémère et que les débris de l'édifice tombé en ruines ne serviraient plus tard que de matériaux pour des constructions nouvelles.»

Au surplus, la science, de quelque manière qu'on la cultive, ne saurait s'accommoder de deux écoles, de deux méthodes. Ceux qui prétendent s'en tenir aux faits sont toujours heureux quand il leur vient des idées, et se hâtent de les mettre à profit; on a rarement vu, d'autre part, les auteurs d'une théorie la présenter autrement que comme un moyen de préparer la découverte de faits nouveaux, grâce à une connaissance plus complète des rapports entre les faits déjà découverts. Tout le monde est aujourd'hui d'accord sur la méthode: imaginer avant d'expérimenter ou d'observer; expérimenter ou observer pour choisir, entre les idées *a priori* que les faits déjà connus ont fait naître, celle qui est conforme à la réalité; se servir de ces idées pour acquérir des faits nouveaux, et marcher ainsi plus ou moins rapidement à l'explication et à la conquête de la nature. Malheureusement l'homme n'est pas seulement un être raisonnable; et l'accord, qui serait facile s'il s'en tenait uniquement à l'exercice de sa raison, est rapidement troublé lorsqu'il permet à ses passions d'entrer en jeu. En fait, les prétendus désaccords sur la méthode que l'on voit encore surgir de temps en temps ne servent que trop souvent à couvrir de vaniteuses ambitions ou de misérables querelles de personnes.

Désormais les sciences naturelles sont entrées dans une voie féconde: grâce à Cuvier, une science nouvelle est créée qui, ressuscitant les animaux et les plantes des âges anciens, va nous raconter en détail l'histoire du passé de notre globe; si l'illustre anatomiste en restreint volontairement la portée, les doctrines de

Lamarck et de Geoffroy lui ouvrent les plus vastes horizons. Il ne s'agit de rien moins que de déterminer, par une étude rigoureuse des faits, combinée avec une sévère induction, l'origine de tout ce qui a vie sur le globe. L'hypothèse de l'unité de plan de composition conduit Geoffroy à créer sa théorie des analogues, à donner à l'embryogénie comparée une importance et une direction inconnues jusque-là; l'opposition de Cuvier empêche d'admettre, dans sa généralité primitive, l'hypothèse séduisante de l'unité de plan de composition, met en relief l'existence de plusieurs types organiques et impose une étude plus approfondie des animaux inférieurs que nous verrons bientôt renouveler le champ de la philosophie zoologique. Lamarck lègue à la science l'idée d'une complication graduelle des types organiques et d'une parenté possible entre ces types; il révèle la puissance de l'hérédité; l'insistance de Cuvier à affirmer la fixité des espèces maintient l'attention sur la réalité de ces groupes auxquels Lamarck était porté à attribuer trop de mobilité, et rend ainsi nécessaire la recherche d'une explication de la longue permanence des types spécifiques et de leur isolement dans la nature.

Ainsi, pour revenir à la belle image de M. Edwards, les trois édifices construits par ces trois hommes de génie doivent être remaniés en partie, mais une aile de chacun d'eux demeure debout pour être incorporée dans l'édifice définitif que l'avenir saura réaliser.

CHAPITRE XII

Idées de Gœthe sur l'unité des types organiques.—La métamorphose des plantes; structure des végétaux; le végétal idéal.—Travaux d'anatomie comparée; recherche du type idéal du squelette.—Transformisme de Gœthe.—Kielmeyer.

Une idée grande et simple, telle que l'idée de l'unité de plan de composition, était comme un souffle de poésie répandu sur la science entière. Plus d'un partisan de la doctrine de Geoffroy devait entrevoir sous cette unité une sorte de révélation de la pensée divine, présente dans toutes les parties de l'univers, travaillant sans relâche à ses métamorphoses, se plaisant à étonner notre imagination par l'infinie variété de ses combinaisons, toutes assujetties cependant à porter, comme preuve de leur origine, une même et puissante empreinte.

«Derrière votre théorie des analogues, reprochait Cuvier à Geoffroy, se cache au moins confusément une sorte de panthéisme.» C'est précisément pourquoi la théorie condamnée en France recruta en Allemagne un ardent défenseur, le grand, l'illustre Gœthe.

Tout en se rangeant sous la bannière de Geoffroy, Gœthe garde d'ailleurs une haute originalité. Lui aussi avait eu, tout jeune encore, avant même que Geoffroy eût commencé sa brillante carrière scientifique, une conception neuve et hardie et l'avait habilement développée. Frappés des modifications que les procédés de culture peuvent produire dans les diverses parties d'un végétal, le botaniste La Hire, mais surtout Linné avaient plus ou moins explicitement laissé entendre que ces parties étaient de même nature et pouvaient dans certains cas se transformer les unes dans les autres. On ne peut attribuer que cette signification au passage suivant de la *Philosophie botanique* de Linné:

«Les fleurs, les feuilles et les bourgeons ont une même origine… Le périanthe

147

est formé par la réunion de feuilles rudimentaires. Une végétation luxuriante détruit les fleurs et les transforme en feuilles. Une végétation pauvre, en modifiant les feuilles, les transforme en fleurs[68].»

La même idée se retrouve dans ces phrases, extraites de ses *Aménités académiques*:

«Plantez dans une terre fertile un arbuste qui, dans un vase de terre, donnait chaque année des fleurs et des fruits, il cessera de fructifier et ne développera plus que des rameaux chargés de feuilles. Les branches qui autrefois portaient des fleurs sont maintenant couvertes de feuilles, et les feuilles, à leur tour, deviendront des fleurs si l'arbuste, replacé dans le vase, y trouve une nourriture moins abondante[69].»

Plusieurs naturalistes, Ferber, Dahlberg, Ulmark et surtout Gaspard Wolf, avaient développé ces aperçus du naturaliste suédois, mais sans en tirer toutes les conséquences et parfois en avertissant qu'elles cachaient plus d'un piège sous leur aspect séduisant.

Gœthe s'empare de la même idée, et, avec cette netteté de vue que donne le génie, il montre en 1790, non pas, comme on l'a dit souvent, que toutes les parties de la fleur et un grand nombre d'autres organes de la plante ne sont que des feuilles transformées, mais bien que les feuilles, les pétales, les étamines, les diverses parties du fruit, etc., ne sont que les transformations diverses d'un même organe dont il cherche à déterminer la forme primitive et la nature. «On comprend, dit-il, que nous aurions besoin d'un terme général pour désigner l'organe fondamental qui revêt ces métamorphoses, et pouvoir lui comparer toutes les formes secondaires.» Mais Gœthe ne crée pas ce terme, et sa théorie a passé dans la science sous cette forme restrictive qui veut voir dans la feuille l'organe dont tous les autres sont dérivés. Dans les propositions suivantes, Gœthe[70] élargit encore sa théorie:

«On sait la grande analogie qui existe entre un bourgeon et une graine, et on n'ignore pas combien il est facile de découvrir dans le bourgeon l'ébauche de la plante future.

«Si l'on ne constate pas aussi facilement dans le bourgeon la présence des racines, elles n'en existent pas moins que dans les graines et se développent facilement et promptement sous l'influence de l'humidité.

«Le bourgeon n'a pas besoin de cotylédons, parce qu'il est attaché sur la plante mère complètement organisée; aussi longtemps qu'il y est fixé, ou lorsqu'il a été transporté sur une autre plante, il en tire directement sa nourriture; lorsqu'il est placé dans le sol, ses racines se développent promptement.

«Le bourgeon se compose d'une série de nœuds et de feuilles plus ou moins développés et dont l'évolution s'accomplit ultérieurement. Les *rameaux qui sortent des nœuds de la tige peuvent donc être considérés comme autant de jeunes plantes fixées sur la plante mère, comme celle-ci l'est dans le sol.*»

Nous sommes en présence, cette fois, d'une théorie tout entière de la constitution du végétal, théorie que Bonnet et Buffon ont déjà ébauchée, nous l'avons vu, et, qui sans aucun doute, aurait depuis longtemps pris pied dans la science si Gaudichaud et Aubert Dupetit-Thouars n'avaient pas imaginé que chaque bourgeon, en sa qualité de plante indépendante, devait avoir des racines qui, s'accumulant les unes sur les autres, étaient la véritable cause de l'accroissement en diamètre des végétaux. Hugo Mohl, Hétet, M. Trécul n'ont pas eu de peine à démontrer, avec leur rigueur habituelle, que ces prétendues racines n'existaient pas, et les esprits superficiels ont pu croire que ces éminents observateurs renversaient la théorie du végétal adoptée par Bonnet, Buffon et Gœthe, alors qu'ils n'en détruisaient qu'une fâcheuse interprétation.

L'idée de considérer les feuilles et les parties de la fleur et du fruit comme de simples modifications d'un organe unique, l'idée de voir dans le végétal un être complexe résultant de l'association d'un nombre parfois indéfini d'êtres plus simples, se rattachent étroitement pour Gœthe à une autre idée plus hardie: celle d'arriver à constituer un végétal idéal, un végétal type duquel tous ceux qui existent pourraient être déduits par le raisonnement. «Je t'apprends en confidence, écrit-il de Naples à Herder, que je suis sur le point de pénétrer enfin le mystère de la naissance et de l'organisation des plantes… La plante primitive sera la chose la plus singulière du monde, et la nature elle-même me l'enviera. Avec ce modèle et sa clef, on inventera une infinité de plantes nouvelles, qui, si elles n'existent pas, pourraient exister, et, qui, loin d'être le reflet d'une imagination artistique et poétique, auront une existence intime, vraie, nécessaire même, et *cette loi créatrice pourra s'appliquer à tout ce qui a une vie quelconque.*»

Gœthe a évidemment conçu pour la plante quelque chose d'analogue à ce que Geoffroy Saint-Hilaire appelle l'unité de plan de composition pour les animaux.

Son idée, il l'étend même d'avance aux animaux, et son premier essai zoologique témoigne qu'avant de s'occuper de botanique il recherchait déjà chez ces êtres l'unité qu'il vient d'apercevoir chez les plantes. C'est ainsi qu'il est conduit, dès 1786, à découvrir chez l'homme les deux os intermaxillaires qui portent, chez tous les mammifères, les incisives supérieures et qu'on prétendait être un caractère essentiellement distinctif de l'homme et des singes. Comme Geoffroy Saint-Hilaire, c'est par des recherches sur des fœtus et sur des monstres que Gœthe parvint à établir l'existence réelle de ces deux os qui, chez l'homme, se soudent habituellement de bonne heure avec les deux moitiés de la mâchoire supérieure, entre lesquelles ils sont compris, et produisent, lorsqu'ils demeurent écartés, la difformité connue sous le nom de *bec-de-lièvre*[71].

En 1790, l'année même où il publiait son essai sur la métamorphose des plantes, Gœthe, se promenant au cimetière juif de Venise, désarticule, en les heurtant du pied, les pièces d'un crâne de mouton. Ces pièces éparses font naître en lui l'idée que le crâne est formé d'un certain nombre de vertèbres, modifiées dans leur forme et dans leurs proportions. Cette idée, à laquelle Frank et Oken arrivent de leur côté indépendamment de Gœthe et qu'ils déduisaient d'ailleurs des doctrines les plus opposées, introduit dans l'anatomie comparée l'idée si féconde en botanique qu'un même organe, en se répétant et se modifiant, suffit à former les parties les plus différentes en apparence d'un organisme. Après avoir longtemps disputé, on juge aujourd'hui inutile de s'acharner à déterminer de combien de vertèbres le crâne peut être constitué; mais au moins n'est-il pas contesté que le crâne n'est qu'une modification de la colonne vertébrale dont les vertèbres se sont agrandies, transformées et en partie soudées pour constituer l'enveloppe protectrice de l'encéphale.

La découverte de l'os intermaxillaire, celle de la constitution vertébrale du crâne ne sont d'ailleurs que des épisodes dans une œuvre incomparablement plus vaste, dont Gœthe trace, dès 1795, le brillant programme. De même qu'il s'est attaché à constituer un végétal idéal, duquel tous les autres pourraient être déduits par de simples modifications de certaines parties, de même il propose pour l'étude du squelette «d'établir un type anatomique, une sorte d'image universelle, représentant, autant que possible, les os de tous les animaux, pour servir de règle en les décrivant d'après un ordre établi d'avance. Ce type devrait être établi, en ayant égard, autant qu'il sera possible, aux fonctions physiologiques. De l'idée d'un type général, il résulte nécessairement qu'aucun animal considéré isolément ne saurait être pris comme type de comparaison, car la partie ne saurait être l'image du tout. L'homme, dont l'organisation est si parfaite, ne saurait, en raison de cette perfection même, servir de terme de comparaison par rapport aux animaux inférieurs. Il faut, au contraire, procéder de la façon suivante: l'observation nous apprend quelles sont les parties communes à tous les animaux et en quoi ces parties diffèrent entre elles; l'esprit doit embrasser cet ensemble et en déduire, par abstraction, un type général dont la création lui appartient.»

Ainsi, la même année, Gœthe et Geoffroy Saint-Hilaire ont conçu, chacun à sa façon, l'idée de l'unité de plan de composition dans le règne animal. Mais Geoffroy Saint-Hilaire fournit, par des recherches anatomiques incessantes, la démonstration de son idée; tandis que Gœthe, après avoir commencé à exécuter son plan d'observations ostéologiques, s'arrête en route et ne tire aucune conclusion spéciale de ses nombreuses observations. Comme Geoffroy, il propose cependant d'utiliser la position respective des organes pour les déterminer; mais il veut en même temps, ce qui est moins heureux, que l'on tienne grand compte de leur fonction. Comme Geoffroy, il explique, en exagérant même cette influence, la réduction de volume de certaines parties du corps par un excès de développement d'autres parties; mais tous deux sont arrivés à ces idées d'une façon absolument indépendante.

Aux idées de Geoffroy Saint-Hilaire, Gœthe ajoute celle des métamorphoses, d'après laquelle un même organe, un même animal peuvent se présenter sous des aspects divers et, en fait, n'atteignent jamais leur figure définitive qu'après avoir subi un plus ou moins grand nombre de transformations, ayant toutes pour but final la reproduction. Entre les animaux et les plantes, Gœthe établit à cet égard une différence. Les parties qui se métamorphosent dans la plante demeurent unies entre elles; ce sont les dernières de ces parties nées les unes sur les autres qui revêtent une forme nouvelle; mais elles coexistent avec celles qui ne se sont pas métamorphosées; quand un animal, un insecte par exemple, se métamorphose, il ne conserve aucun lien avec la forme qu'il vient de quitter; c'est la totalité de son être qui revêt un aspect nouveau. Nous verrons bientôt que cette différence n'est qu'apparente et qu'il existe des animaux chez qui les transformations, si bien mises en relief par Gœthe chez les plantes, se retrouvent avec tous leurs caractères.

Naturellement ces métamorphoses éveillent chez Gœthe l'idée que les êtres vivants ne sont pas enchaînés dans des formes immuables et que leurs caractères ont pu se modifier avec le temps. Comme Lamarck et Geoffroy Saint-Hilaire, Gœthe est donc *transformiste*, et il donne une part très grande à l'influence du milieu dans les modifications que les organismes peuvent subir.

Telles furent aussi les idées de Kielmeyer, qui, sans avoir presque rien écrit, exerça par son enseignement une puissante influence sur l'esprit des naturalistes allemands. On ne connaît guère de lui qu'un discours prononcé en 1796 à l'ouverture de son cours à l'université de Tubingue. Comme Gœthe, Kielmeyer se rencontre plus d'une fois avec Geoffroy, bien qu'on ne puisse contester à l'un et à l'autre l'indépendance de ses idées. Kielmeyer pense, en particulier, que les animaux inférieurs représentent, à l'état permanent, les formes transitoires que traversent les animaux supérieurs pour arriver à leur forme définitive. Chaque forme inférieure peut donc être considérée comme un arrêt de développement d'une forme supérieure, et réciproquement chaque forme supérieure traverse dans le cours de son développement des formes analogues aux formes inférieures du groupe auquel elle appartient. C'est ainsi que les grenouilles sont d'abord de véritables poissons, que les mammifères ont un instant une circulation de reptiles, et que, suivant la remarque faite par Autenrieth, en 1800, mais dont l'importance n'a été bien sentie qu'en 1806 par Geoffroy Saint-Hilaire, ils présentent à un certain moment dans leur tête le même nombre d'os que les poissons, etc. Ainsi réapparaît une idée que nous avons déjà rencontrée plusieurs fois, que développera plus tard M. Serres, mais qui ne reprendra toute sa valeur philosophique qu'après l'apparition du transformisme scientifique et sera traduite alors par cette proposition fondamentale: l'embryogénie d'un animal n'est que la répétition abrégée des phases qu'a traversées son espèce pour arriver à sa forme actuelle.

De telles corrélations entre les formes inférieures et les formes supérieures du règne animal supposent évidemment que toutes ces formes ne sont que le développement d'un seul et même plan, dont l'exécution a été poussée plus ou moins loin. L'unité de plan de composition compte donc en Allemagne, aussi bien qu'en France, des partisans résolus; l'idée s'est développée simultanément dans les deux pays, comme le prouvent les dates des premières publications qui y sont relatives.

Un pareil accord entre des savants et des penseurs que rien n'avait mis en relation témoigne que leur idée commune était en harmonie, au moment où elle a été conçue, avec la plupart des faits connus à cette époque, ou tout au moins avec les faits qui avaient le plus attiré l'attention. Mais, comme Cuvier ne tarda pas à le montrer, ces faits n'étaient qu'une faible partie de la science: on pourrait reprocher à Geoffroy Saint-Hilaire, et peut-être à Gœthe et à Kielmeyer, d'avoir généralisé d'une façon absolue l'idée juste qu'ils avaient fait naître. Mais est-ce là un tort réel? Ce qu'on appelle, non sans quelque dédain, une idée, dans les sciences naturelles, n'est autre chose que ce qu'on appelle dans les autres sciences une loi. L'essence d'une loi est de coordonner entre eux le plus grand nombre possible de phénomènes; on est donc presque toujours conduit à lui donner tout d'abord une généralité trop grande; ce sont les travaux qu'elle suscite qui en déterminent ensuite la portée; mais la loi, même restreinte, n'en conserve pas moins une valeur; elle vient prendre naturellement sa place dans les conséquences de quelque autre loi plus générale, qui devient, à son tour, loi partielle lorsqu'une vérité plus générale encore est découverte. Ainsi, par une heureuse combinaison des faits et des lois, l'esprit humain marche sûrement à la conquête de vérités d'ordre de plus en plus élevé, aspirant sans cesse aux vérités dernières qui pourront lui expliquer son origine et son avenir.

Les luttes passionnées auxquelles donna lieu l'unité de plan de composition devaient avoir pour conséquence d'engager les esprits élevés et indépendants à rechercher quelque formule plus générale qui pût comprendre les deux doctrines opposées. Deux hommes essayèrent cette conciliation, empruntant tous deux à Gœthe une part de ses idées: Richard Owen en Angleterre, Dugès en France. Le premier apportait dans ses études la précision de Cuvier; il fit aussitôt de nombreux prosélytes; le second, ardent et persévérant, comme Geoffroy, mourut sans avoir vu son œuvre justement appréciée dans son pays.

CHAPITRE XIII

DUGÈS

Essai de conciliation des idées de Cuvier et de Geoffroy.—La conformité organique dans l'échelle animale.—Moquin-Tandon et la théorie du zoonite.—Généralisation de cette théorie par Dugès.—Théorie de la constitution des organismes: loi de multiplicité ou de répétition des parties; loi de disposition; loi de modification et de complication, loi de coalescence.—Idées de Dugès sur les types organiques.

Au moment même où la grande discussion académique sur l'unité de plan de composition des animaux allait être close par la mort de Cuvier, un jeune professeur de la Faculté des sciences de Montpellier, Antoine Dugès, tentait de s'établir sur un terrain nouveau, où il espérait que les deux camps pourraient se rencontrer. Évidemment séduit par les idées de Geoffroy Saint-Hilaire, Dugès est cependant frappé de la valeur des objections de Cuvier. Il se demande si, en modifiant légèrement la formule de la philosophie zoologique, il ne sera pas possible de la sauver de l'anathème dans laquelle cherche à l'envelopper la soi-disant école des faits. Il sent très bien que l'école n'est pas morte avec son chef. «Nous nous décidons, dit-il dans la Préface de son *Mémoire sur la conformité organique dans le règne animal*, nous nous décidons à publier ce mémoire, pour ne point renouveler les difficultés qui se présentèrent, à son sujet, lors de la nomination d'une commission d'examen par l'Académie des sciences, et qui ne cessèrent que quand M. Cuvier, dont on craignait, sans doute, de heurter les opinions, se fut lui-même chargé du rapport. M. Cuvier était effectivement l'homme dont je devais, dans cette circonstance, redouter surtout la prévention et la partialité: une discussion vive et prolongée l'avait récemment animé contre des principes fort semblables à ceux que j'émettais à mon tour; et, malgré tous mes soins pour éviter de paraître m'immiscer dans cette grande querelle, malgré mes efforts pour faire ressortir l'indépendance de mes opinions personnelles, l'impartialité de mes emprunts à d'autres doctrines, je n'avais pu réussir à calmer la sévérité ombrageuse qu'il portait dans l'étude de la nature, ni la répugnance qu'il manifestait hautement pour toute généralisation, un peu hardie, un peu hâtive. Lui-même m'avait annoncé un jugement rigoureux, et j'ignore jusqu'à quel point j'étais parvenu à en adoucir l'âpreté dans une longue conversation.» Dugès ne cherche cependant plus à établir l'unité de plan de composition du règne animal; il se propose seulement de montrer que les différents types du règne animal sont reliés entre eux par des transitions ménagées, que l'on peut «de modification en modification, et par un enchaînement successif, parcourir toute l'échelle animale et reconnaître la conformité *médiatement* ou *immédiatement* entre deux animaux, quels qu'ils soient, à quelque classe qu'ils appartiennent.»

En quoi consiste cette *conformité* que Dugès substitue à l'*unité de plan* dans la structure des animaux? On pourrait désirer que Dugès le dise plus nettement. À travers les obscurités ou les erreurs que lui impose l'état de la science à son époque, on voit apparaître cependant pour la première fois, dans toute sa généralité, une idée féconde, dont les conséquences sont loin d'être encore épuisées.

La science venait à peine d'accueillir la belle conception, agrandie par Gœthe, de la nature composée des végétaux et de la métamorphose de leurs organes. Dunal s'était demandé s'il n'existait pas quelque chose d'analogue dans le règne animal, et il avait entrevu que les animaux invertébrés peuvent être considérés comme des associations, des colonies d'animaux plus simples, diversement groupés. En 1827, Moquin-Tandon, dans sa *Monographie des hirudinées*, avait donné plus de précision à cette manière de voir en montrant que chacun des segments du corps d'une sangsue est identique à ceux qui le précèdent et à ceux qui le suivent, que chacun de ces segments contient tout ce qu'il lui faut pour vivre d'une vie indépendante, peut être considéré comme un organisme distinct, un petit animal, un *zoonite*. Tous les animaux articulés de Cuvier se laissent, comme la sangsue, décomposer en zoonites; tous ces animaux ne sont, en conséquence, que des assemblages d'animaux plus simples, de zoonites, disposés en série linéaire. Généralisant cette idée, Dugès cherche à montrer qu'elle est applicable non seulement aux articulés, mais à tous les invertébrés et aux vertébrés eux-mêmes. Les polypes d'une colonie de corail, d'une colonie de bryozoaires sont des zoonites au même titre que les segments d'un insecte; ils sont seulement disposés d'une autre façon. Des zoonites peuvent, en effet, se grouper en série linéaire, ou se placer comme des rayons autour d'un centre, ou former des arborescences ramifiées, comme dans le règne végétal; on trouve de nombreux passages entre ces divers modes d'association, passages qui établissent un lien entre des animaux paraissant au premier abord tout à fait différents. Les zoonites ayant toujours la même constitution fondamentale, les animaux ne diffèrent que par le nombre et le mode de groupement de ces parties constituantes, et comme, sous ce rapport, il existe entre eux un nombre infini de transitions, on voit qu'il ne saurait exister aucune ligne de démarcation entre les différents types du règne animal. Dugès espère donc avoir découvert les lois de la constitution des organismes, que cherchait Geoffroy, tout en échappant aux objections que dirigeait Cuvier contre l'unité de plan de composition.

Ces lois sont au nombre de quatre:

1° *Loi de multiplicité des organismes*; 2° *Loi de disposition*; 3° *Loi de modification et de complication*; 4° *Loi de coalescence*.

On peut les énoncer ainsi:

1° Tout animal supérieur est composé d'un certain nombre d'*organismes* plus simples, de *zoonites*.

2° Les zoonites constituant un animal peuvent se grouper soit en une série linéaire unique, soit en deux séries alternes ou symétriques, soit en couronne autour d'un axe, soit d'une façon tout à fait irrégulière. Chez un même animal, ces divers modes de groupement peuvent être combinés entre eux.

3° Dans un même animal, les zoonites peuvent présenter des formes diverses, se partager, se distribuer le travail nécessaire au maintien de leur collectivité.

4° Les zoonites ou les organes qui les composent peuvent présenter divers degrés de fusion, de manière qu'il devient souvent impossible de déterminer leur nombre ou leurs limites.

Toutes ces propositions sont rigoureusement exactes; Dugès exprime encore fort bien l'idée que se font actuellement les physiologistes du rôle des diverses parties qui entrent dans la composition d'un organisme. Après avoir décrit les modifications diverses des parties dans quelques insectes, il conclut[72]:

«Sous le rapport de la sensibilité et de la locomotion, il semble donc que les segments se partagent, se distribuent le travail pour concourir plus aisément à un but commun. Cette distribution, ce concours où chaque partie apporte à l'ensemble son tribut spécial, sont plus marqués encore quant aux appareils de la vie intérieure. Là, nous voyons tel segment ou telle région appeler, concentrer ou, pour mieux dire, centraliser et perfectionner tel appareil d'organes dont les autres segments restent privés, soit par *abandon* résultant d'une coalescence partielle qui attire tous les éléments de même nature vers un centre commun, soit par atrophie, disparition d'un appareil de fonction rendu inutile dans la plupart des segments par son grand développement dans un seul qui le rend apte à servir, en ce qui le concerne, à toute la machine. Cette communauté, cette convenance réciproque constitue l'individualisation et concourt, on le sent bien, au perfectionnement de la vie générale. Il en est de l'association des organismes comme de la société humaine. La civilisation fait un tout d'une masse d'individus différents, et elle concourt à augmenter les commodités, les jouissances de chacun d'eux par le partage des capacités et des occupations. Une peuplade de sauvages est, au contraire, réduite à la vie la plus simple et la plus grossière. Dans la première de ces sociétés, nous avons l'image de l'*économie animale* chez les êtres les plus élevés de l'échelle, un mammifère par exemple. Quant à la deuxième, c'est, la vie du ténia, aussi morcelée, que l'animal lui-même et aussi peu complexe que l'est l'organisation de l'animal, aussi peu variée que la forme de ses anneaux.»

Ces comparaisons, les physiologistes les limitent encore aujourd'hui, en ce qui concerne les vertébrés, aux éléments anatomiques; avec une hardiesse étonnante, Dugès, soutenant une cause qui ne devait trouver que dans ces dernières années des arguments décisifs en sa faveur, considère les vertébrés comme des animaux segmentés, formés de zoonites à la manière des insectes, mais dont les zoonites sont confondus, comme ceux des araignées. La division de la colonne vertébrale en vertèbres identiques entre elles est le signe le plus apparent de cette segmentation des vertébrés; mais il en est d'autres.

La moelle épinière des vertébrés fournit autant de paires nerveuses qu'il existe de segments vertébraux. Dugès rappelle les expériences de Chirac et de Legallois qui montrent que la portion de la moelle correspondant à chacune de ces paires nerveuses possède une véritable autonomie. Il est ainsi conduit à comparer la moelle des vertébrés à la chaîne ganglionnaire des animaux articulés. Il prouve du reste que non seulement quand on passe d'un animal à l'autre, mais encore chez le même animal, les divers ganglions comprenant cette chaîne peuvent se rapprocher au point de se souder où au contraire se séparer, s'ils étaient primitivement soudés. Les recherches de M. Blanchard ont établi que ce premier cas est le plus général chez les insectes; cependant Swammerdam avait déjà montré que les ganglions très rapprochés, presque soudés, de la larve de l'Oryctès nasicorne, de celle du Stratyome caméléon se séparent quand l'insecte arrive à l'état adulte; ces résultats ont été beaucoup étendus par les recherches de M. Künckel d'Herculais et de M. Brandt.

Chaque vertèbre porte dans la région dorsale une paire d'appendices, les côtes: les sept vertèbres de la région cervicale, les cinq vertèbres de la région lombaire en sont dépourvues chez les Mammifères. Dugès fait remarquer que les cinq paires de nerfs lombaires et les cinq paires cervicales se réunissent respectivement en un plexus et pénètrent ensuite dans les jambes et les bras, à l'innervation desquels elles sont presque exclusivement réservées. Or le nombre de doigts qui terminent les membres de la plupart des vertébrés terrestres est précisément de cinq. Il est donc légitime de considérer chacun de nos membres comme résultant de la soudure de cinq appendices correspondant respectivement à l'un des segments vertébraux qui fournissent les nerfs des membres. La soudure de ces appendices s'est faite du centre à la périphérie; elle n'est complète que pour le premier segment des membres; déjà le deuxième comprend deux os, le troisième en comprend trois, le quatrième quatre, les quatre autres chacun cinq. L'os hyoïde, la mâchoire inférieure sont d'autres appendices des vertèbres qui ont gardé une forme voisine de celle des côtes; enfin la tête doit être considérée, ainsi que le voulaient Gœthe, Oken et Geoffroy Saint-Hilaire, comme formée d'un certain nombre de vertèbres, soudées ensemble aussi entièrement que le sont les segments qui constituent la tête des insectes, et ne demeurant distincts que par leurs appendices.

Il y a là toute une série d'idées nouvelles, ingénieusement développées et qui ont été plus récemment reprises et étendues, dans un intéressant opuscule, par M. le Dr Durand de Gros[73]. Le progrès sur la doctrine de Geoffroy Saint-Hilaire est incontestable. Dugès ne cherche plus à expliquer, comme son illustre devancier, l'insecte par le vertébré; il ne cherche plus à retrouver dans les segments du corps des articulés l'équivalent des vertèbres des mammifères. Les vertèbres et la colonne vertébrale ne sont plus des parties fondamentales qu'il faut retrouver à tout prix. Retournant la proposition de Geoffroy, Dugès étudie le zoonite là où il est le plus clair, chez l'animal articulé; il détermine le mode d'association des zoonites et de leurs diverses parties, et il se propose de retrouver chez le vertébré les traces d'une constitution fondamentale identique à celle des articulés; les vertèbres et leurs appendices sont les indications les plus précises de cette constitution. Cette fois, la comparaison est placée sur un terrain infiniment plus praticable. Malheureusement les termes de comparaison choisis ne peuvent encore contenir que des résultats illusoires; l'une des propositions sur lesquelles Dugès base la conformité organique est d'ailleurs radicalement fausse, et le succès de la théorie se trouve par cela même compromis.

Si l'arthropode et le vertébré sont, en effet, l'un et l'autre formés de zoonites, ce dont les découvertes récentes de Semper et de Balfour ne permettent plus guère de douter, leur similitude s'arrête à ce point. En cherchant à poursuivre la comparaison au delà des conséquences immédiates, nécessaires, de ce mode commun de constitution, Dugès entre dans une mauvaise voie; il est dominé lui aussi, à son insu, par l'idée de l'unité de plan de composition. Cette idée, qu'il modifie si heureusement pour la rendre applicable aux animaux supérieurs, il l'admet dans toute sa rigueur pour les zoonites: dans sa pensée, tous les zoonites sont identiques entre eux, et c'est en cela que consiste la conformité que l'on constate entre les animaux: «Il n'y a pas *unité de plan* dans l'échelle animale; mais il y a *conformité,* car les éléments composants sont toujours de même nature, et leur disposition, quoique variée, ne suffit pas pour isoler, séparer nettement les animaux qu'ils constituent[74].»

Pour trouver ces éléments de même nature dont parle Dugès, il faut descendre aux éléments constitutifs des tissus, à ce que nous nommons aujourd'hui les *cellules* ou les *plastides*; Dugès s'arrêtait aux zoonites. Or les zoonites d'un vertébré ne sont nullement comparables à ceux d'un articulé, pas plus que les zoonites ou rayons d'une étoile de mer ne sont comparables à ceux d'une méduse. Dugès est conduit par cette idée préconçue à des comparaisons évidemment forcées: lorsqu'il assimile, par exemple, les mandibules des insectes à la mâchoire supérieure des vertébrés, et leurs mâchoires à la mandibule de ces derniers; il est encore plus loin de la vérité lorsqu'il croit trouver un argument en faveur de sa thèse dans la multiplicité des os qui forment la mâchoire inférieure des Poissons. Toutefois, avec une sagacité remarquable, Dugès évite ordinairement les écueils dont une fausse conception de la similitude des zoonites sème sa route, et il garde tous les avantages que lui donne son mode de comparaison des vertébrés et des animaux segmentés. C'est ainsi qu'à la fin de son mémoire, qui est de tous points une œuvre de génie, lorsqu'il s'agit d'établir comment peut s'effectuer le passage des vertébrés aux invertébrés, le savant professeur de Montpellier cherche des types intermédiaires non pas entre les articulés et les vertébrés, mais entre les vertébrés et les vers, c'est-à-dire précisément là où les zoologistes actuels les ont trouvés. À la vérité, il croit voir entre les sangsues et les lamproies des affinités qui ne sont pas aussi voisines qu'il est tenté de le croire: la ventouse buccale des sangsues ne saurait être, sans exagération, comparée à celle des lamproies; les poches respiratoires de ces poissons ne sont nullement homologues des poches latérales du ver, qui ne sont autre chose que des reins; mais Dugès n'avait choisi ces moyens de rapprochement qu'en raison de la connaissance imparfaite que l'on avait, à son époque, des types qu'il s'agissait de comparer, et il demeurait frappé des ressemblances générales de ces derniers.

Débarrassé des complications qui résultaient pour Geoffroy Saint-Hilaire et pour Ampère de la comparaison qu'ils avaient essayée entre le squelette interne des vertébrés, désormais relégué au second plan, et le squelette externe des articulés, il retient cependant l'idée que le vertébré et l'articulé ont, relativement au sol, une attitude opposée; il insiste avec raison sur l'identité absolue de disposition que l'on observe dans les organes d'un animal annelé et d'un vertébré couché sur le dos, et arrive ainsi aux assimilations les plus légitimes. Il rappelle que ce renversement de l'animal se manifeste déjà dans l'embryon, comme l'ont montré Hérold et Rathke, et étend considérablement la liste, donnée déjà par Geoffroy, des animaux qui ont abandonné l'attitude normale de leurs congénères pour en prendre une plus ou moins différente. Ainsi les Paresseux demeurent presque toujours accrochés aux branches d'arbre le dos en bas; les nyctéribies et divers acarus parasites marchent sur le dos; c'est également sur le dos que nagent les notonectes, parmi les insectes; les apus, les branchippes, parmi les crustacés; tous les hétéropodes, parmi les mollusques; le Gemel (*Pimelodus membranaceus*) et, dans certains cas, le remora, parmi les poissons. Chez ce dernier, la face dorsale, demeurant le plus souvent appliquée contre un corps étranger, a tout à fait l'aspect de la face ventrale des autres poissons. Mais il existe aussi, dans le règne animal, d'autres changements d'attitude non moins remarquables. L'homme, parmi les mammifères, les manchots, les pingouins, parmi les oiseaux, marchent debout, dans une position exactement perpendiculaire à celle des autres vertébrés de leur classe. Les pleuronectes et l'*amphioxus*, parmi les poissons, les peignes, les huîtres, les anomies, les tridacnes, parmi les mollusques, demeurent constamment couchés sur le côté, tandis que les *gammarus*, ou crevettines d'eau douce, qui sont des crustacés, marchent sur le côté et nagent indifféremment sur le dos ou sur le ventre. Beaucoup d'annélides et certains myriapodes peuvent de même, sans difficulté, marcher sur le dos ou sur le ventre, et il en est qui n'avancent qu'à reculons. Dugès aurait encore pu ajouter que les cirripèdes et les ascidies passent la plus grande partie de leur existence fixés la tête en bas, que c'est l'attitude normale de tous les mollusques lamellibranches et celle dans laquelle dorment et se reposent les galéopithèques et les chauves-souris. De tous ces faits, on doit conclure avec

Geoffroy que, chez les divers animaux, des régions du corps anatomiquement identiques peuvent occuper, par rapport à nos points de repère habituels, le sol et le ciel, les positions les plus variées, et que, dans ses comparaisons, l'anatomiste ne doit tenir aucun compte de ces positions.

Dugès est également assez souvent heureux lorsqu'il cherche à établir entre les régions du corps des animaux de type différent des comparaisons plus rigoureuses que celles qui ont cours dans la science. C'est ainsi qu'il donne de la tête la seule définition physiologique et morphologique que l'on puisse accepter aujourd'hui: «C'est la région antérieure, celle qui guide les autres, où l'on trouve des parties modifiées en organes des sens (phanères) et des appendices locomoteurs destinés à la préhension, à la division des aliments... Cette région est composée de plusieurs segments ou zoonites; mais leur coalescence est souvent telle que l'esprit d'analyse le plus exact n'arrive à la décomposer que par des conjectures qui laissent toujours au moins quelque incertitude sur le nombre des segments.» Seulement Dugès, voulant comparer de trop près l'articulé et le vertébré, s'engage bientôt dans une voie qui demeure sans issue.

D'autres causes viennent d'ailleurs enrayer l'essor que les idées fécondes contenues dans le *Mémoire sur la conformité organique* auraient pu donner à la zoologie. Bien que grand admirateur de Lamarck et de Geoffroy Saint-Hilaire, Dugès, qui s'était laissé entraîner vers la zoologie par les séductions magiques du génie de Cuvier, ne paraît pas avoir deviné l'importance que devait prendre plus tard le transformisme. Il ne se demande nulle part, dans son mémoire, quelle a pu être l'origine des animaux qu'il étudie, et paraît croire, comme son premier maître, qu'ils ont été et seront toujours ce que nous les voyons aujourd'hui. Il remarque que quelques-uns sont réduits à un seul zoonite, que chez les myriapodes les zoonites se forment successivement; mais il ne lui vient pas à l'esprit, ce qui n'aurait certes pas échappé à Lamarck ou à tout autre transformiste, que les animaux simples, réduits à un seul zoonite, pourraient être les ancêtres, les progéniteurs; encore persistants, des animaux formés de plusieurs zoonites; il ne cherche pas quelles causes, en déterminant le mode de groupement des zoonites, soit en couronne, soit en ligne droite, ont pu donner ainsi naissance à ce que Cuvier appelle les types organiques. Bien au contraire, ces types sont pour lui primitifs; dès le début de son évolution, chaque animal porte l'empreinte du type auquel il appartient: «Chaque espèce d'animal a sa forme particulière (tant intérieure qu'extérieure), son *type propre*, et ce dès sa première origine, sans pouvoir dire en quoi consiste la cause première qui marque ainsi *primordialement* l'animal d'un cachet caractéristique, qui empêche les espèces de se multiplier sans règles comme sans limites, qui empreint des traits particuliers et de famille aux individus d'une même espèce; on ne peut méconnaître là une puissance quelconque, et l'on peut au moins l'étudier dans ses effets. Tout en passant par des transformations *comparables* aux principaux, degrés de l'échelle animale, l'embryon n'en a pas moins toujours ses caractères particuliers.» On reconnaît là l'influence des recherches et surtout des idées de Von Baër; mais, en 1831, les fondements de l'embryogénie étaient à peine jetés; non seulement on ne savait presque rien du mode d'évolution des animaux inférieurs, mais on savait même fort peu de chose sur le développement des plus élevés, et Dugès était déjà en avance sur son temps lorsqu'il décrivait la reproduction par division transversale d'une espèce de Planaire, la *Catenula lemnœ.*

La loi de conformité organique est donc une sorte de loi métaphysique, comme la loi de l'unité de plan de composition; elle ne prétend pas expliquer la filiation des animaux: elle se borne simplement à constater leur mode de structure et ne cherche à établir entre eux qu'un lien purement théorique, j'allais dire purement théologique. On sent du reste flotter vaguement, autour de cette conception première, d'autres idées plus métaphysiques encore. Parfois se trahit la préoccupation toute pythagoricienne de trouver chez des animaux, d'ailleurs très différents, les mêmes parties en même nombre, sans que rien puisse faire présumer que le nombre cherché soit constant: ainsi Dugès s'efforce de montrer que le cou des vertébrés est formé de trois vertèbres, comme le thorax des insectes de trois articles; il croit voir de même une correspondance entre les cinq paires de pattes des crustacés décapodes et les cinq appendices primitifs, dont la soudure constitue, suivant lui, les membres des vertébrés supérieurs.

En un mot, il s'imagine que les mêmes parties doivent se trouver en même nombre et peuvent être désignées par les mêmes noms chez les vertébrés et les articulés; il dresse un tableau comparatif des parties du corps chez ces animaux et parvient à un semblant de démonstration de leur identité de structure. Il est évident que Dugès ne peut admettre un seul instant que ces prétendues lois numériques régissent le règne animal tout entier; il possède des connaissances trop étendues pour que la pensée ait pu lui venir de retrouver chez un siphonophore tous les zoonites de l'écrevisse ou du chat; mais quand on en vient à chercher des ressemblances dont la seule explication réside dans une volonté supérieure, il n'y a aucune raison de s'arrêter, et les nombres ont quelque chose de fatidique qui semble, à toutes les époques, avoir fasciné certains esprits. Mac Leay, entomologiste distingué, n'a-t-il pas fondé tout un système de divisions zoologiques sur l'excellence du nombre cinq, qu'il considérait comme ayant régi toute l'évolution organique?

C'est la même tendance métaphysique qui conduit Dugès à penser que les divisions du règne animal peuvent être distribuées sur deux cercles tangents, l'un comprenant les invertébrés, l'autre les vertébrés. Ces cercles sont ingénieusement construits, comme on peut s'en assurer en jetant les yeux sur la reproduction que nous en donnons ci-après, mais ne correspondent à rien dans la nature. De telles tentatives témoignent simplement, chez leur auteur, de la conviction profonde que la continuité de l'univers doit pouvoir s'exprimer par une ligne géométrique simple: la ligne droite n'ayant pas réussi à Bonnet, Dugès s'était arrêté au cercle.

Malgré ces défauts inhérents à l'époque où il fut écrit, on ne saurait estimer trop haut la valeur des idées morphologiques développées et souvent établies dans le *Mémoire sur la conformité organique*. Publié au moment même où venait de se terminer la lutte entre ces deux redoutables athlètes: Cuvier et Geoffroy Saint-Hilaire, le mémoire de Dugès fut peu remarqué, eu égard à sa valeur; un petit nombre de savants étaient d'ailleurs en état d'en comprendre toute la portée, et Dugès lui-même n'avait fait que l'entrevoir. Bien qu'on lui ait fait de fréquents emprunts, le *Mémoire sur la conformité organique* n'a guère été cité, depuis la mort de son auteur, qu'à titre de curiosité scientifique. On doit cependant le considérer comme ayant, pour la morphologie animale, la même importance que l'essai de Gœthe sur les métamorphoses des plantes, pour la morphologie végétale.

Bientôt les découvertes vont se succéder, les unes apportant une éclatante confirmation aux vues de l'anatomiste de Montpellier, les autres élargissant davantage les horizons entrevus par lui; mais on a perdu le fil conducteur un moment saisi; le nom de Dugès est à peine prononcé, alors qu'il pourrait être mis à côté de ceux de Lamarck et de Geoffroy. Puissions-nous dans ces quelques lignes avoir contribué à réparer l'injustice involontaire des zoologistes envers un des hommes les plus éminents de ce siècle. Cette injustice était d'ailleurs la conséquence fatale des dures conditions que la lutte entre Geoffroy Saint-Hilaire et Cuvier avait faites, en France, à la philosophie zoologique, et du discrédit dans lequel devaient faire tomber la philosophie zoologique les excès d'une école allemande dont nous devons maintenant nous occuper.

[Illustration: DISTRIBUTION DES ANIMAUX D'APRÈS DUGÈS

Monadistes.

Confervistes.
/ \
Stéphanomistes. Uvellistes.
DIPHYARES ACTINIAIRES
Physalistes. Actinistes.
Astéristes.
Diphystês. Cercle Médusistes.
| des |
| Invertébrés. |
| |
| |
Ascidistes. Ténistes.

Lingulistes. Ascaridistes.
|
Ostréistes. Lombricistes.

Hélicistes. Julistes.
HÉLICAIRES TÉNIAIRES
Hyalistes. Culicistes.

Loligistes. Aranistes.
\
Balanistes———Astacistes.

ASTACAIRES HOMINIAIRES

Squalistes
/ \
Cyprinistes. \
\
Salamandristes. \
Ranistes.
Lacertistes. Cercle
des Crocodilistes.

```
Passeristes. Vertébrés. /
                     /
   Echidnistes. /
        \ /

          Hoministes.
]
```

CHAPITRE XIV

LES PHILOSOPHES DE LA NATURE

Idées de Schelling.—Oken: Les polarités et la genèse de l'univers.—Le Mucus primitif.—Génération équivoque des infusoires les éléments anatomiques.—Loi de répétition déduite de la philosophie de la nature.—L'homme et le microcosme.—Les degrés d'organisation.—Théorie de la vertèbre; constitution vertébrale du crâne.—Spix: application de la loi de répétition à l'anatomie comparée.—Carus: Extension de la théorie de la vertèbre.

La grande école qui commence à Buffon et que continuent Lamarck, Geoffroy Saint-Hilaire et Dugès en France, Gœthe et Kielmeyer en Allemagne, rassemble des faits et, par une série d'inductions, cherche à s'élever de ces faits à une conception générale des rapports qui unissent entre eux les êtres vivants, conception à l'aide de laquelle elle s'efforce ensuite de découvrir des faits et des rapports nouveaux. C'est là, en définitive, la méthode commune à tous les hommes de science; ils ne diffèrent, à cet égard, que par le plus ou moins grand nombre de faits entre lesquels leur esprit aperçoit des rapports, par la généralité plus ou moins grande des idées que leur suggèrent ces rapports. Les philosophes procèdent volontiers autrement: une idée *a priori*, aussi élevée, aussi abstraite que possible, leur sert de point de départ; ils en déduisent ensuite les faits par le raisonnement pur. C'est ce qu'essaya en Allemagne, au commencement de ce siècle, l'école dite des *philosophes de la nature*.

Il semble, au premier abord, qu'une pareille façon de faire soit nécessairement stérile; il n'en est cependant pas toujours ainsi. En effet, quelle que soit la forme sous laquelle on les exprime, les idées sont, en définitive, puisées dans les faits; elles contiennent donc toujours une part de réalité; d'un autre côté, en déroulant leurs conséquences, le philosophe ne perd jamais de vue les groupes de faits qu'il se propose d'expliquer; son esprit n'est en repos que lorsque, par un artifice quelconque de langage, il est parvenu à rattacher plus ou moins adroitement les faits à l'idée principale; mais, à chaque fois qu'il a recours à ce procédé, il transforme fatalement la signification de l'idée première; il y introduit une part plus grande de réalité; ce ne sont plus des rapprochements entre des abstractions, ce sont des rapprochements entre des faits réellement analogues qu'il aperçoit, et de ces rapprochements jaillissent nécessairement des conséquences exactes, qui frappent d'autant plus l'esprit que le point de départ avait paru plus paradoxal. C'est là l'histoire de l'école des philosophes de la nature, le secret de l'enthousiasme que cette école a un moment suscité, de l'influence que, pendant près d'un demi-siècle, elle a exercée en Allemagne; c'est la raison des découvertes auxquelles elle a conduit, des succès réels qu'elle a obtenus.

Le premier des philosophes de la nature fut Schelling, qui avait suivi les leçons de Kielmeyer, et trouva moyen d'intercaler dans son système toutes les idées de son illustre maître[75]. Le point de départ de tout le système de Schelling est l'existence souvent hypothétique, dans la nature, de certaines forces, de certains êtres qui semblent se neutraliser par leur union: ainsi l'électricité négative et l'électricité positive, actives toutes les deux, produisent, en s'unissant, l'électricité pure et simple, l'électricité absolue, dont l'existence ne se manifeste par aucun phénomène; les deux fluides magnétiques, le fluide boréal et le fluide austral, se neutralisent de même par leur union; les deux sexes des animaux et des plantes, isolément susceptibles de varier, déterminent par leur union la production de quelque chose de fixe, l'espèce, qui est une pure abstraction. Schelling arrive donc à concevoir que cette opposition apparente ou réelle est la loi générale par excellence, et que c'est d'elle que tout dérive. De toutes les oppositions, la plus générale est celle du *moi* et du *non-moi*, de l'*unité* et de la *pluralité*, de l'*esprit* et du *monde matériel*; ces oppositions ne sont, comme les deux électricités, que des manifestations différentes d'un principe universel que Schelling appelle l'*absolu*. Inertes s'ils étaient unis, et constituant dès lors le néant, le moi et le non-moi, par cela seul qu'ils sont opposés l'un à l'autre, deviennent actifs comme les deux électricités et tendent sans cesse à s'unir. Dans leur course l'un vers l'autre, ces deux éléments subissent des arrêts, et ce sont ces arrêts qui constituent toutes les apparences du monde, tous les êtres. Ainsi un courant électrique dont rien ne révèle l'existence se traduit par des phénomènes sensibles dès qu'il rencontre une résistance, dès qu'il subit un arrêt. Le moi et le non-moi, l'esprit et le monde matériel étant deux parties adéquates d'un même tout, on peut dire, en certain sens, que l'esprit crée le monde et qu'il n'a qu'à regarder en lui-même pour en trouver toutes les parties; de là cet aphorisme célèbre: «Philosopher sur la nature, c'est créer la nature.»

Les êtres n'étant que des arrêts successifs d'une même activité, les plus élevés doivent traverser, dans leur évolution, comme le soutient Kielmeyer, les formes auxquelles s'arrêtent les plus simples; leurs organes doivent naître de ceux des êtres inférieurs, ce qui justifie la doctrine de l'épigénèse, à laquelle s'était arrêté Buffon. Les êtres organisés, les êtres inorganiques n'étant tous que des manifestations d'une même activité, tous sont également vivants; l'univers tout entier n'est qu'un immense organisme, dont le moi, dont l'esprit, dont l'âme est l'être absolu, c'est-à-dire Dieu, qui serait le néant si le monde n'existait pas.

Schelling, en développant son système, se tient volontiers dans les généralités; Oken se charge de le faire pénétrer dans le menu détail des phénomènes; il lui donne en même temps des dehors plus rigoureux: les mathématiques, les sciences physiques, la biologie, viennent à point nommé fournir des arguments, des comparaisons, des apparences de démonstration. Toute sa philosophie repose sur cette identité:

$$+ A - A = 0,$$

qui est une généralisation arithmétique des oppositions ou polarisations de Schelling. Cette identité mathématique contient à la fois l'univers matériel représenté par le terme $+ A$, et l'esprit représenté par le terme $- A$; l'union intime de ces deux termes, c'est le divin, c'est l'absolu, c'est le zéro, c'est le néant d'où tout est sorti. L'univers matériel, le fini, l'espace, le temps, c'est l'absolu passif; l'idéal, l'infini, l'éternel, c'est l'absolu actif. L'absolu, s'opposant ainsi à lui-même, de manière à devenir à la fois actif et passif, fait acte de création. L'absolu actif ou *posant*, l'absolu passif ou le *posé* se confondent dans l'*unissant*, comme le plus et le moins se confondent dans le zéro; ces trois formes de l'absolu sont les trois personnes de la Trinité qui est Dieu. Oken trouvera de même le moyen d'expliquer beaucoup d'autres mystères. Mais il ne reste pas sur ces sublimes hauteurs; il en descend d'abord pour établir un principe assez semblable au principe mécanique de l'*action* et de la *réaction*; d'après lui, toute force est double et composée d'une force négative et d'une force positive; le mouvement résulte de cette polarisation de la force, dont les deux termes tendent sans cesse à se neutraliser sans y arriver jamais. Plus les termes de sens contraire qui composent une même force seront nombreux et différents, plus le mouvement qu'ils détermineront sera actif. Mais le mouvement, c'est la vie; la vie sera d'autant plus intense que les êtres qui la possèdent contiendront plus de diversité. Or l'être le plus vivant, c'est l'homme: il contient toutes les diversités; chacune de ces diversités est une des formes possibles de la vie, un être.

L'homme contient donc en lui le monde tout entier. Tout animal n'est qu'une réduction de l'homme, un organe isolé, ou un assemblage d'un certain nombre des organes qui se trouvent dans l'homme. C'est là, on le comprend, le point de départ de tout un système de zoologie que nous développerons tout à l'heure.

Mais comment ont pu se former les êtres vivants? Il faut, pour arriver à l'expliquer, pénétrer tout le système de Oken, dont les diverses parties sont reliées entre elles avec autant de soin que les théorèmes successifs de la géométrie.

L'absolu, en s'opposant à lui-même, crée la matière; celle-ci, n'étant que l'absolu passif, est une: c'est l'*éther*. L'absolu non polarisé, correspondant au zéro, est représenté par le point; l'absolu polarisé s'écarte de lui-même: c'est le point étendu, la sphère. L'éther est donc sphérique; il tend à rentrer dans l'absolu, à tomber vers son centre, il est donc pesant et toujours en mouvement; mais il ne peut s'unir à l'absolu, il tourne donc autour de lui. L'absolu, c'est le point, le centre; toute sphère tourne donc autour de son centre.

L'éther est double, comme l'absolu lui-même; il doit donc, comme lui, se polariser. Il ne peut le faire qu'en se divisant, comme l'absolu, en sphères tournant sur elles-mêmes, les unes actives, les autres passives. L'éther ainsi polarisé donne naissance aux astres: les sphères actives sont les soleils, les sphères passives sont les planètes qui tendent à rejoindre le soleil pour rentrer dans leur absolu, et tournent, par conséquent, autour d'eux. La tension qui sépare les soleils des planètes est ce que nous appelons la lumière; cette tension est la cause de la polarisation de l'éther en soleils et planètes, elle se produit aux dépens de l'éther, la matière des physiciens: il n'y a donc pas de matière sans lumière. De la lutte de la lumière contre l'éther non polarisé naît la chaleur; la lumière et la chaleur produisent ensemble le feu.

Les planètes sont comme les soleils une *trinité,* un absolu dont les éléments actifs et passifs, les liquides et les solides, sont séparés par une tension, constituant l'air; l'ensemble de ces trois parties, le solide, le liquide, l'aérien, est désigné par Oken sous le nom de *galvanisme.* Les minéraux, l'un des produits de cette polarisation, doivent leur solidité à une force nouvelle, le *magnétisme*; leur polarisation se traduit par la forme cristalline. La chaleur électrise les cristaux; une autre force, qui est le *chimisme,* tire de l'*indifférenciation* les deux électricités, et cette force dissociante tend à produire la liquéfaction.

Le chimisme transforme les minéraux et les amène à un dernier degré de modification qui est le carbone. Le carbone ayant subi les trois actions particulières de solidification, de liquéfaction et d'aérification ou d'oxydation, qui constituent le galvanisme général, tout à la fois solide, liquide et élastique, devient une sorte de mucus, la *gelée primitive*, le *Urschleim*. La gelée primitive et le sel, uniformément répandus dans la mer, sont les produits d'une polarisation particulière, due à la lumière. La mer est organisée comme le mucus répandu partout dans sa masse; c'est d'elle qu'est sorti tout ce qui a vie. La vie n'est qu'une forme du galvanisme; la gelée primitive doit donc avoir les trois pouvoirs de solidification, de liquéfaction et d'oxydation: ces trois pouvoirs correspondent aux trois fonctions d'assimilation, de digestion et de respiration. La gelée primitive ainsi douée s'organise, comme l'éther primitif. Ne pouvant former une sphère unique, sans quoi elle reconstituerait la planète, elle se divise en une infinité de sphères; ces sphères sont les infusoires, qui naissent ainsi directement de la gelée par *génération univoque*. Les animaux et les plantes ne sont que des agglomérations d'infusoires; en se dissociant, ils se résolvent effectivement en une infinité d'infusoires qui apparaissent ainsi par *génération équivoque*.

C'est l'action de la lumière qui a déterminé la transformation des infusoires en animaux et en plantes. Les végétaux retenus en partie dans la terre, n'ayant pas suffisamment éprouvé l'action de la lumière, s'élancent du sol pour la chercher et produisent les fleurs quand ils ont été suffisamment ennoblis par son contact; mais ils tiennent encore à la terre comme la terre au soleil; ils représentent donc, dans cette trinité qui est le monde vivant, l'élément planétaire; tandis que les animaux, libres comme le soleil qui ne tient à rien, en sont l'élément solaire. Les végétaux ne contiennent que les représentations des trois éléments planétaires, le solide, l'humide, l'élastique; les animaux contiennent, en outre, la représentation d'un élément solaire, la lumière. Cet élément est déjà représenté dans la partie la plus noble de la plante, dans la fleur, ramenée par son évolution à l'origine de tout, au *point*, représenté par les grains de pollen. L'animal est une fleur sans tige; il commence par où la plante finit; il n'est d'abord qu'une sorte de semence animée par la lumière, un «utérus sensible»; c'est le cas des infusoires. Toutes les parties de la plante sont représentées dans l'animal, mais ennoblies par la lumière; l'animal lui-même est un système analogue au système cosmique; il a sa partie planétaire représentée par les os, sa partie solaire représentée par le système nerveux, formé de points semblables aux grains de pollen, mais unis entre eux. Une partie moyenne, participant de l'os et du nerf, est la chair.

En appliquant indéfiniment le même système, en imaginant que chaque terme de l'évolution du monde est obtenu par le dédoublement d'un terme préexistant en deux parties unies par une troisième à l'état de tension, en combinant ensemble les différents termes déjà obtenus, Oken arrive ainsi de proche en proche à se représenter tous les phénomènes jusque dans le moindre détail. Chaque chose, chaque phénomène étant tiré d'une chose, d'un phénomène préexistants et pouvant donner, naissance, par la répétition d'un procédé toujours le même, à des choses, à des phénomènes nouveaux, il est évident que chacun des termes d'une série d'évolutions est représenté dans tous les autres; de là cet aphorisme célèbre: «Tout est dans tout», dont la loi de la *répétition des parties* dans l'organisme n'est qu'une conséquence particulière.

Cette répétition des parties n'est, comme nous l'avons montré ailleurs[76], qu'une conséquence d'un phénomène plus général, essentiellement réel, le phénomène même de la reproduction; la constitution cellulaire des organismes, les phénomènes d'épigénèse, la division du corps des animaux articulés ou rayonnés en segments équivalents entre eux, la division en vertèbres de la partie fondamentale du squelette, sont le résultat d'une répétition continuelle des processus, faciles à observer, de la reproduction. Un système basé, comme celui d'Oken, sur la répétition indéfinie des mêmes actes, des mêmes phénomènes, devait se montrer d'accord avec la nature toutes les fois que la nature présentait de réelles répétitions; or c'est précisément le cas pour les plantes et pour les animaux, comme Gœthe l'avait justement conclu de l'observation. Il devait également se trouver d'accord avec la nature dans tous les cas où un phénomène résulte du conflit de deux causes, dont les influences contraires se neutralisent en partie. C'est ainsi que l'observation a confirmé certains *a priori* de Oken, tels que ceux-ci:

«La fixité des espèces est en grande partie due à la reproduction sexuée.

«Les animaux et les plantes sont composés d'élément originairement semblables entre eux, analogues à des infusoires, les cellules.

«Tous les êtres vivants se développent par épigénèse.

«Les organismes élevés résultent de la réunion de parties semblables qui se répètent, en se disposant de façons diverses.

«Beaucoup d'organismes inférieurs peuvent être considérés comme résultant de l'association d'un certain nombre d'organes ou de parties qui ne se trouvent au complet que dans les organismes plus élevés.»

Il est vrai que quelques-unes de ces vérités avaient déjà été trouvées en dehors de lui et par une toute autre voie. D'ailleurs Oken ne fait, en quelque sorte, que traverser le monde réel que son esprit rencontre par hasard dans sa course rapide. Il se laisse à peine retarder par le choc, et bientôt, reprenant sa libre allure, il se lance avec une vitesse nouvelle dans le champ infini des spéculations.

Étudiant les animaux, il se préoccupe de retrouver dans leur ensemble la représentation de chacune de leurs parties, dans chaque partie la représentation du tout. L'animal n'est, comme les infusoires qui composent son corps, qu'une simple vésicule limitée par la peau; c'était d'abord une vésicule fermée réduite à la peau; le tube digestif n'est qu'une portion de la peau de cette vésicule primitive, refoulée au dedans et privée de l'action de la lumière; la peau produit, sous l'action de l'air, les branchies; les poumons ne sont que des branchies retournées et rentrées à l'intérieur du corps; l'aorte est une répétition de la trachée-artère; il en est de même du canal thoracique; le foie est un cerveau auquel se rendent les vaisseaux intestinaux et pulmonaires, comme les nerfs au cerveau proprement dit; la vésicule biliaire répète l'intestin dans le système dont les poumons représentent la peau; ce système s'étant développé à l'abri de la lumière, comme le fœtus, le fœtus tout entier n'est d'abord qu'un foie. Le système osseux dérive du foie à la suite d'un commencement d'action de la lumière sur cet organe; il abrite le système nerveux et sert de soutien au système musculaire. Le ventre et le dos de l'animal se représentent respectivement; mais le dos est la partie solaire de l'animal, le ventre sa partie planétaire: de là leur orientation réciproque. Le ventre, étant incomplètement soumis à l'action de la lumière, n'a qu'une colonne vertébrale incomplète, le sternum; il représente dans l'animal une partie demeurée végétale. Le squelette a aussi sa partie animale et sa partie végétale; les disques des vertèbres et les côtes sont les parties végétales, les membres les parties animales; les membres ne sont que des côtes plus animalisées et soudées entre elles; une main résulte de la soudure de cinq côtes représentées par les doigts.

La tête est la partie essentiellement animale de l'animal; le tronc, qui est déjà polarisé en dos animal et ventre végétal, demeure de nature plus végétale: il équivaut à la partie la plus élevée de la plante et représente un animal sexuel opposé à l'animal cérébral. Mais la tête reproduit le tronc; elle a donc une colonne vertébrale, le crâne, qui doit se décomposer en vertèbres; des bras, les mâchoires; des doigts, les dents; un thorax, le nez; un poumon, l'ethmoïde; un estomac, la bouche; un diaphragme, le voile du palais; des jambes, les bras.

Bien plus, la peau, l'intestin, le poumon, la chair, le système nerveux sont autant d'êtres complets se représentant réciproquement. Chacun d'eux est un organisme, et son épanouissement complet aboutit à la production de l'un des organes des sens, qui en est comme la fleur. La fleur étant un animal, chaque organe des sens est un animal parasite, dans lequel l'animal entier est représenté. Le plus parfait de tous est l'œil, véritable cerveau qui va au devant de la peau.

L'animal sexuel reproduit à son tour l'animal cérébral; de là la ressemblance entre les membres antérieurs et les membres postérieurs: le bassin est le thorax de l'animal sexuel; l'ilion, son omoplate; l'ischion, sa clavicule; le fémur, son humérus, etc.

Il était impossible que dans cette ardente recherche des répétitions organiques, où les plus fugitives ressemblances servent à justifier les plus étranges assimilations, quelques-unes des similitudes réelles des diverses parties du corps ne fussent pas mises en relief. Oken se rencontra avec Vicq-d'Azyr pour soutenir l'homologie des membres antérieurs et postérieurs, avec Gœthe pour établir la constitution vertébrale du crâne; bien souvent d'ailleurs, il saisit au vif le caractère essentiel d'un organe; tout à coup, parmi ses métaphores, jaillit une phrase incisive qui signale un rapport inattendu et le grave désormais dans l'esprit; combien de ces phrases, de ces expressions sont tombées dans le vocabulaire courant des naturalistes!

Si chacune des parties de l'homme n'est que la répétition de l'homme tout entier, le règne animal, nous l'avons dit, ne fait aussi que répéter l'homme; les animaux ne sont que les organes contenus dans l'homme, isolés ou diversement unis. Les animaux peuvent donc être classés d'après leur degré de complication, et Oken désigne chaque groupe par le nom du système qui lui paraît prédominant chez lui. Voici le tableau du règne animal auquel il s'est arrêté:

1er Degré.—Animaux intestins, animaux corps, animaux tact: Invertébrés.

1er *Cycle.*—Animaux digestion: Rayonnés.
    Cl. 1.—Animaux estomac: Infusoires.
    Cl. 2.—Animaux intestin: Polypes.
    Cl. 3.-Animaux chylifères: Acalèphes.

2e *Cycle.*—Animaux circulation: Mollusques.

Cl. 4.—Acéphales.
Cl. 5.—Gastéropodes.
Cl. 6.—Céphalopodes.

3e *Cycle*.—Animaux respiration: Articulés.
Cl. 7.—Animaux peau: Vers.
Cl. 8.—Animaux branchies: Crustacés.
Cl. 9.—Animaux trachées: Insectes.

2e Degré.—Animaux chair, animaux tête: Vertébrés.

4e *Cycle*.—Animaux charnels.
Cl. 10.—Animaux os: Poissons.
Cl. 11.—Animaux muscles: Reptiles.
Cl. 12.—Animaux nerfs: Oiseaux.

5e *Cycle*.—Animaux sensuels.
Cl. 13.—Animaux sens: Mammifères.

Naturellement, dans chaque division, le même système est poursuivi avec une implacable rigueur. Seulement l'*a priori* n'existe plus que dans les dénominations des divisions; la délimitation des coupes est celle que viennent indiquer les découvertes qui se succèdent dans le monde zoologique; Oken ne fait que plier ces découvertes aux exigences de son système. Il est loin d'ailleurs de demeurer étranger aux recherches positives. Directeur d'un journal dont l'indépendance égale la renommée, l'*Isis*, il y enregistre tous les progrès des sciences naturelles; lui-même se livre à des recherches approfondies d'ostéologie et d'embryogénie. Par ses travaux, par son enseignement, par son journal, par l'originalité même de ses idées, par l'étrangeté de son langage, il acquiert rapidement une immense influence, provoque un mouvement scientifique des plus remarquables et mérite d'autant plus d'être placé au nombre de ceux qui ont rendu de réels services aux sciences naturelles que, si l'idée la plus générale de son système s'effondre, un grand nombre d'idées justes, de rapprochements nouveaux, de faits bien observés qu'il a rencontrés en route demeurent définitivement acquis au trésor des connaissances positives de l'esprit humain. Le retentissement de ses idées s'étend même jusqu'à notre époque; l'université d'Iéna, dont il fut l'un des professeurs éminents, a gardé le privilège d'être une université d'avant-garde, et l'on retrouve parfois dans la parole d'Hæckel, son successeur, une sorte d'écho lointain de sa voix.

Comme Oken, Hæckel fait jouer au carbone un rôle prépondérant dans la production des corps organisés; il a espéré et pense encore avoir trouvé dans le fameux *Bathybius*, extrait du fond de l'Atlantique par le *Porcupine*, la gelée primitive, le *Urschleim*; les théories bien connues et vraies, en grande partie, de la *Planula* et de la *Gastrula*, représentent assez bien les phases successives du développement des animaux telles que les devinait Oken. Comme Oken, Hæckel admet que certains animaux peuvent s'arrêter dans leur évolution à l'état d'organe isolé, et n'y a-t-il pas quelque analogie entre ce procédé unique à l'aide duquel le fondateur de l'*Isis* crée le monde, et le monisme, base de la philosophie hæckélienne?

* * * * *

Il était difficile d'exagérer les idées de Oken; contrairement à ce qui arrive d'ordinaire, ses élèves s'appliquèrent à en restreindre la portée, à les rapprocher davantage de la réalité, à chercher la signification vraie des faits sur lesquels le maître avait jeté le manteau bizarre de sa fantaisie.

Spix (1781-1826) se borne à dire que la nature se développe par degré et que chaque degré n'est que le perfectionnement du degré immédiatement inférieur: la terre devient eau, l'eau devient air, l'air devient lumière. On demeure quelque peu confondu de voir des hommes d'ailleurs éminents parler de semblables transformations plus de trente ans après la mort de Lavoisier, à une époque où la chimie est depuis longtemps assise sur des bases inébranlables. Ce développement successif des parties est plus manifeste dans la nature organique que dans la nature inorganique; il aboutit à la fleur chez les végétaux; chez les animaux, il aboutit à la formation d'une tête. Les animaux les plus simples (zoophytes et vers) sont, pour ainsi dire, réduits à un abdomen; chez les poissons, la tête commence à devenir distincte; elle est nettement réalisée chez les reptiles et les oiseaux, mais n'atteint tout son développement que chez les mammifères. Le bassin, squelette de l'abdomen, le thorax, squelette de la poitrine, ne sont que des essais de réalisation du squelette céphalique. On trouve dans la tête la représentation de toutes les parties du corps, mais pour retrouver cette représentation, Spix, comme Geoffroy Saint-Hilaire, comme Gœthe, comme Autenrieth, comme Oken, s'adresse aux embryons. Il étaye ses idées de belles et précises recherches d'ostéologie et d'embryogénie comparées, qui sont autant d'acquis pour la science. Nous sommes loin, il est vrai, de la méthode rigoureuse de détermination de Geoffroy Saint-Hilaire; mais il s'agit de problèmes tout autres que ceux dont s'occupait le savant français. Les philosophes de la nature ne comparent pas seulement les animaux entre eux; comme l'avait fait le premier Vicq-d'Azyr, indépendamment de toute théorie, ils comparent l'animal à lui-même et cherchent dans chacune de ses parties l'équivalent des autres.

Cependant les recherches accomplies en Allemagne et en France ne sont pas sans s'influencer réciproquement. Geoffroy, lui aussi, s'occupe de déterminer, en 1824, la composition vertébrale du crâne, et, par une définition ingénieuse de la vertèbre, il écarte la plupart des difficultés que faisaient naître les conceptions métaphysiques des philosophes de la nature. Inversement, Carus reprend, en 1828, l'idée de Geoffroy, qui fait vivre les animaux articulés dans leur colonne vertébrale: il considère trois sortes de vertèbres: une vertèbre primitive, qui protège les parois du corps; une vertèbre secondaire, qui protège le système nerveux; une vertèbre tertiaire, qui sépare ce système du reste du corps. Les animaux articulés ne possèdent que la première des vertèbres; les vertébrés présentent au contraire trois vertèbres enfermées l'une dans l'autre; pour Carus, comme pour Oken, tout est vertèbre; les os mêmes des membres sont des vertèbres rayonnantes. Carus ne se borne pas d'ailleurs à faire de l'anatomie comparée; il a tout un système philosophique qui n'est qu'une modification de celui d'Oken. Lui aussi attribue tous les phénomènes vitaux à une sorte de polarisation, et, comme cette polarisation se répète indéfiniment, il en conclut, assez justement, que l'organisme, en se développant, ne fait que se répéter; ainsi les anneaux d'une annélide ne sont que la répétition du premier d'entre eux, idée à laquelle Moquin-Tandon était conduit, de son côté, par l'anatomie comparée et dont nous avons vu Dugès faire trois ans après un si brillant usage.

Que l'on supprime d'ailleurs, dans l'anatomie comparée de Carus, ce mot de vertèbre, qu'emploient pour toute partie solide les disciples d'Oken, que l'on écarte les assimilations métaphysiques qu'il suppose, il reste des idées morphologiques qui ont pu être avantageusement utilisées depuis. Il est certain, en particulier, que l'on doit rattacher à plusieurs systèmes les pièces osseuses que l'on trouve chez les vertébrés. Les plus anciens de ces animaux possédaient un squelette dermique très développé, dont les écailles des poissons, les plaques osseuses de la peau des crocodiles et les carapaces des tortues sont des modifications diverses; la colonne vertébrale développée au-dessous du système nerveux, les côtes et le squelette des membres appartiennent à un tout autre système; mais ces deux systèmes peuvent se confondre plus ou moins, comme on le voit chez les tortues, et, pour rendre compte de toutes les particularités que présentent les diverses formes de squelette, un anatomiste éminent, Gegenbaur, était récemment encore obligé de faire intervenir tout à la fois des os provenant du squelette extérieur et des os du squelette intérieur. Carus explique l'existence de ces divers ordres de squelette par la nécessité où se trouve l'animal primitif, l'embryon, de se limiter par rapport au monde extérieur; une partie de la substance vivante se consacre à la production de cette limite; mais en même temps elle cesse de vivre et devient alors terreuse. L'animal se limite d'abord extérieurement, produisant une sorte de coque; ceux qui demeurent à cet état sont des *animaux-œufs*. Mais l'animal a besoin d'une cavité digestive par laquelle il se trouve encore en rapport avec le monde extérieur; il doit aussi se limiter de ce côté; de là les pièces solides diverses dont l'estomac de tant d'animaux inférieurs est armé. Chez les animaux qui ne présentent ainsi que deux limites, le système nerveux se trouve naturellement enfermé dans la cavité du corps avec les viscères: ce sont les *animaux-troncs*; mais le système nerveux, qui a la direction de tout l'organisme, se sépare à son tour; un squelette se forme autour de lui pour le protéger, et les *animaux-tête* sont réalisés.

Les *animaux-troncs* se divisent eux-mêmes en *animaux-neutres*, tels que les mollusques, et en *animaux-poitrines,* tels que les articulés. On retrouve des divisions analogues parmi les vertébrés.

On remarquera l'importance que Carus attache au système nerveux; c'est presque, pour lui, un animal dans l'animal. Oken ne s'en faisait pas une moindre idée, et l'on peut se demander si Cuvier lui-même, qui était demeuré en rapport avec Kielmeyer et ses élèves, n'avait pas puisé dans cette école l'idée, tardive chez lui, de faire jouer dans la classification un rôle prépondérant à ce système. Quoi qu'il en soit, il y a dans Carus un fait parfaitement saisi: c'est l'existence d'un certain rapport entre le degré de développement du système nerveux et le degré de développement du squelette; c'est en effet par le développement exceptionnel de leur système nerveux que les vertébrés se distinguent de tous les autres animaux, et ce développement a rendu nécessaire l'apparition d'une pièce particulière de soutien, la corde dorsale, qui est devenue le point de départ de la colonne vertébrale, à laquelle se sont plus tard ajoutées d'autres pièces secondaires, formées d'ailleurs d'une manière indépendante.

* * * * *

Les recherches anatomiques et embryogéniques suscitées par l'école des philosophes de la nature elle-même ou poursuivies en dehors d'elle, devaient fatalement amener une réaction contre ses exagérations. Son influence s'éteint peu à peu, même en Allemagne. Ehrenberg, vouant sa vie entière à l'observation des animaux microscopiques, témoigna qu'il avait su complètement échapper à l'influence des doctrines qui passionnèrent un moment ses compatriotes. Par ses découvertes relatives au degré de complications des animalcules, par les exagérations même auxquelles il se laissa entraîner, le savant historien des Infusoires porta un coup terrible à la théorie de la gelée primitive et, par suite, à toute la doctrine; mais les faits et les rapports réels à la découverte desquels celle-ci a conduit, la méthode philosophique d'interprétation qu'elle a poussée à l'extrême, le besoin d'une explication des phénomènes observés, restent désormais comme pour donner une confirmation nouvelle de cet axiome: C'est à travers l'erreur que l'humanité marche à la conquête de la vérité; ce sont ses fautes mêmes qui la font progresser.

D'ailleurs l'influence de la philosophie de la nature ne s'était fait sentir que faiblement en dehors de l'Allemagne. En France, Cuvier et Geoffroy Saint-Hilaire avaient tracé à la science une voie bien différente; chacun d'eux conserve ses partisans exclusifs, mais il se fait aussi des alliances entre les deux écoles. Si l'hypothèse de l'unité de plan de composition, telle que l'avait connue Geoffroy Saint-Hilaire, tombe devant les faits, le principe des connexions demeure debout et l'on en fait d'heureuses applications dans la comparaison des animaux que Cuvier plaçait dans le même embranchement. On oublie un peu les questions d'origine pour concentrer toute son attention sur la détermination des rapports naturels des êtres vivants; on cherche à tirer des idées combinées de Cuvier et de Geoffroy tout ce qu'elles contiennent; à en épuiser, en quelque sorte, les conséquences; à fixer, autant que possible, les bases de la science.

On reconnaît que, chez les animaux d'un même embranchement, le mode d'organisation, le type, pour nous servir d'une expression qui va devenir chaque jour plus usitée, est assez variable. On cherche à déterminer les limites de ses variations, à construire le modèle commun dont les animaux d'un même embranchement ne seraient que des modifications secondaires. On se préoccupe de découvrir la signification philosophique, de ces types, et l'on prépare ainsi la voie aux naturalistes qui se demanderont bientôt quelle est l'origine et la raison d'être de ces espèces de patrons d'après lesquels tant d'animaux semblent modelés. C'est l'œuvre que nous devons maintenant étudier.

179

CHAPITRE XV

LA THÉORIE DES TYPES ORGANIQUES ET SES CONSÉQUENCES

Richard Owen: le squelette archétype.—Analogie, homologie, homotypie.—
Théorie du segment vertébral.—Le vertébré idéal et l'existence de Dieu.—
Transformisme de R. Owen.—Savigny: l'unité de composition de la bouche des
Insectes.—Audouin: unité de composition du squelette des animaux articulés.—
H. Milne-Edwards: le type articulé; identité fondamentale des zoonites;
signification des régions du corps; loi de la division du travail physiologique,
son importance générale.—L'accroissement du corps et la reproduction agame
chez les articulés; identité de ces deux phénomènes; signification des zoonites.—
Parallèle entre les lois de la constitution des animaux et les lois de l'économie
politique.—Suite des recherches sur les animaux inférieurs: MM. de
Quatrefages, Blanchard, de Lacaze-Duthiers.

Les recherches de Geoffroy Saint-Hilaire, les brillantes inspirations de Gœthe,
les spéculations même des philosophes de la nature avaient définitivement fixé
l'attention sur les divers ordres de ressemblance que présentaient les animaux
vertébrés. En raison des facilités qu'offre son étude, et peut-être aussi de quelque
idée mystique relative à l'origine du squelette, l'ostéologie, objet d'une
prédilection toute particulière, avait rapidement acquis l'importance d'une
véritable science; il semblait que les os, solides, invariables, en apparence, dans
leurs formes et dans leur position, fussent les points fixes autour desquels
gravitaient tous les systèmes organiques, qu'ils en eussent déterminé
l'arrangement, et que, si les vertébrés présentaient réellement quelque plan
déterminé de composition, ce fût dans l'étude du squelette qu'on dût en trouver la
démonstration. Aussi Gœthe recommandait-il instamment de poursuivre
méthodiquement et sans relâche cette étude jusqu'au moment où il serait possible
d'en dégager le type général dont les squelettes des divers animaux ne devaient
être que des modifications secondaires. C'est le problème que Richard Owen se

propose de résoudre: il appelle *archétype*, ce squelette primordial dont il espère pouvoir déduire tous les autres[77].

On ne peut y parvenir qu'au moyen de plusieurs séries de comparaisons qu'il est tout d'abord essentiel de définir.

La première série de comparaisons, celle qui se présente le plus naturellement à l'esprit, celle que pratiquait avant tout Geoffroy Saint-Hilaire, consiste à rapprocher les uns des autres les vertébrés des diverses espèces. La conséquence la plus immédiate de ce rapprochement paraît être que la plupart ont les mêmes grandes fonctions à accomplir; tous possèdent, en conséquence, des organes aptes à remplir ces fonctions: Owen qualifie d'*analogues*, les organes qui, chez deux animaux d'espèce différente, remplissent la même fonction: tels sont les yeux, les oreilles, la bouche, le tube digestif, les pattes chez les vertébrés qui marchent, les ailes chez ceux qui volent, les nageoires chez ceux qui nagent. Le mot analogues n'a donc pas pour Owen la même signification que pour Geoffroy Saint-Hilaire, qui appelle analogues des organes occupant, chez deux animaux d'espèce différente, une position identique, ayant les mêmes rapports, la même composition anatomique, la même origine embryogénique, mais pouvant remplir les fonctions les plus diverses. Ces organes, qui, dans toute langue anatomique bien faite, doivent porter le même nom, sont désignés par Richard Owen sous le nom d'*homologues*. Pour bien faire saisir la différence qui existe entre les organes analogues et les organes homologues, le savant anatomiste cite le petit dragon volant, reptile remarquable qui possède à la fois des pattes et des ailes. Ces ailes lui servent à se soutenir plus ou moins bien dans l'air; elles ont donc la même fonction que celles des oiseaux et en sont les analogues; mais elles ont une tout autre composition anatomique, de tout autres connexions; elles n'en sont donc pas les homologues. Au contraire, les pattes antérieures du même dragon ont une structure et des rapports évidemment semblables à la structure et aux rapports des ailes des oiseaux; ces organes, quoique remplissant des fonctions différentes, puisque les uns servent à la marche, les autres au vol, n'en sont pas moins des organes homologues. Comme Geoffroy, c'est surtout au moyen de leurs connexions qu'Owen détermine les organes homologues.

Ces organes homologues sont évidemment les seuls que l'on doive rapprocher pour arriver à la détermination du type commun des vertébrés, et le premier soin du *morphologiste* doit être de les distinguer soigneusement des organes simplement analogues, dont la forme et les rapports intéressent surtout le *physiologiste*.

Au lieu de comparer entre eux des animaux d'espèce différente, on peut, comme, depuis Galien, l'avait fait le premier Vicq-d'Azyr, comparer entre eux différents organes d'un même animal; il résulte de cette étude la preuve évidente qu'il existe entre les diverses parties de notre corps des ressemblances, plus intimes, plus complètes encore que celles de nos bras et de nos jambes. C'est à la recherche de ces ressemblances que s'était particulièrement vouée l'école d'Oken, et c'est parce qu'elles existent réellement que le principe de la répétition a pu donner entre les mains des philosophes de la nature d'utiles résultats. Les membres, les vertèbres, sont les parties du squelette pour lesquelles on observe particulièrement une semblable répétition; cette répétition même fait que les organes qui se ressemblent sont disposés en série; ils doivent aussi porter le même nom, et le nouveau genre d'homologie qui en résulte est ce que Owen appelle l'*homologie sériale* ou encore l'*homotypie*.

La connaissance des organes homotypes simplifie singulièrement la recherche du plan commun de structure du squelette; ses pièces si multiples viennent désormais se grouper en segments semblables entre eux, et il suffit de bien connaître un de ces segments pour être en possession de la règle qui domine le mode de constitution de tous les autres. Owen attribue donc une grande importance à la détermination des pièces essentielles qui composent le *segment vertébral*, segment auquel il rattache toutes les autres parties du squelette, au moyen duquel il arrive à un mode nouveau d'énumération des vertèbres crâniennes, et qui lui permet, en outre, d'éliminer du nombre des pièces vertébrales un certain nombre d'autres pièces qui n'ont été introduites qu'accidentellement, en quelque sorte, dans la composition du squelette interne. De ces pièces, les unes sont, comme Carus l'avait déjà exposé, des dépendances de la peau, tandis que d'autres font partie de l'appareil protecteur spécial à certains viscères.

Mais ces comparaisons ne sont que la préface du travail à accomplir pour parvenir à la conception de l'archétype. Aucun être ne réalise cet archétype d'une façon complète; au milieu des innombrables variations de forme des parties, de leurs changements apparents de position, de leurs réductions et de leurs accroissements anormaux, de leurs avortements et de leurs soudures, il faut discerner ce qui est accidentel et ce qui est essentiel. L'essentiel seul doit entrer dans l'archétype, qui permet d'embrasser dans une loi commune toutes les formes, sans en représenter cependant aucune d'une façon plus particulière.

L'archétype une fois établi, l'ostéologiste n'a plus qu'à rechercher, dans les types qu'il examine, les parties qui correspondent aux parties définies une fois pour toutes de cet archétype, et, s'il compare deux types l'un avec l'autre, on conçoit que, après avoir déterminé dans chacun d'eux les parties homologues, il lui faudra ensuite rapporter ces mêmes parties à leurs homologues dans l'archétype. Il y a donc lieu de concevoir deux sortes d'homologies: celles qui existent entre les organes d'êtres réalisés sont dites homologies spéciales; celles qui existent entre les organes réels et les organes fictifs de l'archétype, dont ils sont des modifications diverses, sont dites *homologies générales*.

Ainsi les nageoires d'un marsouin présentent avec les nageoires pectorales des poissons, avec les ailes des oiseaux, des rapports d'*homologie spéciale*; mais, quand on dit que ces membres représentent «les appendices divergents des pleurapophyses de l'archétype», on énonce leurs rapports d'*homologie générale*.

* * * * *

On peut concevoir un archétype pour chacun des embranchements du règne animal. Déjà en 1820, nous l'avons indiqué précédemment, Audouin avait tenté, par une méthode analogue à celle qu'employa plus tard l'illustre savant anglais, de déterminer le type général d'où l'on pouvait faire dériver tous les animaux articulés. Les résultats obtenus par Audouin, en ce qui concerne le squelette tégumentaire des animaux arthropodes, ceux obtenus par Owen, en ce qui concerne le squelette interne des vertébrés, pourraient, dans ce qu'ils ont de fondamental, être énoncés dans les mêmes termes: même division du squelette en segments fondamentalement identiques entre eux; même division des segments en parties centrales et appendices; même répétition de ces segments en série linéaire; même tendance, de leur part, à se grouper en régions plus ou moins distinctes. Le rapprochement de ces deux archétypes confirme une partie des idées de Geoffroy et montre, en même temps, dans quelles limites elles sont conformes à la réalité. Aussi n'y a-t-il pas à s'étonner que Dugès ait cherché, comme Geoffroy, à combiner les ressemblances que peuvent présenter le vertébré idéal et l'articulé idéal pour arriver à un type théorique plus élevé, dont le vertébré et l'articulé ne seraient eux-mêmes que des modifications. Évidemment rien n'empêche d'appliquer aux archétypes la méthode de comparaison et d'abstraction employée par Gœthe, Audouin et Dugès pour l'étude des types organiques et de s'élever ainsi à des types de plus en plus généraux, jusqu'au moment où toutes les ressemblances disparaissent entre les termes que l'on met en présence. L'idée mère des tentatives de Geoffroy et de Dugès pour déterminer ce qu'on pourrait appeler un archétype du règne animal est donc pleinement justifiée, au point de vue théorique, par le succès apparent des recherches d'Audouin et d'Owen.

Mais quelle peut être la signification de ces archétypes, auxquels il semble, au premier abord, qu'une importance considérable doive s'attacher? L'examen de la méthode employée pour les déterminer permet de s'en faire une idée précise. Étant donné que tous les vertébrés, tous les articulés présentent respectivement une certaine ressemblance générale, on compare une à une toutes les parties similaires de ces animaux, on suit de proche en proche toutes les modifications qu'elles peuvent présenter, et l'on détermine ainsi les extrêmes de ces modifications; entre ces modifications, extrêmes, on conçoit une sorte de moyenne; c'est, en définitive, cette moyenne que l'on représente sous le nom d'archétype. Une semblable moyenne existera évidemment toutes les fois que l'on s'adressera à un groupe zoologique relativement isolé des autres, comme le sont plusieurs groupes supérieurs du règne animal; cet archétype sera lui-même d'autant plus près des formes réelles que l'on s'adressera à des groupes plus limités. On pourra ainsi facilement établir un archétype du mammifère, de l'oiseau, du reptile, du batracien, du poisson osseux et déduire de la comparaison de ces formes un archétype du vertébré; mais déjà, lorsqu'on arrive aux poissons cartilagineux, l'archétype du squelette est notablement infidèle, et il faut finalement admettre que tous ses éléments ont disparu, si l'on veut y ramener l'*Amphioxus*, ou même les lamproies, à qui l'on ne peut cependant refuser la qualité de vertébrés. Or un archétype dont il faut supprimer simultanément toutes les parties pour en rendre l'application possible suppose évidemment que le point de vue où l'on s'est placé pour l'établir n'embrasse pas un horizon assez étendu; il ne correspond qu'à une partie de la réalité, et, s'il est avantageux pour coordonner un certain nombre de faits, il est insuffisant pour les relier tous utilement.

Reprenons les faits, et admettons, comme semble l'indiquer l'Amphioxus, que le squelette des vertébrés ait d'abord été réduit à une corde dorsale à laquelle sont venues successivement s'adjoindre diverses pièces osseuses auxquelles les générations successives auront ajouté sans en rien retrancher, évidemment, dès que le squelette sera parvenu à acquérir un état tel qu'il aura pu suffire à toutes les modifications ultérieures, sans changement dans le nombre et les rapports essentiels de ses parties, toutes ces formes pourront être déduites d'un certain archétype auquel n'échapperont que les formes antérieures à l'état que nous supposons. Si l'on néglige ces formes, comme on est porté à le faire en raison de leur infériorité, on en conclura qu'il existe dans le groupe des vertébrés une stabilité absolue des pièces osseuses; c'est la conclusion à laquelle s'est arrêté Owen, méconnaissant ainsi que cette stabilité n'apparaissait qu'en raison de la convention, faite involontairement par lui, de négliger tout ce qui était de nature à la détruire. Aussi ne peut-on voir malheureusement qu'une série de pétitions de principes dans les réflexions si élevées que lui suggère la découverte de l'archétype des vertébrés:

«L'unité du dessein nous conduit à l'unité de l'intelligence qui l'a conçu. L'ignorance ou la négation de cette vérité jetterait sur la philosophie humaine un voile qu'il ne serait jamais permis de lever.

«Les disciples de Démocrite et d'Épicure raisonnaient ainsi:—Si le monde a été fait par un esprit ou une intelligence préexistante, c'est-à-dire par un Dieu, il faut qu'il y ait eu une Idée et un Exemplaire de l'univers avant qu'il fût créé, et conséquemment *connaissance*, dans l'ordre du temps aussi bien que dans l'ordre de la nature, avant l'existence des choses.

«De là les sectateurs de ces anciens philosophes… n'ayant découvert aucun indice d'un archétype idéal dans quelqu'une de ses parties, concluaient qu'il ne pouvait y avoir eu aucune connaissance ni intelligence, avant le commencement du monde, comme sa cause. Aujourd'hui, néanmoins, la reconnaissance d'un exemplaire idéal comme base de l'organisation des animaux vertébrés prouve que la connaissance d'un être tel que l'homme a existé avant que l'homme fît son apparition: car l'intelligence divine, en formant l'archétype, avait la prescience de toutes ses modifications.

«L'idée de l'archétype se manifesta dans les organismes sous diverses modifications, à la surface de notre planète, longtemps avant l'existence des espèces animales, chez lesquelles nous la voyons aujourd'hui développée.

«Sous quelles lois naturelles ou causes secondaires la succession des espèces vient-elle se ranger? Voilà une question dont nous n'avons pas encore trouvé la solution. Mais, si nous pouvons concevoir l'existence de telles causes comme les ministres de la toute-puissance divine et les personnifier sous le terme de Nature, l'histoire du passé de notre globe nous enseigne qu'elle a avancé à pas lents et majestueux, guidée par la lumière de l'archétype, au milieu des ruines des mondes antérieurs, depuis l'époque où l'idée vertébrale s'est manifestée sous sa vieille dépouille ichthyique, jusqu'au moment où elle s'est montrée sous le vêtement glorieux de la forme humaine[78].»

Voulut-on écarter le vice fondamental qui entache déjà, nous l'avons vu, la conception de l'archétype, on ne peut s'empêcher de remarquer tout ce qu'a de dangereux l'emploi d'une pareille argumentation; il existe en effet, de l'aveu même d'Owen, plusieurs archétypes dans le règne animal; on pourrait en conclure aussi rigoureusement que chacun d'eux est la manifestation d'une divinité distincte; et, si l'on veut que chacun d'eux représente seulement une pensée distincte d'un créateur unique, on peut s'étonner que le peuplement de la terre n'ait donné lieu qu'à un aussi petit nombre de pensées; mais il y a également des groupes qui n'ont pas du tout d'archétype défini, à moins d'appeler ainsi la forme la plus simple sous laquelle ces groupes sont réalisés: quel est par exemple l'archétype spongiaire, ou l'archétype cœlentéré, ou l'archétype ver? Dans ces types zoologiques, on assiste manifestement au passage graduel de formes simples n'ayant, pour ainsi dire, d'autre figure que la figure d'équilibre d'une masse visqueuse, à des formes compliquées, composées de parties disposées suivant un ordre rigoureusement déterminé, constituant des êtres qui semblent évidemment construits sur le même plan; on peut suivre la marche des phénomènes qui ont conduit pas à pas à ces types définis et d'apparence immuable, à travers une infinité de formes flottantes et indécises; supprimez ces formés primitives, il reste des êtres qu'on peut déduire d'un certain archétype tout aussi bien que les vertébrés ou les articulés: là cependant on a la démonstration évidente que le prétendu archétype n'est pas une *conception première*, réalisée d'un seul coup sous certaines formes variées ensuite à l'infini, mais bien un *résultat*, lentement obtenu, à la suite d'une longue évolution de formes primitivement simples. On ne peut davantage considérer comme des lois primitives les homologies de divers ordres si nettement exprimés par le savant professeur du collège des chirurgiens; ces homologies sont, au contraire, autant de problèmes posés au naturaliste et dont il doit rechercher la solution.

* * * * *

Comme Étienne Geoffroy Saint-Hilaire, Owen admet, on vient de le voir, que les espèces animales sont variables; cette variation s'effectue pour Geoffroy sous l'action toute-puissante des milieux extérieurs; Owen déclare que nous sommes encore à cet égard dans une complète ignorance; mais sa conception des archétypes introduit entre Geoffroy et lui une différence plus profonde encore. Geoffroy n'admettant dans le règne animal qu'un seul plan de composition, toutes les formes vivantes ont pu dériver, à la rigueur, d'une forme primitive unique; du moment qu'on admet plusieurs archétypes indépendants, il ne saurait plus en être ainsi; la variabilité ne peut dépasser l'étendue des modifications possibles de l'archétype, elle est donc nécessairement limitée. Cette variabilité limitée est le compromis qu'on espère avoir trouvé entre la variabilité indéfinie des formes vivantes, telle que l'admettent Lamarck, Geoffroy Saint-Hilaire et Owen, mais qui paraît trop hardie à nombre d'esprits, et la fixité absolue, que défendent les disciples de Cuvier, mais contre laquelle protestent les faits que l'on peut tous les jours observer et les documents de plus en plus nombreux qu'apporte la paléontologie. Cette variabilité limitée, que Richard Owen se borne à indiquer implicitement, Isidore Geoffroy Saint-Hilaire s'en fait, presque au même moment, le théoricien dans un ouvrage où brillent à la fois une grande érudition, une rigoureuse logique, une haute impartialité, et où le vif désir de dégager la vérité s'allie à une prudence qu'on peut aujourd'hui trouver excessive, mais qui s'imposait à tout esprit sincère au moment où parut l'*Histoire naturelle générale des règnes organiques* (1854-1862).

* * * * *

Avant que Richard Owen eût cherché à établir l'archétype des vertébrés, avant que le mot archétype ait été imaginé, des travaux analogues à ceux de Richard Owen avaient été tentés, nous l'avons vu, sur les animaux articulés. Sous l'inspiration évidente des idées de Geoffroy Saint-Hilaire sur l'unité de plan de composition, Savigny, son compagnon de voyage en Égypte, avait démontré l'identité de toutes les pièces qui constituent la bouche des insectes dans tous les ordres, et la fixité de leur nombre; en 1820, Audouin, faisant aux crustacés une heureuse application de la théorie des métamorphoses que l'étude des végétaux avait inspirée à Wolf et à Gœthe, énonçait ces propositions hardies pour l'époque:

«1° Les différents anneaux des animaux articulés sont toujours composés des mêmes parties.

«2° C'est de l'accroissement semblable ou dissemblable des segments, de la réunion ou de la division des pièces qui les composent, du maximum de développement des uns, de l'état rudimentaire des autres, que dépendent toutes les différences qui se remarquent dans la série des animaux articulés.»

C'était tout à la fois démontrer l'unité de plan de composition des animaux articulés, au sens précis où Geoffroy Saint-Hilaire l'entendait pour les animaux vertébrés, et prouver que le corps des premiers de ces êtres résulte de la répétition des parties fondamentalement semblables entre elles; c'était aussi bien constituer leur archétype, au sens où l'aurait entendu Owen; mais ici cet archétype se dégageait avec une particulière clarté et nous devons en faire une étude plus approfondie.

Les crustacés possèdent un grand nombre de membres, dont la forme et les fonctions sont extrêmement variables; ce sont, par exemple, chez l'écrevisse, une paire de pédoncules portant les yeux, deux paires d'antennes, une paire de mandibules, deux paires de mâchoires, trois paires de pattes-mâchoires, cinq paires de pattes locomotrices, six paires de pattes abdominales, dont la dernière est transformée en nageoires aplaties. Audouin était parvenu à prouver que toutes ces parties sont construites de la même façon, peuvent être ramenées à une forme typique, de la même manière que les anneaux du corps, en sorte que les pédoncules des yeux, les antennes, les mandibules et les mâchoires peuvent être considérés comme des pattes modifiées, conclusion immédiatement étendue par Latreille aux antennes et à l'appareil masticateur des insectes. Audouin désigne cet ensemble de parties sous le nom d'*appendices*. L'identité fondamentale de tous ces appendices, déjà démontrée par l'anatomie comparée, est bientôt établie par l'embryogénie, grâce aux importantes recherches de Rathke[79]. Il résulte des observations de ce dernier naturaliste sur l'Ecrevisse que tous les appendices de cet animal se montrent d'abord avec la même forme, occupent la même position par rapport aux diverses parties du segment sur lequel ils se constituent et ne revêtent que peu à peu leur forme définitive, en même temps qu'ils se spécialisent dans une fonction déterminée; les pédoncules des yeux, les antennes se forment, comme les autres parties, à la face inférieure du segment qui leur correspond et prennent seulement par la suite la place que, chez l'animal adulte, ils occupent au-dessus de la bouche, et qui masque, au premier abord, leur véritable origine. D'ailleurs tous les appendices ne se montrent pas simultanément: les pédoncules oculaires, les deux paires d'antennes et les mandibules, c'est-à-dire les premiers appendices de la tête, se forment d'abord, les autres ensuite et successivement. De même, la tête et le dernier anneau de l'abdomen apparaissent en premier lieu; tous les autres naissent entre ces deux-là; les derniers venus apparaissent toujours entre le dernier et l'avant-dernier anneau du corps. Enfin Rathke constate un autre fait important: c'est que les parties formées les premières chez l'écrevisse sont les mêmes qui se forment tout d'abord chez les vertébrés; seulement ces parties occupent la future face ventrale chez l'écrevisse, la face dorsale chez les vertébrés; l'embryogénie confirme donc l'hypothèse de Geoffroy Saint-Hilaire et d'Ampère que les vertébrés diffèrent des articulés, parce qu'ils se tiennent, par rapport au sol, dans une position exactement inverse.

Les recherches de Jurine, Thompson, Nordmann, celles de M. Henri Milne Edwards viennent successivement ajouter de nouvelles données à ces importantes découvertes. Ces observateurs habiles montrent que nombre de crustacés, surtout dans les groupes inférieurs, subissent après être sortis de l'œuf de singulières métamorphoses; tandis que la plupart des crustacés supérieurs éclosent, comme l'écrevisse, pourvue de tous leurs anneaux, et n'ont plus à subir que des modifications dans la forme de ces anneaux ou de leurs appendices, d'autres ont encore à produire des anneaux nouveaux, avant d'arriver à l'état adulte. M. H. Milne Edwards constate que, dans ce cas, les diverses régions du corps, tête, thorax, abdomen, peuvent être également incomplètes et s'accroître, chacune en ce qui la concerne, comme l'animal tout entier, par l'adjonction de nouveaux anneaux à sa partie postérieure[80]. Fréquemment, le jeune crustacé, quelle que doive être sa forme définitive, ne possède, au moment de sa naissance, que trois paires de pattes, servant momentanément à la natation, mais qui représentent les trois premières paires d'appendices céphaliques, de sorte que *les antennes et les mandibules (et il en est de même des mâchoires et des pattes-mâchoires) ont été réellement des pattes locomotrices à un certain moment de l'existence de l'animal.* On peut dire d'elles, sans aucune métaphore, sans aucun sous-entendu, que ce sont des pattes modifiées.

En 1834, toutes ces modifications dans la forme, toutes ces métamorphoses, toutes ces différences dans le mode de développement, sont rapprochées, comparées, interprétées par M. H. Milne Edwards, en quelques lignes qui montrent combien ce savant illustre avait, dès cette époque, un sentiment profond des rapports qui unissent entre elles les formes vivantes et de la direction dans laquelle s'accompliraient les progrès ultérieurs de la Zoologie, qu'il a si puissamment contribué à provoquer en France.

«Au premier abord, dit M. Milne Edwards, ces diverses modifications ne paraissent dépendre d'aucune tendance constante de l'organisme, et l'on pourrait croire que le développement de chacun de ces animaux se fait d'après des lois différentes; mais il n'en est pas ainsi, car, en étudiant avec attention ces changements, on voit qu'ils peuvent se classer tous de manière à satisfaire l'esprit et se rapporter, malgré leur diversité, à un petit nombre de principes régulateurs, principes qui, du reste, se révèlent aussi dans les espèces de métamorphoses dont nous venons d'être témoin chez l'embryon de ces animaux.

«Les changements que les jeunes crustacés éprouvent après leur sortie de l'œuf peuvent être considérés comme étant le complément des métamorphoses de l'embryon; tantôt ces métamorphoses ont lieu presque entièrement avant que le jeune ait quitté les membranes de l'œuf; mais d'autres fois il naît en quelque sorte avant terme, et continue après sa naissance à présenter des changements de structure analogues à ceux que les premiers éprouvent pendant leur vie embryonnaire.

«Ces modifications sont de deux ordres: les unes consistent dans l'apparition d'un ou plusieurs anneaux de leur corps et des membres qui en dépendent; les autres, dans des changements qui s'opèrent dans la forme et les proportions de parties qui existent déjà avant l'époque de la naissance et qui persistent pendant toute la durée de la vie ou disparaissent plus ou moins complètement.

«Les Décapodes paraissent tous naître avec la série complète de leurs anneaux et de leurs membres[81]. Il en est de même pour certains Edriophthalmes, les Amphithoés et les Phronymes, par exemple; mais d'autres animaux du même groupe ne présentent à la sortie de l'œuf que six paires de pattes ambulatoires au lieu de sept: c'est le cas pour les Cymotlioés, les Anilocres, etc. Dans le groupe des Entomostraces, les jeunes sont bien moins avancés dans leur développement; en général, *on n'y distingue encore que les membres céphaliques, et, sous ce rapport, ils ressemblent à l'embryon de l'écrevisse vers le commencement de la seconde période d'incubation*; les anneaux thoraciques et abdominaux, ainsi que les membres qui en dépendent, n'apparaissent que successivement, et ce n'est qu'après avoir changé plusieurs fois de peau que ces animaux parviennent à l'état parfait[82].»

Et plus loin:

«Les changements de forme que les jeunes Crustacés éprouvent dans les parties déjà existantes lors de la naissance varient suivant les espèces, mais ont cela de commun qu'elles tendent presque toujours à éloigner de plus en plus l'animal du type normal du groupe auquel il appartient et à l'individualiser davantage; aussi, au moment de la naissance, ces animaux se ressemblent-ils bien plus entre eux qu'à l'état, adulte, et, en général, plus ils présentent d'anomalies étant à l'état parfait, plus ils éprouvent de modifications pendant les premiers temps de leur vie.»

C'est là une théorie presque complète de la métamorphose des Crustacés. Après cinquante ans révolus, il y a à peine d'autres modifications à lui faire subir que de donner plus de relief à quelques-unes des propositions qu'elle contient. On peut formuler, par exemple, les principales de ces propositions de la manière suivante:

«Tous les Crustacés revêtent au début, soit dans l'œuf, soit hors de l'œuf, une forme larvaire commune, la forme de *Nauplius*. Ils n'ont alors que trois paires de membres qui deviennent autant d'appendices céphaliques, généralement des antennes et des mandibules.

«Le Nauplius représente donc seulement la tête ou une portion de la tête du Crustacé adulte; les autres segments du corps naissent un à un à sa partie postérieure.

«Ces segments peuvent se former soit dans l'œuf, soit seulement après l'éclosion.

«Enfin, dans chaque groupe important, presque toutes les espèces traversent un certain nombre de formes communes, et leurs métamorphoses sont d'autant plus compliquées que la forme adulte est plus éloignée des formes normales de son groupe.»

La doctrine de la descendance a donné depuis la raison d'être de toutes ces lois déduites de l'observation. En les annonçant, sous leur première forme, M. Milne Edwards voyait surtout en elles la confirmation de l'existence d'une unité de plan de structure chez les Crustacés et non pas la conséquence d'une complication graduelle de l'organisme de ces animaux résultant de ce que des parties nouvelles se seraient successivement ajoutées au nauplius primitif, puis diversement modifiées. À ce moment, il conçoit, en effet, le Crustacé comme formé d'un nombre invariable de segments. «On peut poser, en principe, dit-il, que le nombre normal des segments dont le corps des Crustacés se compose est de vingt et un[83].» Ces segments peuvent tous se ramener à un même type idéal dont ils ne sont que des modifications. Il s'ensuit que toutes les formes qui se succèdent durant la métamorphose sont équivalentes entre elles, représentent toujours virtuellement le Crustacé à vingt et un segments, qu'elles tendent à produire; que les formes constituées d'un nombre moindre de segments sont des anomalies; que le nauplius et tous les stades intermédiaires qui le séparent de la forme adulte sont essentiellement transitoires, et qu'un Crustacé qui s'arrêterait à l'un de ces stades serait hors du plan caractéristique de son groupe. En un mot, le Crustacé à vingt et un segments est, pour M. Milne Edwards, une unité indécomposable dont chaque segment n'est qu'une fraction.

Il semble au contraire aujourd'hui[84] que la véritable unité soit le segment, le zoonite, et que le Crustacé soit une pluralité, dans laquelle le nombre des parties composantes est indifférent. Dans l'hypothèse de l'unité de plan, où se place M. Milne Edwards, en 1834, un Crustacé qui éclôt avant d'avoir réalisé ses vingt et un segments est un Crustacé «qui naît, en quelque sorte *avant terme*»; dans l'hypothèse de la descendance, le nombre des segments d'un crustacé peut être quelconque; l'éclosion normale doit avoir lieu après la constitution du Nauplius (on pourrait même le concevoir plus précoce); les segments doivent ensuite se former un à un, après l'éclosion; s'il en est autrement, c'est que l'éclosion a été *retardée*, en même temps que les phénomènes de développement qui devaient aboutir à la constitution du Crustacé à vingt et un segments ont été accélérés. De telles nuances sont délicates, sans doute; mais elles sont un excellent exemple de la faible importance des retouches qu'il suffit de donner à une idée qui, à un certain moment, est d'accord avec les faits, pour la maintenir sans cesse au courant de la science et la faire rentrer dans les théories plus générales que les progrès de nos connaissances rendent nécessaires. Si l'on admet la théorie exposée en 1834 par M. Milne Edwards, on se trouve ramené à la théorie de l'archétype, et, si les phénomènes embryogéniques qu'offrent les crustacés peuvent être exposés au moyen d'un petit nombre de lois, ils n'en échappent pas moins à toute explication. Nous verrons au contraire que, en acceptant la seconde interprétation, les phénomènes si variés du développement des Crustacés s'expliquent simplement, comme ceux que l'on observe chez tous les animaux supérieurs, par une simple accélération de phénomènes qui ne diffèrent en rien de ceux de la reproduction par bourgeonnement.

En 1845, M. Milne Edwards donne déjà un complément important à sa théorie des crustacés, complément qui supprime au moins d'une façon implicite la condition de nombre et qui donne une signification nouvelle aux diverses régions du corps. À la suite des découvertes de M. de Quatrefages sur la reproduction par division de remarquables petites Annélides marines, les Syllis, et des siennes propres sur le singulier bourgeonnement d'autres Annélides, les Myrianides, il montre[85] que les lois de l'accroissement des Annélides sont les mêmes que celles de l'accroissement des Crustacés; il insiste sur le fait que, dans les deux groupes, les segments se forment successivement, et que c'est toujours l'avant-dernier segment du corps ou le dernier de chaque région qui donne naissance aux segments nouveaux, et il poursuit:

«Lorsque le développement devient plus actif, comme dans le cas de la multiplication par bourgeonnement, dont les Syllis et nos Myrianides offrent des exemples, on voit même un anneau donner directement naissance à deux ou plusieurs zoonites, qui, *en se reproduisant à la manière ordinaire*, constituent une ou plusieurs séries intercalaires; l'ensemble des produits segmentaires représente alors une série de groupes de zoonites, dont chacun s'allonge par sa partie postérieure, comme le faisait la série unique dans le cas précédent... Ce phénomène, qui, dans la classe des annélides ne se manifeste que lors de la production de nouveaux individus par voie de bourgeonnement..., se voit ailleurs dans le développement de l'embryon... Chez les Crustacés, par exemple, il paraît y avoir trois de ces systèmes, ou séries de systèmes génésiques, dont l'allongement peut se continuer après la formation du premier anneau de la série suivante, et il est à noter que ces trois groupes correspondent précisément aux trois grandes régions du corps de ces animaux, la tête, le thorax et l'abdomen.»

M. Edwards montrera lui-même un peu plus tard que les régions du corps de diverses annélides sédentaires se comportent, à cet égard, comme les régions du corps des crustacés; mais il établit d'ores et déjà que l'accroissement du nombre des segments du corps, l'accroissement proprement dit des annélides et leur reproduction agame, ne sont que deux formes à peine différentes d'un même phénomène; que les diverses régions du corps des crustacés correspondent aux nouveaux individus qui se séparent pour mener une vie indépendante chez les annélides, et peuvent être, en conséquence, considérées comme autant d'individualités distinctes.

Comme les Crustacés, les Annélides des types les plus divers se ressemblent pendant les premières périodes de leur développement; cette remarquable coïncidence dans la marche des phénomènes génésiques chez deux types aussi différents inspire à M. Edwards les réflexions suivantes:

«Les affinités zoologiques sont proportionnelles à la durée d'un certain parallélisme dans la marche des phénomènes génésiques chez les divers animaux; de sorte que les êtres en voie de formation cesseraient de se ressembler d'autant plus tôt qu'ils appartiennent à des groupes distinctifs d'un rang plus élevé dans le système de nos classifications naturelles, et que les caractères essentiels, dominateurs, de chacune de ces divisions résideraient, non pas dans quelques particularités de formes organiques permanentes chez les adultes, mais dans l'existence plus ou moins prolongée d'une constitution primitive commune, du moins en apparence[86].»

Nous voilà bien loin des principes de Cuvier, qui exigeait que tous les caractères employés dans les classifications fussent des caractères définitifs; le rôle de l'embryogénie dans les classifications est désormais tracé; les animaux qui présentent les mêmes formes larvaires sont désormais reconnus comme parents, et, si cette parenté est encore considérée comme une parenté idéale, il est évident qu'il n'y aura rien à changer à la formule qui vient d'être trouvée le jour où il faudra reconnaître que la parenté doit être entendue dans le sens véritable du mot. Serres, en France, et les philosophes de la nature, en Allemagne, avaient énoncé une proposition analogue lorsqu'ils disaient: «Tous les animaux supérieurs traversent, lorsqu'ils se développent, des formes analogues à celles qui demeurent permanentes chez les animaux inférieurs.» La formule nouvelle est plus large et plus exacte, et le progrès dans la science ne consiste-t-il pas presque toujours à substituer à une idée partiellement vraie une idée plus générale qui l'explique et la comprend? La formule des philosophes de la nature supposait un type unique de développement; celle de M. Milne Edwards comprend tout aussi bien la proposition des savants allemands que celle de Von Baër, qui avait établi l'existence de plusieurs types de développement; M. Milne Edwards a sur Von Baër l'avantage de ne pas limiter le nombre des types de développement et de permettre l'intervention des caractères embryogéniques à tous les degrés de la classification, comme on a plusieurs fois tenté de le faire depuis peu.

Déjà, du reste, l'embryogénie avait rendu à la classification d'importants services; grâce à elle, Thompson venait de démontrer que les cirrhipèdes, classés par Cuvier parmi les mollusques, par Latreille parmi les annélides, institués en groupe spécial par de Blainville, étaient de véritables crustacés[87], et Nordmann avait prouvé que les lernées, universellement considérés comme des vers, appartenaient aussi à ce même groupe des crustacés[88]. Bien souvent, les phases du développement ont depuis révélé une parenté inattendue entre des êtres fort différents à l'état adulte, et les naturalistes ont pris dans les indications de ce genre une telle confiance que le danger est maintenant de prendre d'apparentes similitudes pour une réelle identité dans les formes larvaires.

En résumé, malgré ces modifications successives de l'idée qu'on peut se faire d'un crustacé, la théorie définitive de M. Milne Edwards peut s'énoncer ainsi: tous les crustacés sont construits sur un type commun; leur corps est composé d'anneaux en même nombre, formés eux-mêmes de parties identiques; les divers crustacés ne diffèrent entre eux que par des modifications de forme des anneaux de leur corps ou des parties qui les composent; en général, dans l'individu, ces modifications n'apparaissent qu'à une période plus ou moins avancée du développement embryogénique, de sorte que la plupart des crustacés, notamment ceux qui appartiennent à un même groupe, commencent par se ressembler et diffèrent ensuite de plus en plus à mesure qu'avance leur développement. Les anneaux du corps se forment successivement; mais cette formation peut être lente ou plus ou moins rapide et l'éclosion avoir lieu à une période quelconque de cette formation. Chacune des régions du corps se comporte, au point de vue de la multiplication des anneaux, comme un organisme indépendant.

Ces propositions pourraient s'étendre à tous les animaux articulés; il semble donc y avoir un archétype des arthropodes, comme il y a un archétype des vertébrés, mais ces archétypes sont différents, et l'existence de plusieurs types organiques, proclamée par Cuvier, semble confirmée. Cependant, comme le fait remarquer M. Milne Edwards, les propositions si simples qui permettent de définir l'archétype des arthropodes sont, pour la plupart, le fruit d'une heureuse application à l'étude des crustacés de la méthode employée par Geoffroy Saint-Hilaire pour l'étude des vertébrés. «La théorie des analogues, dit-il[89], devenue célèbre par les travaux de son auteur, M. Geoffroy Saint-Hilaire, et par la tendance nouvelle qu'elle a imprimée à l'anatomie comparée, aplanit, comme on le voit, la plupart des difficultés qu'avait présentées jusqu'ici l'étude du squelette tégumentaire des crustacés; et si l'utilité de l'application à l'entomologie des vues philosophiques formant la base de cette doctrine n'était déjà démontrée par les recherches de MM. Savigny, Audouin, etc., on pourrait en donner comme preuve la simplicité des corollaires qui résument les causes des différences innombrables offertes par le squelette tégumentaire des crustacés.»

* * * * *

L'hypothèse de l'unité de plan de composition restreinte à l'étendue de chacun des embranchements du règne animal permettait de rattacher d'une manière assez satisfaisante à une cause commune les ressemblances qu'on observe entre les animaux; n'était-il pas possible de rattacher de même à un principe unique les différences innombrables qu'ils présentent? Dès 1827, M. H. Milne Edwards en avait indiqué le moyen dans ses articles du *Dictionnaire classique d'histoire naturelle*. Non seulement il formulait alors une loi dont les applications sont devenues depuis chaque jour plus importantes, mais il indiquait le premier, d'une façon précise, une assimilation imprévue entre les lois de l'économie politique et celles de la physiologie générale; il ouvrait ainsi une voie qui est justement celle où s'est engagée depuis Darwin, et qui devait conduire à des résultats inespérés. La causé de la diversité des animaux, c'est, pour M. Milne Edwards, la division du *travail physiologique* entre leurs éléments constituants; pour Darwin l'origine

195

des espèces doit être cherchée dans la concurrence que crée l'*accroissement de la population animale* et dans le succès des *mieux outillés*, dans la *sélection naturelle* qui en est la conséquence; or les économistes considèrent précisément la division du travail le moyen le plus sûr de soutenir la concurrence; aussi, loin de perdre sa valeur par l'avènement de la doctrine de Darwin, peut-on dire que la doctrine de M. Milne Edwards n'a fait qu'en recevoir une force et une portée plus grandes. D'autre part, la division du travail suppose l'*association*, principe dont nous avons vu Dugès faire, à son tour, l'application incomplète au règne animal, en 1831, et dont nous avons essayé, dans notre livre *Les colonies animales et la formation des organismes,* de faire ressortir toute l'importance, au point de vue de l'évolution et de la complication graduelle des êtres vivants, de la détermination des lois qui ont présidé à la formation des types organiques, de l'explication des phénomènes embryogéniques, et de la formation même de ce que nous nommons l'*individualité*. Ainsi le parallèle se poursuit, et, chaque fois qu'une application nouvelle des lois de l'économie politique est faite à la morphologie, elle se montre féconde en résultats. Il est évident que tout le côté de la question qui touche à la façon dont se sont réalisés les quatre grands modes de distribution des parties caractéristiques, des quatre types organiques de Cuvier, côté que nous avons plus particulièrement traité dans *Les colonies animales,* ne pouvait exister, si l'on se plaçait dans l'hypothèse de types organiques réalisés d'emblée et modifiés seulement dans le détail: or c'est là le point de vue de Dugès et de M. Milne Edwards. Sans doute l'un et l'autre de ces savants ont déjà entre les mains, en partie découverts par eux-mêmes, un certain nombre de faits pouvant permettre d'établir une théorie du mode de formation des types organiques; ils acceptent néanmoins, comme Cuvier, comme Geoffroy Saint-Hilaire, comme le fera plus tard Richard Owen, l'hypothèse que les types organiques sont l'œuvre immédiate du Créateur, et c'est seulement à ces types *déjà réalisés* qu'ils commencent à appliquer la théorie de la division du travail physiologique; voici dans quels termes:

«Dans certains animaux, dit en 1827 M. Milne Edwards[90], le corps présente partout des caractères identiques et ne paraît renfermer aucun organe distinct… Les polypes d'eau douce présentent une structure de ce genre… Le corps de ces animaux peut être comparé à un atelier où chaque ouvrier serait employé à l'exécution de travaux semblables et où par conséquent leur nombre influerait sur la somme, mais non sur la nature du résultat. Aussi l'expérience a-t-elle démontré qu'en divisant un de ces êtres on ne change pas sa manière d'agir; chaque fragment continue de vivre comme auparavant et peut former un nouvel animal… Lorsqu'au contraire la vie commence à se manifester par des phénomènes plus compliqués et que le résultat final produit par le jeu des différentes parties du corps devient plus parfait, certains organes offrent un mode de structure particulier et cessent alors d'agir à la manière du tout. La vie de l'individu, au lieu d'être la somme d'un nombre plus ou moins grand d'éléments de même nature, résulte de l'ensemble d'actes essentiellement différents et produits par des organes distincts. Les diverses parties de l'économie animale concourent toutes au même but, mais chacune d'une manière qui lui est propre, et plus les facultés de l'être sont nombreuses et développées, plus la diversité de structure et la division du travail qui en est la suite sont poussées loin.»

Et M. Milne Edwards précise plus tard sa pensée en écrivant[91]:

«Le principe suivi par la nature dans le perfectionnement des êtres est le même que celui si bien développé par les économistes modernes, et, dans ses œuvres aussi bien que dans les produits de l'art, on voit les avantages immenses de la division du travail.»

Ces principes de la division du travail, M. Milne Edwards les applique successivement aux différents systèmes d'organes et tout d'abord aux téguments.

«La surface extérieure du corps, de même que les parties situées plus profondément, présentent une série de modifications dont la clef nous est donnée par le principe dont nous venons de parler. Ainsi que nous l'avons déjà dit, elle est d'abord semblable au reste du parenchyme, mais bientôt elle acquiert des propriétés différentes et constitue une membrane distincte dont la face interne donne attache à tous les organes actifs de la locomotion et dont la superficie est le siège des sens, de la respiration et de plusieurs autres fonctions.

«Dans les classes plus élevées, la faculté de percevoir la lumière se localise davantage et devient en même temps plus parfaite; il en est de même des sens de l'ouïe et de l'odorat; mais l'enveloppe générale sert encore comme organe du mouvement et du tact, en même temps qu'elle détermine la forme du corps et protège les organes internes de l'influence nuisible des agents extérieurs. Enfin, vers le sommet de la série des animaux, cette division du travail est portée encore plus loin; un système particulier, destiné spécialement à la défense des parties molles aussi bien qu'aux fonctions locomotrices, se montre dans l'économie, et la membrane tégumentaire, au lieu de servir à des usages si divers, n'est plus appelée qu'à agir comme organe du tact, à s'opposer à l'évaporation des liquides renfermés dans le corps et à remplir un petit nombre d'autres fonctions.»

Dans ce passage, le principe de la division du travail est appliqué non pas à des individualités distinctes, d'abord indépendantes et identiques entre elles, qui se partagent les rôles, mais à des masses homogènes, sans individualité propre, qui se décomposent en parties hétérogènes, aptes chacune à un ouvrage particulier. Il n'y a aucune filiation, aucune relation entre les cas où la division du travail est peu avancée et ceux où elle l'est davantage, car il n'est évidemment pas dans l'esprit de l'auteur d'établir une relation généalogique quelconque entre le squelette intérieur des vertébrés dont il est question, en dernier lieu, et le squelette extérieur des articulés. Le principe de la division du travail est donc ici plutôt la constatation d'un ensemble de faits, une sorte de *loi métaphysique*, que l'indication d'un *procédé* réellement employé, d'un acte vraiment effectué pour passer d'un état simple à un état plus complexe.

Dans l'emploi qu'en fait par la suite M. Milne Edwards, ce caractère ne saurait disparaître, car une division du travail s'effectuant, sous l'action de causes extérieures déterminables, entre des individus d'abord identiques et indépendants, se modifiant et se solidarisant sous l'empire de ces causes, impliquerait nécessairement une transformation graduelle des formes vivantes; toutefois ses propositions énoncées dans un sens métaphorique peuvent être de plus en plus facilement prises dans un sens absolu. Telles sont celles qui concernent le système nerveux[92]: «En étudiant dans la longue série des animaux articulés les parties au moyen desquelles ces êtres perçoivent les impressions, on y remarque une suite de modifications analogues à celles que nous avons déjà signalées en traitant de l'appareil tégumentaire et des organes de la vie organique. Le système nerveux se présente d'abord sous la forme d'un cordon qui s'étend dans toute la longueur du corps; chacune de ses parties agit alors à la manière du tout, et, lorsqu'on divise l'animal en plusieurs tronçons, chacun d'eux continue à sentir et à se mouvoir comme il le faisait lorsque le corps était entier. Un degré de plus dans la division du travail amène la localisation de la faculté de percevoir la sensation, et de plusieurs autres actes, dans des parties déterminées de ce système, dont l'existence devient alors nécessaire à l'intégrité des fonctions auxquelles l'appareil en entier préside. Enfin, chez des animaux plus parfaits, la sensibilité devient plus particulièrement l'apanage de certaines fibres médullaires; la faculté de produire les mouvements sous l'empire de la volonté se concentre en quelque sorte dans d'autres fibres du même système; celle d'exciter l'action de ces diverses parties se localise également dans certains points de l'appareil nerveux, et celle de coordonner les mouvements est exercée par d'autres instruments. En un mot, toutes les parties de l'appareil sensitif finissent par concourir d'une manière différente à la production des phénomènes dont l'ensemble résultait d'abord de l'action de chacune d'elles.»

C'est encore le même point de vue que lorsqu'il s'agissait des téguments; mais les applications morphologiques apparaissent, quoique implicitement, lorsque, après avoir étudié les modifications diverses du système nerveux des crustacés, M. Edwards les résume toutes dans cette loi conforme à la *loi de centralisation,* par laquelle Serres représentait les modifications successives que subit le système nerveux des insectes, pendant leur développement[93].

«Le système nerveux des crustacés se compose toujours de noyaux médullaires dont le nombre normal est égal à celui des membres, et toutes les modifications qu'on y rencontre, soit à des époques diverses de l'incubation, soit dans différentes espèces de la série, dépendent principalement des rapprochements plus ou moins complets de ces noyaux, agglomérations qui s'opèrent des côtés vers la ligne médiane, en même temps que dans la direction longitudinale, mais peuvent tenir aussi en partie à un arrêt de développement dans un certain nombre de ces noyaux.»

Le rapprochement entre les faits révélés par l'anatomie comparée et ceux que fournit l'embryogénie d'un individu donné implique déjà la possibilité que les divers états du système nerveux aient pu être tirés d'un état primitif où tous les ganglions étaient identiques entre eux, et c'est bien l'idée qui se dégage lorsque, cessant de considérer des tissus ou des organes, M. Edwards arrive à dire des segments des corps eux-mêmes[94]:

«D'après ce que nous avons dit, au commencement de ce chapitre, relativement à la marche suivie par la nature dans le perfectionnement des êtres, on pourrait s'attendre à trouver, à l'extrémité inférieure de la série formée par les animaux dont nous nous occupons ici, des espèces dont tous les anneaux constituants du corps seraient identiques entre eux tant par leur forme et leur structure que par leurs fonctions, puis à les voir devenir de plus en plus disparates et servir chacun à des usages particuliers. C'est, en effet, ce que l'on remarque lorsqu'on compare entre eux les divers crustacés; mais ces animaux ne nous offrent d'exemple, ni de cette extrême uniformité, ni de ce maximum de complication.»

La division du travail peut donc porter sur les segments tout entiers comme sur les organes et les tissus; elle est alors nécessairement suivie d'une sorte de consécration morphologique résultant de modifications plus ou moins étendues dans la forme de ces segments. Mais, pour M. Edwards, ces segments ne sont pas, comme pour Dugès, des individualités distinctes; ce sont, on s'en souvient, de simples parties du corps dont un nombre déterminé et constant est nécessaire pour constituer le crustacé; malgré la segmentation de son corps, le crustacé est indivisible comme le vertébré. C'est encore l'idée que se font des animaux segmentés un grand nombre de naturalistes, et, au point de vue du transformisme, cette idée suffit, nous l'avons vu, pour supprimer le problème de l'origine des types organiques et obliger d'avoir recours, afin d'expliquer chacun d'eux, à un acte créateur spécial.

* * * * *

Dans les travaux relatifs aux articulés comme dans ceux relatifs aux vertébrés, nous avons déjà fait remarquer que la méthode d'investigation de Geoffroy Saint-Hilaire est employée à définir d'une manière plus rigoureuse, plus exacte, plus complète, les grands embranchements de Cuvier, à déterminer les limites des modifications dont ils sont susceptibles et à chercher la loi de ces modifications. Le principe des connexions est jusqu'ici appliqué surtout aux pièces solides et permet de ramener leur disposition à un même type; il est tout aussi fécond lorsqu'on veut en faire application aux organes internes, aux parties molles.

Cuvier avait fait du système nerveux la base de la distribution méthodique des animaux; M. Émile Blanchard s'attache à déterminer toutes les modifications dont il est susceptible dans un même embranchement et à préciser l'importance des caractères qu'il peut fournir à la classification. Il démontre que chez les insectes il est construit sur un type constant; que durant la métamorphose il éprouve, en général, une concentration plus ou moins considérable; que cette concentration s'effectue suivant des lois déterminées, de sorte qu'on peut trouver «dans le degré de centralisation des noyaux médullaires des caractères de famille ayant une persistance des plus remarquables[95]».

Ses recherches sur les connexions du système nerveux l'amènent à de remarquables déterminations d'organes; il démontre, par exemple, que les antennes, absentes, en apparence, chez les Arachnides, sont en réalité représentées chez ces animaux par les petites pinces des scorpions et les crochets à venin des araignées, seuls appendices qui reçoivent leurs nerfs du cerveau, comme les antennes des insectes et des crustacés. Par des études sur la bouche des insectes diptères, M. Blanchard avait déjà complété les travaux de Savigny;

tandis que M. de Lacaze-Duthiers, se livrant à l'étude des appendices compliqués qui se trouvent à l'extrémité postérieure de l'abdomen de ces animaux, arrivait à démontrer que chez tous ces animaux l'armure génitale femelle était, tout aussi bien que la bouche, construite sur un plan unique[96]; que les pièces multiples qui les composent résultaient uniquement du développement et des modifications de forme des parties solides d'un zoonite.

Ainsi, chez les arthropodes adultes, et notamment chez les plus élevés, de nombreux travaux permettent de ramener à un même plan les aspects si divers de l'organisation. Dans la classe entière des insectes, le nombre des segments du corps reste constant; il en est de même du nombre des régions du corps et des appendices affectés à une fonction déterminée. Chez les arachnides, le nombre total des segments du corps est déjà moins fixe; il est très variable chez les myriapodes, dont la tête présente cependant une composition constante; enfin, s'il présente une certaine fixité chez les crustacés supérieurs, on constate chez ces derniers une grande variabilité dans la constitution des diverses régions du corps et le nombre des appendices servant à des usages analogues; d'autre part, les segments du corps ne poussent pas toujours simultanément, et cela seul suffirait à jeter quelque doute sur la prétendue immobilité du type, pour faire supposer que, si cette immuabilité existe réellement dans certains groupes, elle a été acquise et doit encore être considérée comme un *résultat* et non comme un *fait primordial*.

* * * * *

L'étude des vers annelés, si bien faite par Savigny, M. Audouin, Milne Edwards et M. de Quatrefages, peut déjà servir à montrer que, chez ces animaux, il n'y a de constant que l'organisation du segment, le nombre de ceux-ci pouvant varier dans les plus larges proportions, de sorte qu'on ne saurait ici concevoir rien de semblable à un archétype, et, lorsqu'on descend des vers annelés à ceux où la structure segmentaire est indistincte, c'est bien autre chose: il résulte des patientes et habiles recherches de M. Blanchard sur les vers intestinaux, de celles de M. de Quatrefages sur les Planaires, que les traits essentiels attribués par Cuvier à l'animal articulé s'effacent et disparaissent; cependant l'idée de type est tellement tenace qu'on fait l'impossible pour faire rentrer ces animaux dans une règle à laquelle ils échappent de toutes façons.

* * * * *

L'embranchement des mollusques avait été moins rigoureusement défini par Cuvier que ceux des vertébrés et des arthropodes. Les recherches de M. Milne Edwards sur la circulation de ces animaux révèlent dans la constitution de leur appareil circulatoire une imperfection commune à laquelle on était loin de s'attendre; diverses recherches portant sur leur système nerveux, notamment celles de Duvernoy et de M. Blanchard sur le système nerveux des acéphales, celles de M. de Quatrefages et surtout de M. de Lacaze-Duthiers sur les gastéropodes, permettent de concevoir un type mollusque nettement défini et dans lequel M. de Lacaze-Duthiers démontre qu'il existe, entre les parties, des connexions aussi fixes que dans les autres groupes. Malheureusement ce type une fois bien connu, au lieu de le limiter aux Céphalopodes, Gastéropodes, Solénoconques et Lamellibranches, qui seuls sont de vrais Mollusques, on s'efforce d'en rapprocher, comme on l'avait fait pour les Vers, tout ce qui présentait avec lui de plus ou moins vagues analogies. C'est ainsi qu'on cherche avec passion les traits caractéristiques des mollusques chez les brachiopodes, chez les tuniciers, chez les bryozoaires, sans prendre garde qu'un type qu'il faut transformer complètement pour y ramener certains organismes perd toute importance, si c'est un type théorique tel qu'on l'entend dans l'hypothèse de la fixité des espèces, et qu'il n'y a aucun intérêt, dans l'hypothèse de la descendance, à essayer d'y rattacher des êtres qu'on ne peut en faire dériver que par des transformations tout autres que celles dont l'embryogénie et l'anatomie comparée nous démontrent clairement la possibilité.

Les difficultés de la théorie des embranchements de Cuvier avaient déjà été relevées, en 1822, par de Blainville, qui, tout en admettant la fixité absolue des espèces, considérait les animaux comme se rattachant à un certain nombre de *types* présentant entre eux une certaine gradation, comparable à l'échelle admise par Bonnet, et supposait que dans chacun de ces types l'organisation pouvait éprouver des dégradations successives capables d'en rendre méconnaissables les caractères, sans que cependant la série fût nullement rompue entre les formes dégradées et les formes élevées de chaque type. La foi dans le génie de Cuvier est telle cependant que ces difficultés n'arrêtent nullement certains esprits: l'un des plus éminents disciples du maître, Louis Agassiz, s'est fait le théoricien de la doctrine des types, et le moment est venu de montrer quelle idée peut se faire de la philosophie zoologique un esprit élevé résolument partisan de la fixité absolue des formes vivantes.

CHAPITRE XVI

LOUIS AGASSIZ

Conséquences philosophiques de l'hypothèse de la fixité des espèces.—La possibilité d'une classification démontre l'existence de Dieu.—L'existence d'un plan de la création est contraire à la doctrine du transformisme.—Arguments en faveur de la fixité des espèces.—Faiblesse de ces arguments.—Nature des caractères des divisions zoologiques des divers degrés.—Définition nouvelle de l'espèce.—Désaccord de cette définition avec les faits.—Réalité de l'espèce.—Causes de l'isolement physiologique des espèces.

Louis Agassiz[97] transporte à toutes les divisions de la méthode dite naturelle une idée analogue à celle de l'archétype de Owen: chacune de nos espèces, chacun de nos genres, chaque famille, chaque type représente une conception distincte du Créateur, et tous ces groupes d'individus ont, par conséquent, une égale réalité. La classification, loin d'être une «partie de l'art», comme le croit Lamarck, partie susceptible de varier avec l'artiste, est un édifice immuable, comme le Créateur; c'était du reste l'opinion de Cuvier et des naturalistes qui faisaient, comme lui, de la recherche de la méthode naturelle le but suprême de la science. Les divers groupes zoologiques, avec leur savante subordination, «ont été institués par l'intelligence divine comme les catégories de sa pensée[98].» Richard Owen, rejetant les causes finales, avait déduit de l'existence de l'archétype des vertébrés la preuve de l'existence de Dieu; Louis Agassiz généralise ce procédé de démonstration. L'existence d'une série de plans suivant lesquels les êtres vivants sont modelés nécessite l'existence d'une intelligence capable de concevoir ces plans; «toute liaison intelligente et intelligible entre les phénomènes est une preuve directe de l'existence d'un Dieu qui pense, aussi sûrement que l'homme manifeste la faculté de penser quand il reconnaît cette liaison naturelle des choses[99].» Au fond, comme c'est notre intelligence qui arrive à pénétrer cet ordre de la nature duquel Louis Agassiz conclut à l'existence de Dieu, c'est de l'existence de notre propre intelligence que la preuve de l'existence de Dieu est tirée, et le savant neufchâtelois n'est pas éloigné de dire: «Je pense, donc Dieu est.»

Louis Agassiz admet une harmonie préétablie entre notre intelligence et l'univers: «L'esprit humain est à l'unisson de la nature, et bien des choses semblent le résultat des efforts de notre intelligence qui sont seulement l'expression naturelle de cette harmonie préétablie[100].» Telle est la classification naturelle: «Ces systèmes désignés par nous sous le nom des grands maîtres de la science qui, les premiers, les proposèrent, ne sont, en réalité, que la traduction dans la langue de l'homme des pensées du Créateur. Si vraiment il en est ainsi, cette faculté qu'a l'intelligence humaine de s'adapter aux faits de la création, et en vertu de laquelle elle parvient instinctivement, sans en avoir conscience, à interpréter les pensées de Dieu, n'est-elle pas la preuve la plus concluante de notre affinité avec le divin esprit? Ce rapport spirituel et intellectuel avec la toute-puissance ne doit-il pas nous faire profondément réfléchir? S'il y a quelque vérité dans la croyance que l'homme est fait à l'image de Dieu, rien n'est plus opportun pour le philosophe que de s'efforcer, par l'étude des opérations de son propre esprit, à se rapprocher des œuvres de la raison divine. Qu'il apprenne, en pénétrant la nature de sa propre intelligence, à mieux comprendre l'intelligence infinie dont la sienne n'est qu'une émanation! Une semblable recommandation peut, à première vue, paraître irrespectueuse. Mais lequel est véritablement humble? Celui qui, après avoir pénétré les secrets de la création, les classe suivant une formule qu'il appelle orgueilleusement son système scientifique, ou celui qui, arrivé au même but, proclame sa glorieuse affinité avec le Créateur et, plein d'une reconnaissance ineffable pour un don aussi sublime, s'efforce d'être l'interprète complet de l'Intelligence divine, avec laquelle il lui est permis, bien plus, il lui est, de par les lois de son être, ordonné d'entrer en communion[101]?»

Ce passage est d'un haut intérêt; c'est l'épanouissement le plus complet d'une philosophie de la nature dont la filiation peut se suivre de Linné à Cuvier, de Cuvier à de Blainville et à Agassiz, mais qui n'avait jamais été aussi nettement formulée. L. Agassiz ne prend pas pour point de départ, comme Schelling, l'identité de l'esprit humain avec l'esprit de Dieu; il n'argue pas de cette identité pour dire: «Philosopher sur la nature, c'est créer la nature;» loin de supprimer l'étude des faits, comme le philosophe allemand, il étudie au contraire les faits, constate leurs rapports, conclut, de ce que nous avons une intelligence qui conçoit ces rapports, à l'identité de notre intelligence avec celle de Dieu, et attribue à l'intelligence divine la création *directe* de tous les rapports que nous aurons à constater. Ce n'est plus l'étude des faits qui disparaît, c'est celle des forces naturelles et de leur action sur les êtres vivants. Nous n'avons plus à rechercher les causes qui ont amené les êtres vivants à leur état actuel; il n'y a qu'une cause, Dieu, qui agit sans intermédiaire. Nous n'avons plus même à rechercher le but des particularités organiques que nous dévoile notre scalpel: «il y a des organes qui n'ont pas de fonctions... Ces organes n'ont été conservés que pour maintenir une certaine uniformité dans la structure fondamentale... Leur présence n'a pas pour but l'accomplissement de la fonction, mais l'observation d'un plan déterminé. Elle fait songer à telle disposition fréquente dans nos édifices, où l'architecte, par exemple, reproduit extérieurement les mêmes combinaisons en vue de la symétrie et de l'harmonie des proportions, mais sans aucun but pratique[102].» Il n'y a donc pas dans l'univers de cause finale, ou plutôt l'univers n'a qu'une fin, comme il n'a qu'une cause: le développement de la pensée du Créateur. Le rôle du naturaliste est uniquement de rassembler les faits, expression de cette pensée, et de les coordonner dans des systèmes qui sont notre façon à nous d'exprimer la pensée de Dieu. Louis Agassiz expose hardiment ici une doctrine qui a été plus d'une fois la cause secrète des hostilités qu'ont rencontrées les tentatives les plus sincères et les plus légitimes, faites en vue d'arriver à une connaissance approximative de l'origine des êtres vivants et des lois de leur évolution. Il s'agit bien, du reste, dans l'esprit de ce savant si éminent, de couper court à ces tentatives: «S'il est une fois prouvé que l'homme n'a pas inventé, mais seulement reproduit l'arrangement systématique de la nature; que ces rapports, ces proportions existant dans toutes les parties du monde organique *ont leur lien intellectuel et idéal dans l'esprit du Créateur*; que ce plan de la création, devant lequel s'abîme notre sagesse la plus haute, n'est pas issu de l'action nécessaire des lois physiques, mais au contraire a été librement conçu par l'intelligence toute-puissante et mûri dans sa pensée avant d'être manifesté sous des formes extérieures tangibles; si, enfin, il est démontré que la préméditation a précédé l'acte de la création, nous en aurons fini, une fois pour toutes, avec les théories désolantes qui nous renvoient aux lois de la matière pour avoir l'explication de toutes les merveilles de l'univers et, bannissant Dieu, nous laissent en présence de l'action monotone, invariable des forces physiques, assujettissant toute chose à une inévitable destinée[103].» Cette *inévitable destinée*, cette *fatalité* que semble impliquer le transformisme, voilà, sans doute, ce qui effraie bien des esprits; on défend la liberté de Dieu, pensant ainsi sauvegarder la sienne. Toutes les argumentations de la philosophie, toutes les aspirations de l'esprit et du cœur, sont impuissantes cependant à rien changer ni à ce que nous sommes, ni aux rapports qui peuvent nous unir soit au monde, soit à

Dieu. Et qu'importe au demeurant, pour notre dignité, que notre actuelle perfection relative ait été obtenue d'une façon ou d'une autre? Avons-nous un intérêt quelconque à nous tromper volontairement à cet égard? N'est-il pas sage, au contraire, de chercher à pénétrer, par tous les moyens en notre pouvoir, le secret de notre origine, les lois de notre développement progressif, afin d'avoir une conscience plus nette du but que chacun de nous peut raisonnablement proposer à son existence, de la destinée que doit rêver la société humaine tout entière, des moyens propres à en réaliser l'accomplissement et de la part que chacun de nous est appelé à prendre à l'évolution de notre espèce? N'est-ce pas ainsi que nous pourrons parvenir à une connaissance intime de cet être collectif qui s'appelle l'humanité, à une détermination rigoureuse, indépendante de toutes les croyances, des droits et des devoirs communs à tous les individus qui le composent, à l'établissement de cette morale définitive qu'à travers tant d'erreurs et de préjugés, de violents cataclysmes ou de lentes et pacifiques évolutions, l'esprit de l'homme éperdu n'a cessé de poursuivre dans les ténèbres d'une ignorance qui commence à peine à se dissiper?

Louis Agassiz est un esprit trop scientifique pour admettre d'emblée l'incapacité des forces physiques à créer ou à modifier les êtres vivants; il lui faut une démonstration, et il essaye de la faire aussi complète que possible. Les arguments qu'il développe peuvent se résumer ainsi:

1° Nous trouvons aujourd'hui, vivant dans des conditions identiques, les animaux les plus divers; admettre qu'ils doivent leurs caractères à l'action des milieux, c'est donc admettre qu'une même cause peut produire les effets les plus différents.

2° Les mêmes types peuvent se rencontrer dans les conditions d'existence les plus variées, ce qui démontre l'indépendance où sont les êtres organisés vis-à-vis des agents physiques.

3° D'un pôle à l'autre, sous tous les méridiens, les mammifères, les oiseaux, les reptiles, les poissons révèlent un seul et même plan de structure; d'autres plans non moins merveilleux se découvrent dans les articulés, les mollusques, les rayonnés et les divers types de plantes; cette infinie variété dans l'unité ne saurait être le résultat de forces à qui n'appartiennent ni la moindre parcelle d'intelligence, ni la faculté de penser, ni le pouvoir de combiner, ni la notion de l'espace et du temps.

4° Tous les animaux sont manifestement le développement de quatre idées créatrices, liées entre elles par le fait que toutes quatre commencent par s'incorporer dans un œuf, où se produisent, indépendamment des forces physiques et malgré l'apparente identité du début, les manifestations les plus diverses.

5° Le même genre, la même famille, la même classe, le même embranchement peuvent être représentés dans les climats les plus différents par des espèces, des genres, des familles variées, de telle sorte que, malgré cette variété, des rapports analogues existent entre les animaux de tous les pays, bien qu'il n'existe actuellement aucune parenté généalogique entre les espèces d'un même genre, les genres d'une même famille, les familles d'une même classe, les classes d'un même embranchement. Les liens qui unissent les divisions d'un certain ordre ne peuvent être considérés comme le fait des forces physiques, reproduisant le même type sous des formes diverses suivant les pays.

6° Les quatre grands embranchements du règne animal ont apparu simultanément avec leurs caractères distinctifs, malgré l'identité des conditions primitives d'existence, et dès le début on distingue nettement dans chacun d'eux des classes, des familles, des genres, des espèces.

7° Il est difficile d'établir, au point de vue de la complication organique, une gradation entre les embranchements ou même les classes; mais, dans chaque classe, cette gradation est manifeste entre les ordres et concorde avec la date de leur apparition dans les périodes géologiques. «Là encore se découvre une nouvelle et accablante preuve de l'ordre et de la gradation admirables qui ont été établis à l'origine et maintenus, à travers les âges, dans les degrés divers de complication que révèle la structure des êtres animés[104].»

8° Des espèces, des genres, des ordres, même voisins, peuvent être, les uns cosmopolites, les autres avoir une aire de répartition géographique des plus restreintes, ce que ne saurait expliquer l'action des milieux.

9° Des régions présentant un climat analogue peuvent avoir une faune et une flore identiques ou, au contraire, très différentes et ayant occupé dès le jour de leur apparition les espaces qu'elles occupent aujourd'hui: ce qui est absolument contraire à l'idée que les animaux et les plantes auraient d'abord apparu par couples accidentels destinés à se répandre ensuite. D'autres fois, au milieu d'une faune et d'une flore peu différentes, du reste, de celles d'une autre région, se trouvent des types tout à fait spéciaux, tels que les marsupiaux en Australie, circonstance qui ne peut dépendre de l'action des milieux, puisque ceux-ci auraient dû modifier également toutes les parties de la faune et de la flore.

10° Les différents types d'une même série de formes se trouvent souvent dans des contrées tellement éloignées les unes des autres ou dans un ordre paléontologique tel qu'on ne peut supposer entre eux aucun lien de parenté. Ces séries sont du reste capricieusement composées, impliquant ainsi un libre choix de combinaisons employées et non l'action continue de forces aveugles, et le fait que les termes qui les composent sont disséminés sur la surface entière du globe suppose que l'intelligence qui a créé les séries était simultanément présente partout.

11° Malgré la diversité des conditions d'existence auxquelles sont soumises les espèces, les espèces d'une même famille présentent une taille assez uniforme, ce qui exclut l'intervention des milieux dans la limitation de la taille.

12° Parmi les espèces, les seules qui aient varié n'ont varié que sous l'action d'une puissance intelligente, l'homme: ce qui démontre l'intervention d'une intelligence autrement puissante dans les modifications des faunes et des flores.

13° Les manifestations intellectuelles des animaux sont essentiellement de même nature que celles de l'homme, d'où il suit que tous sont le siège d'un principe immatériel, qui ne peut tenir son origine des forces physiques et témoigne de l'existence d'une intelligence universelle.

14° Cette intelligence se manifeste hautement dans la précision avec laquelle sont réglés les rapports entre les individus de même espèce, entre les diverses espèces animales et le milieu ambiant, entre les espèces animales ou végétales qui habitent un même canton, et notamment entre les parasites et les hôtes qui doivent les héberger.

15° Les divers phénomènes embryogéniques, les métamorphoses et les phénomènes singuliers de reproduction asexuée que nous étudierons plus tard témoignent hautement que les forces physico-chimiques n'ont que faire dans le développement si minutieusement réglé de l'individu.

16° Il existe de remarquables rapports entre les types organiques qui se succèdent dans les séries paléontologiques: certains types, les *types synthétiques*, réunissent en eux des caractères qu'on ne trouvera plus tard que séparés les uns des autres dans des types différents; d'autres, les *types prophétiques,* présentent des organes qui, sous une forme imparfaite, semblent annoncer l'apparition de types nouveaux ayant des organes et des fonctions qui manquaient jusque-là aux animaux: ainsi les ptérodactyles, ces lézards volants, semblent prophétiser la venue prochaine des oiseaux; d'autres types enfin, les *types embryonnaires,* montrent à l'état permanent des caractères qui ne seront que transitoires chez leurs successeurs. L'existence de semblables types dans les terrains anciens témoigne que l'évolution paléontologique est l'œuvre d'une intelligence presciente et prévoyante. Les combinaisons préexistent dans sa pensée avant de revêtir une forme vivante.

17° Il existe un parallélisme entre l'ordre de succession des animaux et des plantes, dans les temps géologiques et la gradation offerte par les êtres organisés actuels. On y reconnaît un esprit de suite qui surveille tout le développement de la nature, du commencement à la fin, qui laisse lentement se produire un progrès graduel et finit par l'introduction de l'homme, couronnement de la création animale. Un parallélisme semblable existe entre l'ordre d'apparition des animaux et les phases du développement embryonnaire chez leurs représentants actuels; c'est, dans l'une et l'autre série, la répétition d'une même suite de pensées.

Louis Agassiz conclut donc:

«Loin de devoir leur origine à l'action continue de causes physiques, tous les êtres ont successivement fait apparition sur la terre en vertu de l'action *immédiate* du Créateur.

«Les produits de ce qu'on appelle communément les agents physiques sont *partout les mêmes,* sur toute la surface du globe, et ont *toujours été les mêmes* durant toutes les périodes géologiques. Au contraire, les êtres organisés sont *partout différents* et ont *toujours différé* à tous les âges. Entre deux séries de phénomènes ainsi caractérisés, il ne peut y avoir ni lien de causalité, ni lien de filiation.

«La combinaison dans le temps et dans l'espace de toutes ces conceptions profondes non seulement manifesté de l'intelligence, mais de plus elle prouve la préméditation, la puissance, la sagesse, la grandeur, la prescience, l'omniscience, la providence. En un mot, tous ces faits et leur naturel enchaînement proclament le seul Dieu que l'homme puisse connaître, adorer et aimer. L'histoire naturelle deviendra, un jour, l'analyse des pensées du Créateur de l'univers, manifestée dans le règne animal et le règne végétal, comme elles l'ont été dans le monde inorganique[105].»

Richard Owen admettait que l'archétype était une émanation directe de la pensée divine, mais que des modifications secondaires dues à l'action des milieux avaient pu le modifier de mille manières. L. Agassiz étend, comme on voit, autant qu'il est possible, cette intervention divine qui apparaît dans le plus simple phénomène. C'est la conséquence directe de l'hypothèse de la fixité des espèces. Personne n'a aussi complètement développé cette conséquence; aucun naturaliste n'a réuni, pour la soutenir, un nombre plus considérable d'arguments; mais les arguments présentés par l'illustre professeur de Cambridge ont-ils nécessairement la signification qu'il leur attribue? Il n'est pas un des phénomènes invoqués par L. Agassiz qui n'ait reçu, depuis son écrit, une explication naturelle. Le mélange d'animaux divers, vivant, en apparence au moins, dans des conditions identiques, la persistance de formes semblables dans des conditions d'existence variées, la superposition des caractères de types aux caractères secondaires de famille, de genre et d'espèce sont des conséquences immédiates de la loi d'hérédité de Lamarck; dans un ouvrage récent[106], nous avons rattaché à des causes déterminées la formation des grands types organiques, et montré que ces types avaient dû apparaître et se développer simultanément: le mélange constant de formes organiques différentes qu'on observe à toutes les époques géologiques est une conséquence de ce premier fait; tous les faits connus de répartition géographique sont devenus des arguments en faveur de la théorie de la descendance. Comme Agassiz le pressentait lui-même, les divers rapports qui existent entre chaque espèce animale, le monde extérieur et les êtres vivants avec qui elle se trouve en contact sont de simples phénomènes d'adaptation, conséquences forcées de la sélection naturelle. On est d'accord aujourd'hui pour reconnaître qu'aucune espèce ne demeure absolument immuable quand on la soumet à des actions modificatrices suffisamment énergiques, et pour reconnaître que les variations des animaux domestiques ne sont pas d'une autre nature que celles des animaux sauvages. L'instinct et l'intelligence s'expliquent l'un par l'autre. Le parallélisme entre l'évolution paléontologique et l'évolution embryogénique est devenu l'une des propositions les plus fécondes de la théorie de la descendance. En un mot, toute cette savante argumentation se tourne au profit de la doctrine de l'évolution qu'elle prétendait combattre: il apparaît nettement que l'activité créatrice n'intervient de nos jours que par l'intermédiaire du conflit des propriétés inhérentes à la substance vivante et des conditions dans lesquelles chaque individu organisé est appelé à vivre, et rien n'indique qu'elle soit jamais intervenue autrement. On ne voit pas que la conception nouvelle du monde organisé soit de nature, dans l'ignorance où nous sommes des causes premières, à diminuer la majesté de l'intelligence organisatrice de l'univers. D'autre part, pénétrer les idées réalisées du Créateur, ou pénétrer les procédés à l'aide desquels il les a mises en œuvre, sont choses aussi dignes l'une que l'autre de l'intelligence humaine.

Quoi qu'il en soit, admettons que les diverses divisions du règne animal soient, en quelque sorte, d'institution divine, correspondent à des catégories spéciales de la pensée créatrice, chaque division devra, dans cette hypothèse, avoir sa signification particulière. L. Agassiz cherche donc en quoi consistent, dans le règne animal tout entier, les caractères de l'embranchement, de la classe, de l'ordre, de la famille, du genre, de l'espèce.

Il trouve les caractères de l'*embranchement* dans le *plan d'organisation*, abstraction faite de la façon plus ou moins simple dont ce plan a été réalisé. La *façon dont le plan est réalisé* ou, si l'on veut, la nature des matériaux qui ont servi à le réaliser fournit les caractères de la *classe*, qui doivent être, avant tout, tirés de la structure anatomique. Un plan réalisé à l'aide des mêmes matériaux comporte encore un degré plus ou moins grand de complication; c'est dans ce *degré de complication* qu'il faut chercher les caractères de l'*ordre*, entre lesquels il existe par conséquent une gradation déterminée. Les modifications générales que, sans changement dans le plan de structure, peut subir la *forme extérieure,* deviennent les caractères de la *famille*; on peut considérer non seulement les modifications générales de la forme extérieure, mais encore les *modifications de forme des parties* du corps; ces modifications donnent les caractères des *genres*; il ne reste plus à définir que l'*espèce*.

Là, Agassiz se sépare complètement des naturalistes qui fondent la notion de l'espèce sur l'aptitude qu'auraient les individus de même espèce à engendrer, lorsqu'ils s'unissent entre eux, des produits aussi féconds qu'eux-mêmes.

«Tant qu'on n'aura pas prouvé, dit-il[107], pour toutes nos variétés de chiens, pour toutes celles de nos animaux domestiques et de nos plantes cultivées, qu'elles sont respectivement dérivées d'une espèce unique, pure et sans mélange; tant qu'un doute pourra être conservé sur la communauté d'origine et la descendance unique de toutes nos races humaines, il sera illogique d'admettre que le rapprochement sexuel, même donnant lieu à un produit fécond, soit un témoignage irrécusable de l'identité spécifique.

«Pour justifier cette assertion, je demanderai s'il est un naturaliste sans préjugés qui, de nos jours, ose soutenir:

«1° Qu'il est prouvé que toutes les variétés domestiques de moutons, de porcs, de bœufs, de lamas, de chevaux, de chiens, de volailles, etc., sont respectivement dérivées d'un tronc commun;

«2° Que considérer ces variétés comme le résultat d'un mélange de plusieurs espèces primitives est une hypothèse inadmissible;

«3° Que des variétés importées des contrées lointaines et entre lesquelles il n'y a jamais eu accointance auparavant, comme les poules de Shanghaï et nos poules communes, par exemple, ne se mêlent pas complètement?

«Où est le physiologiste qui pourrait affirmer en conscience que les limites de la fécondité entre espèces distinctes sont connues avec une suffisante rigueur pour en faire la pierre de touche de l'identité spécifique? Qui pourrait dire que les caractères distinctifs des hybrides féconds et ceux des produits de sang non mêlé sont tellement évidents, qu'on puisse retracer les traits primitifs de tous nos animaux domestiques, ou bien ceux de toutes nos plantes cultivées?»

Ici, Agassiz est évidemment sur une pente dangereuse pour la théorie de la fixité de l'espèce. Si des espèces primitives peuvent se mêler au point d'avoir pu fournir ce que nous appelons nos espèces domestiques, alors même que l'intelligence humaine serait le seul auteur de ce résultat, il est acquis que l'espèce est variable. On peut, à la vérité, supprimer la difficulté en disant que nous avons tort de considérer nos chiens, nos bœufs, nos pigeons comme ne formant qu'une seule espèce, attendu que le fait qu'ils peuvent se mélanger n'importe comment ne prouve plus rien. Dieu dit, en effet, le savant fondateur du Musée de Cambridge, n'a pas créé les espèces autrement qu'il n'a créé les genres, les familles et les autres catégories d'êtres entre lesquels le naturaliste constate des ressemblances; il n'existe aucun lien génésique entre les individus de même genre, de même famille, de même ordre; il n'y a pas davantage de lien génésique nécessaire entre les individus de même espèce. Les premiers individus de qui ils descendent ont été créés séparément, en grand nombre; l'espèce était, au moment de la création de ces individus réciproquement indépendants, aussi limitée que de nos jours; c'est donc à des caractères reconnaissables dans la structure et la forme extérieure des individus qu'il faut demander le signe distinctif de l'espèce et non pas dans quelque phénomène de reproduction, simple conséquence de la ressemblance que présentent entre eux les individus.

Louis Agassiz pousse jusqu'au bout, on le voit, les conséquences logiques de son système. En acceptant comme un *fait* la fixité des espèces, il est conduit à donner à la notion de l'espèce une base tout à fait hypothétique, à la faire dépendre uniquement d'une *idée* créatrice. Le naturaliste reconnaît cette idée à ce que les individus de même espèce, limités à une période géologique déterminée, entretiennent les mêmes rapports soit entre eux, soit avec le monde ambiant, à ce que la proportion des parties de leur corps, la façon dont il est ornementé sont les mêmes chez tous, à ce que, soumis aux mêmes influences, ils varient tous de la même façon, de sorte que la définition d'une espèce exige la connaissance de tous les détails de l'organisation et du mode d'existence des êtres, qui la composent.

L. Agassiz aurait pu simplifier cette définition en admettant l'hypothèse de Linné: «Nous comptons autant d'espèces qu'il est sorti de couples des mains du Créateur.» Mais il aurait alors fallu reconnaître à l'espèce une réalité d'une autre sorte que celle des divisions plus étendues de nos méthodes; il aurait fallu admettre qu'il existe une parenté réelle, une véritable consanguinité entre tous les animaux de même espèce, alors que cette parenté n'existe plus entre les animaux du même genre, créés indépendamment les uns des autres; c'eût été rompre l'harmonie du système: la logique devait donc conduire le théoricien de la fixité des espèces à faire un choix que Cuvier n'avait pas voulu faire lorsqu'il disait: «L'espèce est l'ensemble des individus nés de parents communs et de ceux qui leur ressemblent autant qu'ils se ressemblent entre eux.»

L'hypothèse de la fixité des espèces, en introduisant la fixité partout dans la nature, donne aux classifications zoologiques une apparente précision, séduisante pour bien des esprits; mais la nature, dans son incessante mobilité, fait en quelque sorte éclater de toutes parts les liens dans lesquels on essaye de l'enchaîner. L. Agassiz n'a pu définir les divisions systématiques des divers degrés qu'en donnant à ses définitions une élasticité qui les rend illusoires quand on veut les appliquer aux faits, ou en employant des comparaisons difficiles à justifier: toute définition de l'espèce sombre même dans cette submersion générale des faits par la première théorie qui essaye de leur appliquer d'une façon quelque peu générale les procédés de raisonnement habituellement en usage dans l'école dite des faits.

Le fait, c'est qu'il existe des groupes d'individus qui peuvent se mélanger indéfiniment entre eux; dans ces groupes, on ne saurait établir aucune ligne de démarcation précise entre les formes que peuvent revêtir les individus. Le fait, c'est également que tout rapprochement entre ces individus et certains autres plus ou moins différents est constamment stérile; entre les individus du premier groupe et ceux du second, la démarcation est donc absolue; chaque groupe ainsi isolé constitue une *espèce*; mais, entre la fécondité absolue et l'infécondité complète des rapprochements, on trouve tous les passages. Le fait, c'est encore que les individus de même espèce présentent, en général, une identité presque complète de structure, tout en variant assez sous le rapport de la taille, des proportions, de la couleur, des habitudes, pour différer quelquefois entre eux plus qu'ils ne paraissent différer d'individus appartenant à une autre espèce. Le fait, c'est aussi que le plus grand nombre de ces différences peuvent être attribuées aux circonstances extérieures, tandis que les ressemblances fondamentales ne sont nullement en rapport avec l'action actuelle du milieu. Le fait, c'est que, si les différences entre individus de même espèce sont parfois tout individuelles, elles peuvent aussi se transmettre par la génération, de sorte que tous les individus nés les uns des autres, unis entre eux ou à d'autres qui leur ressemblent, présentent toujours un même ensemble de caractères permanents qui les distinguent dans leur espèce; ces séries d'individus forment des *races* presque aussi fixes que les espèces, quand l'union n'a lieu qu'entre individus semblables, mais qui peuvent s'altérer plus ou moins par des unions avec les individus de race différente. Le fait, c'est qu'il existe réellement entre les espèces animales des ressemblances de divers ordres, inexplicables par l'action *actuelle* des conditions ambiantes, ressemblances sur lesquelles est basé tout l'échafaudage de nos divisions zoologiques.

Sans doute, si cette action s'éteignait avec l'individu sur lequel elle se produit, le problème serait résolu, il faudrait déclarer le monde inexplicable autrement que par des causes surnaturelles. Mais cette action des milieux ne s'éteint pas ainsi; les modifications qu'elle a produites sont transmises, dans une certaine mesure, par l'individu qui les a subies, à sa progéniture; elles deviennent plus stables à mesure que des générations se succèdent dans des conditions favorables à leur conservation; elles se fixent, pour ainsi dire, avec les générations, et les individus en qui elles ont acquis une certaine stabilité peuvent alors être placés, sans perdre leurs caractères, dans les conditions d'existence les plus variées. Là encore, nous sommes en présence de faits qui font disparaître plusieurs des arguments invoqués par L. Agassiz en faveur de son système. Les problèmes se posent dès lors d'une façon nouvelle.

En somme, la fécondité d'un accouplement résulte simplement de ce que le spermatozoïde de l'individu fécondateur peut accomplir ses fonctions normales dans l'œuf de l'individu fécondé. De ces fonctions on ne connaît que le résultat; on ignore absolument et comment elles s'accomplissent et quelles conditions sont nécessaires pour leur accomplissement. On sait toutefois qu'une très légère modification dans les conditions où l'œuf se trouve placé suffit pour empêcher sa fécondation par les spermatozoïdes dont il reçoit ordinairement l'action. De nombreuses modifications dans la forme du corps peuvent se produire sans que l'aptitude de l'œuf à être fécondé en soit modifiée; d'autres, au contraire, amènent promptement cette incapacité; ne faut-il pas chercher là la cause de la séparation des races en espèces qui continuent à se ressembler tout en étant incapables de se mélanger? Les espèces résulteraient ainsi des mêmes causes que les races; elles ne différeraient des races ordinaires que parce que, dans ces dernières, les modifications portent sur des parties quelconques du corps, tandis que, lors de l'apparition d'une espèce nouvelle, la modification porterait sur les conditions biologiques qui permettent l'action du spermatozoïde sur l'œuf. Ces conditions sont très probablement déterminables, et le problème de leur détermination ne sort pas du cercle de ceux qu'aborde habituellement la physiologie expérimentale.

Si les espèces se constituent de la sorte, les ressemblances entre les espèces différentes s'expliquent toutes par l'hérédité des caractères; leur permanence résulte de la fécondation qui combat les unes par les autres les différences individuelles, et accroît à chaque génération la stabilité des ressemblances. La sélection naturelle explique l'isolement relatif des espèces, ainsi que leurs étroites adaptations aux conditions extérieures. On arrive donc à comprendre tout à la fois la fixité apparente des formes spécifiques et leur variabilité. Tout le problème zoologique consiste à déterminer les conditions qui ont pu, dans le passé, produire et conserver tel ou tel caractère.

En examinant avec soin les données sur lesquelles raisonnent jusqu'ici les zoologistes, on voit qu'elles sont presque exclusivement empruntées à l'étude des animaux relativement perfectionnés dont l'organisation relève d'un type nettement distinct; ce sont, en somme, les vertébrés, les arthropodes et les mollusques qui fournissent ses bases à la philosophie zoologique; mais pendant que nos connaissances sur ces animaux arrivent à un tel degré de perfection apparente qu'il semble possible de les résumer en quelques propositions générales, comparables aux lois des physiciens, l'étude d'animaux plus simples, longtemps négligés, presque tous confondus dans l'embranchement des zoophytes ou rayonnés par Cuvier, vient élargir singulièrement le cadre de la science, montrer que les questions que l'on croyait résolues sont à peine posées et ouvrir un nouveau champ aux spéculations. Il est indispensable, pour bien saisir la portée de ce mouvement, de revenir en arrière et de remonter jusqu'à son origine.

CHAPITRE XVII

LES ANIMAUX INFÉRIEURS

Progrès successifs des découvertes relatives aux animaux inférieurs.—Trembley: l'Hydre d'eau douce.—Peyssonnel: le Corail.—Cuvier: la Pennatule.—Lesueur: les Siphonophores.—de Chamisso: la génération alternante des Salpes.—Sars: la génération alternante des Hydroméduses.—Steenstrup: théorie de la génération alternante.—Van Beneden: la digénèse.—Leuckart: le polymorphisme.—Owen: la parthénogénèse et la métagénèse.—M. de Quatrefages: la généagénèse.— Théorie sur la reproduction de M. Milne Edwards.—Théorie générale des phénomènes de reproduction agame.

De tout temps, un certain nombre d'animaux sans vertèbres ont été connus de l'homme. Aristote, nous l'avons vu, en distingue déjà de diverses sortes qu'il groupe ensemble fort judicieusement. Il a même observé les mœurs et les métamorphoses de plusieurs insectes; ce qu'on sait de précis à leur égard durant tout le moyen âge vient presque entièrement de lui, mais il ne pouvait guère être compris. Les métamorphoses des insectes préparent d'ailleurs l'esprit à accepter sans contrôle les affirmations les plus bizarres. Quand on voit un papillon naître d'une chenille, peut-on trouver étonnant *a priori* que les chenilles naissent des feuilles vertes, comme le veut Aristote, ou que les vers se forment dans le limon qu'ils habitent et duquel la Genèse fait sortir l'homme lui-même sous le souffle de Dieu?

Il fallait, pour que des idées saines et claires pussent se dégager de cette histoire compliquée des animaux inférieurs, que l'homme apprît à observer et qu'il eût entre ses mains des instruments propres à augmenter la puissance de ses sens. C'est seulement au XVIIe siècle que l'emploi de verres grossissants fournit à Malpighi, à Swammerdam et à Leuwenhoek les moyens d'étudier la structure intime du corps et de reconnaître l'existence d'êtres que leur petitesse avait jusque-là soustraits aux regards de l'homme. Malpighi s'occupa surtout d'anatomie et d'embryogénie. Swammerdam s'appliqua à étudier les métamorphoses des insectes. Leuwenhoek soumit à ses verres grossissants les objets les plus variés: il est le premier qui ait signalé l'existence des infusoires et qui ait étudié cet animal, bourgeonnant comme une plante, que les recherches de Trembley devaient plus tard rendre célèbre, l'hydre d'eau douce; en même temps, un de ses élèves, de Hamm, découvrait les zoospermes.

Ces trois découvertes devaient avoir par la suite un retentissement considérable.

Les infusoires ont été le point de départ de longues spéculations; on a voulu voir en eux la matière, en train de s'organiser; on en a fait des atomes vivants; ils ont éternisé le débat sur les générations spontanées. Ils nous ont finalement appris en quoi consiste la vie des éléments constitutifs de notre corps.

L'hydre d'eau a été le premier exemple de ces organismes arborescents dont le corail est le type et a permis de comprendre ce que pouvaient être ces organismes singuliers.

Les spermatozoïdes, dans lesquels on crut reconnaître un moment l'animal rudimentaire, fournirent des arguments à la doctrine de l'emboîtement des germes tant que le développement des animaux par épigenèse ne fut pas rigoureusement démontré. Ils sont devenus le point de toutes nos idées sur les conditions premières du développement des êtres vivants.

Mais ce ne fut pas d'un seul coup que ces trois observations acquirent l'importance qu'elles devaient avoir. On ne pouvait, en effet, soupçonner le rôle des spermatozoïdes avant d'avoir constaté la généralité de l'existence de l'œuf et d'avoir déterminé en quoi consistent les phénomènes embryogéniques; or c'est seulement en 1824 que Prévost et Dumas constatèrent pour la première fois la segmentation du vitellus, et en 1827 que Von Baër découvrit l'œuf des mammifères. L'hydre d'eau douce fut à peu près complètement oubliée jusqu'en 1744, date de la publication des mémorables recherches de Trembley. Les infusoires enfin ne servirent qu'à donner une vaine apparence de fondement aux spéculations des philosophes de la nature, jusqu'à ce qu'Ehrenberg, reprenant l'œuvre d'Otto Frédéric Müller, en eût fait, en 1829, un des principaux arguments contre l'hypothèse de la gelée primitive.

Auprès de Malpighi, de Swammerdam, de Leuwenhoek, il faut faire une place à Redi, qui donna le premier coup à cette croyance, généralement répandue jusqu'à lui, qu'une foule de vers, d'insectes et de mollusques, voire même certains mammifères, tels que les rats, pouvaient prendre naissance par la transformation spontanée de substances inertes. Redi démontra notamment que les vers de la viande naissaient d'œufs pondus par des mouches; mais il s'arrêta devant les difficultés qu'opposait à ses recherches l'histoire des vers parasites; il supposa qu'ils étaient formés aux dépens de l'âme sensitive de leur hôte. Après lui, c'est en vain qu'Harvey formule le célèbre axiome: «*Omne vivum ex ovo;*» la plupart des naturalistes continuent à admettre la génération spontanée des helminthes; on se demande si les parasites d'Adam ont été créés en même temps que lui, et le temps n'est pas encore bien éloigné où la médecine a définitivement consenti à voir dans les ascarides et les ténias des animaux comme les autres.

Les études de Redi n'en ont pas moins été un premier acheminement vers la délimitation entre les êtres organiques et les corps inorganiques, entre la substance vivante et la matière inerte. Si cette délimitation devient de plus en plus nette, à mesure que nous nous rapprochons de la période moderne, il en est tout autrement de la délimitation entre les animaux et les végétaux, qu'un petit nombre de récits fabuleux avaient seuls momentanément obscurcie.

Au XVIIIe siècle, on a pu un moment considérer comme le dernier mot de la science l'aphorisme de Linné: «*Mineralia crescunt, vegetalia crescunt, et vivunt; animalia crescunt, vivunt et sentiunt.*» Cependant certaines productions de la mer ont déjà embarrassé les anciens. De ce nombre est le Corail. Si Théophraste, Dioscoride et Pline n'hésitent pas à en faire une plante, Orphée croit devoir attribuer à cette plante une origine héroïque; elle a été durcie et colorée par le sang de la Gorgone Méduse, et Ovide raconte que, molle et flexible sous l'eau, elle durcit seulement à l'air. Boccone démontre, en 1674, l'inexactitude de cette opinion; mais il fait du corail une pierre; Ferrante Imperato (1699), Tournefort (1700) le replacent parmi les plantes, et leur opinion paraît triompher définitivement, lorsque le comte de Marsigli annonce, en 1706, qu'il a vu fleurir des branches de corail placées dans de l'eau de mer fraîche. Cependant une troisième opinion s'est fait jour, car, en 1713, Rumphius, dans ses *Amboinische Raritätkämmer*, parle des polypes qui ressemblent à des plantes; cette opinion est enfin formellement exprimée en 1723 par un jeune médecin de Marseille, Peyssonnel, ami de Marsigli, qui a vu les prétendues fleurs du corail manger et se mouvoir, et les compare aux actinies ou anémones de mer, si communes sur nos côtes. Mais Réaumur fait le plus froid accueil à cette opinion nouvelle; pour lui, le corail est une plante qui produit une coquille interne, exactement comme les colimaçons produisent une coquille externe; l'écorce du corail seule est vivante; son axe pierreux est une concrétion morte: Réaumur ne peut concevoir qu'une concrétion rameuse telle que le corail puisse ne pas avoir une origine végétale (1727). Le pouvoir de bourgeonner, de pousser des branches, de se laisser diviser sans mourir est, de son temps, le caractère essentiel des végétaux; mais cette définition du végétal va bientôt recevoir une rude atteinte.

En 1740, Trembley retrouve le polype d'eau douce de Leuwenhoek, et, fort intrigué par cette étrange production, qu'il croit n'avoir jamais été observée avant lui, il entreprend d'en déterminer la nature. Les premiers individus qu'il observe sont de couleur verte; leur couleur, leurs ramifications qui ressemblent à des racines lui font d'abord penser que ce sont des plantes; mais il observe bientôt que ces plantes se meuvent, qu'elles mangent; un doute lui vient; il lui semble que, pour résoudre le problème, il lui suffira de chercher si les polypes sont capables de bourgeonner et de se reproduire par boutures; il entreprend alors la belle série d'expériences dans lesquelles des hydres coupées en morceaux, retournées comme un gant, continuent cependant à vivre et à reproduire les parties qui leur manquent. Il observe que ses polypes peuvent former par un bourgeonnement successif des associations d'une vingtaine d'individus; que, en les divisant longitudinalement en lanières, chaque lanière devient un polype nouveau, de sorte que le polype primitif possède maintenant plusieurs têtes et plusieurs bouches, tout comme l'hydre de la fable; de là le nom que portera désormais dans la science le *Polype à bras en forme de cornes,* de Trembley.

Toutes ces expériences établissent que les hydres possèdent en commun avec les végétaux le pouvoir de bourgeonner, de se reproduire par bouture; mais un être qui se meut, qui capture des proies et les dévore, qui change de place à volonté, sait marcher de diverses façons, un tel être ne saurait appartenir au règne végétal; c'est bien un animal; il peut donc y avoir des animaux ramifiés comme des plantes; le corail ne serait-il pas un animal de ce genre, et Peyssonnel n'avait-il pas raison? Réaumur, Bernard de Jussieu, Guettard s'empressent de saisir les occasions qui s'offrent à eux d'étudier les polypes marins; enfin l'opinion de Peyssonnel triomphe devant l'Académie des sciences de Paris; on reconnaît que le corail, les flustres et autres «tuyaux marins» sont des animaux agrégés, nés les uns sur les autres par bourgeonnement et vivant en société. On a cependant encore tant de peine à se faire à cette idée que Linné, dans la douzième édition de son *Systema naturæ* (1766), cherche de nouveau un compromis: les zoophytes sont pour lui des plantes qui végètent sous l'eau, mais produisent des fleurs animales. C'est une dernière et timide protestation contre l'évidence; il faut bien cependant que la portée du fait n'ait pas été tout d'abord comprise; car Gaspard

Wolf, qui entreprend ses études d'embryogénie (1759) pour rechercher s'il n'y a pas dans le développement de l'animal quelque chose de comparable à ce qu'on observe chez les plantes, ne songe pas un seul instant aux polypes, et il en est de même de Gœthe, qui n'aurait pas manqué de voir dans ces sociétés d'animaux, qu'on nommera bientôt des *colonies*, l'exacte répétition de ce type de la plante qu'il était si fier d'avoir imaginé.

Les recherches de Trembley suscitent des recherches analogues de Bonnet (1741), son parent; mais ces dernières portent sur des animaux tout différents, des vers d'eau douce, très voisins des lombrics, quoique d'organisation plus simple, les *Tubifex*. Comme les hydres, les tubifex peuvent être coupés en morceaux, chaque morceau se complète et redevient un autre ver; un même tubifex a pu être partagé huit fois successivement, et la réparation se fait si vite qu'on pouvait obtenir en six mois, suivant Bonnet, 2 985 984 vers, à l'aide d'un seul; dans un cas, l'habile expérimentateur dit même avoir réussi à faire repousser une tête là où était primitivement la queue de l'animal et une queue du côté opposé, de manière à le retourner bout pour bout. Ces recherches confirment d'une manière absolue l'animalité des hydres puisqu'elles montrent chez des animaux bien authentiques des faits analogues à ceux qu'on observe chez des polypes. Plus tard, Gruithuisen et Otto-Frédéric Müller constatent que d'autres vers voisins de tubifex, les *Naïs*, se partagent spontanément en plusieurs individus, l'individu primitif pouvant se couper dans sa région moyenne en deux autres ou produire toute une chaîne de nouveaux individus à sa partie postérieure. Otto-Frédéric Müller ajoute, en 1788, un fait intéressant à ses premières observations: il découvre une annélide marine, la *Nereis prolifera*, depuis nommée *Autolytus prolifer*, qui se partage spontanément en deux, comme les *Naïs*; mais dans cette curieuse espèce, fait sur lequel Otto-Frédéric Müller ne s'était du reste pas arrêté, les deux individus résultant de ce partage ne se ressemblent pas.

En 1828 et 1830, Dugès[108] observe chez des vers inférieurs, les planaires, des phénomènes plus semblables encore à ceux que Trembley a constatés chez les hydres: il a vu, chez certaines espèces, un individu se diviser transversalement en plusieurs autres qui demeurent unis plus ou moins longtemps de manière à figurer une sorte de ver annelé; mais, dans ce ver, les anneaux ne tardent pas à se séparer les uns des autres, comme font les hydres, pour vivre isolément. Il n'est pas douteux que ce fait ait contribué à faire naître chez le savant de Montpellier les idées qu'il développe dans son *Mémoire sur la conformité organique*.

Le mode de groupement, les rapports réciproques des animaux vivant associés, comme le corail, réservent aux naturalistes qui n'ont connu jusque-là que les animaux supérieurs, bien d'autres étonnements.

En 1803, étudiant un organisme étrange, la pennatule, sorte de grande plume vivante qui enfonce sa tige dans la vase sous-marine et étale dans l'eau ses barbes en forme de larges disques, Cuvier avait reconnu que ces disques supportaient de nombreux polypes semblables à ceux du corail; la pennatule était donc une colonie de polypes; mais il faisait remarquer de plus que tous les polypes composant la pennatule sont soumis à une volonté unique, qu'ils accomplissent en commun toutes les fonctions de nutrition et que la pennatule devait, en conséquence, être considérée comme un animal composé; il étendait la même conclusion à toutes les colonies de polypes, dont chacun devenait pour lui un animal composé ou mieux encore un animal à plusieurs bouches et un seul corps.

L'illustre voyageur Lesueur, faisant connaître en 1813, dans le *Journal de physique,* quelques-uns des animaux remarquables qu'il avait rassemblés durant ses longues traversées, appelait l'attention sur les organismes gélatineux, aux formes variables et compliquées, qu'on désigne sous le nom de siphonophores; il voyait en eux des colonies flottantes de méduses, opinion adoptée par Lamarck et de Blainville.

En 1819, Adalbert de Chamisso, qui fut à la fois un voyageur hardi, un romancier plein de fantaisie, un brillant poète et un naturaliste exact, avait signalé des phénomènes tout à fait inattendus dans la reproduction des salpes, singuliers animaux nageurs de la classe des Tuniciers, transparents comme l'eau dans laquelle ils vivent, pareils à des manchons de gélatine, pourvus d'appendices diversement placés et nageant à l'aide des contractions de leur corps. On connaissait un certain nombre d'espèces de Salpes se rattachant à deux types généraux, les unes pouvant atteindre la grosseur du poing et vivant solitaires, les autres beaucoup plus petites et vivant toujours associées en longues chaînes, souvent phosphorescentes, ou en élégantes couronnes. Ces chaînes méritaient déjà l'intérêt par elles-mêmes, car tous les individus qui en font partie combinent leurs mouvements de natation avec tant de précision que la chaîne tout entière produit d'une manière absolue l'illusion d'un animal dirigé par une volonté unique. Les Salpes associées en chaîne, ou *salpes agrégées,* se distinguent toutes très nettement des *Salpes solitaires* tant par leurs caractères extérieurs que par certains traits d'organisation. Malgré toutes ces différences de forme, de taille et d'habitudes, Chamisso vint annoncer aux naturalistes que les Salpes agrégées étaient les filles des Salpes solitaires, qu'elles reproduisaient à leur tour; de sorte que, chez ces singuliers animaux, les filles ne ressemblent jamais à leur mère, mais bien à leur grand'mère, et que les individus qui se succèdent, produisent tour à tour un enfant unique ou une multitude d'enfants jumeaux destinés à vivre ensemble, unis par leurs membres. On crut à une invention de romancier, et von Baër lui-même, tout habitué qu'il fût aux transformations bizarres des embryons, n'osa pas ajouter foi aux affirmations du voyageur.

Les questions posées par les observations de Cuvier, de Lesueur et de Chamisso allaient bientôt s'élargir, se rattacher les unes aux autres et recevoir enfin une réponse commune. En 1828, Michael Sars, pasteur successivement à Kinn et à Mauger, en Norwège, découvrait une sorte de polype, ayant la forme extérieure d'une hydre, auquel il donnait le nom de *scyphistome*. En même temps, il décrivait un autre polype, le *strobile*, différant du premier par son corps cylindrique divisé en une série d'anneaux superposés, dont chacun ressemblait à une petite méduse. Quelques années après, en 1835, il reconnaissait que le scyphistome par les progrès de sa croissance se transformait en strobile, et que, de plus, chacun des anneaux du strobile se métamorphosait peu à peu, prenait l'aspect d'une petite méduse, finissait par se détacher des anneaux placés au-dessous de lui et nageait alors librement dans la mer. Sars donna à ces petites méduses le nom d'*Ephyres*, il en suivit les transformations ultérieures et obtint enfin, en 1837, ces grandes méduses connues sous les noms d'Aurélies et de Cyanées. Cuvier avait placé les polypes et les méduses dans deux classes bien distinctes de son embranchement des rayonnes: ces deux classes devaient être désormais confondues en une seule. On s'aperçut d'ailleurs bien vite qu'on se trouvait en présence d'une succession de phénomènes évidemment analogues à ceux qu'avait observés Chamisso, mais plus étranges encore. Il s'agissait d'en trouver l'explication ou tout au moins la loi; on se mit à l'œuvre.

Le professeur Lovén, de Stockholm, découvrit bientôt que les colonies arborescentes d'autres polypes hydraires, les campanulaires et les syncorynes, produisent aussi des méduses qui poussent sur elles comme des fleurs sur un végétal et se détachent ensuite[109]; Von Siebold, Dujardin, M. de Quatrefages, Desor, M. Van Beneden, Max Schultze, font à leur tour des observations analogues qu'étendent ensuite considérablement et coordonnent les magnifiques publications d'Allman. Le fait que des animaux de forme déterminée peuvent donner naissance à des animaux de forme absolument différente est désormais complètement établi.

On se souvient alors que l'histoire des helminthes ou vers parasites est pleine de faits singuliers et encore en grande partie inexpliqués. Swammerdamm[110], Bojanus[111], Von Baër[112], Carus[113] ont vu des vers inférieurs en forme de têtard, des cercaires ou même des helminthes bien connus, des distomes, se former à l'intérieur d'organismes vivants, eux-mêmes parasites. Fröhlich[114], Zeder[115], Von Siebold ont vu un embryon cilié tout différent de ses parents sortir de l'œuf des monostomes et des amphistomes, et cet embryon, suivant les observations de Siebold, contenait déjà un organisme en voie de formation ayant lui-même une forme toute particulière.

Dans la classe des cestoïdes ou vers solitaires, Pallas, Göze ont remarqué d'étonnantes ressemblances entre des vers courts pourvus d'une grosse vésicule à l'une de leurs extrémités, les cysticerques, et les véritables ténias. Bonnet[116] a pressenti en 1762 que les ténias ne devaient pas rester indéfiniment dans le même hôte. On se demande si la reproduction demeurée mystérieuse de ces animaux ne présente pas des phénomènes semblables à ceux qui ont été observés chez les salpes et polypes hydraires. Le moment est venu de coordonner tous ces faits merveilleux. Un jeune savant, alors lecteur à l'académie de Sorö, depuis professeur à l'université de Copenhague, Japetus Steenstrup, accomplit cette tâche en 1842 et s'efforça de ramener à une même loi les phénomènes en apparence de la reproduction des salpes, des méduses, des cestoïdes et des trématodes[117].

Le fait dominant dans la reproduction de tous ces animaux, c'est qu'un être *sexué*, de forme déterminée, donne naissance à des êtres *asexués*, qui ne lui ressemblent pas, mais qui produisent eux-mêmes, par une sorte de bourgeonnement ou par division de leur corps, de nouveaux êtres sexués semblables à ceux dont ils sont issus. Les formes sexuées et asexuées alternent donc régulièrement; aussi Steenstrup appelle-t-il les phénomènes qu'il s'agit d'expliquer phénomènes de *génération alternante*. Il détermine ensuite de la plus ingénieuse façon la signification des formes différentes qui se succèdent.

Sars et Lovén avaient vu dans le scyphistome un véritable polype d'une structure infiniment plus simple que celle de la méduse; dans leur opinion le polype était une larve dont la méduse était la forme parfaite; comme les insectes, les méduses n'arrivaient, suivant eux, à leur forme définitive qu'après avoir subi une métamorphose; seulement la métamorphose qui, chez les insectes, porte sur le même individu, était censée porter chez les méduses, sur deux ou plusieurs générations successives. Steenstrup établit au contraire que le scyphistome et la méduse sont deux êtres équivalents, l'un asexué, l'autre sexué. L'individu sexué produit les œufs, mais il meurt avant d'avoir pu mener à bien l'éducation des larves; cette éducation est confiée à l'individu asexué, au scyphistome. Le scyphistome n'est autre chose que l'aîné d'une génération dont il doit assurer le développement; c'est un être condamné au célibat dans l'intérêt de ses frères auxquels il se consacre entièrement; M. Steenstrup lui donne le nom de *nourrice*. De même, chez les abeilles, les fourmis, les termites, des œufs pondus par les femelles, un certain nombre seulement produisent des individus sexués, les autres ne produisent que des neutres chargés de l'élevage des jeunes et de tous les travaux qui assurent l'existence de la communauté. Chez ces insectes les neutres se distinguent des individus sexués, comme ceux-ci se distinguent entre eux; il n'est donc pas étonnant que le scyphistome, méduse neutre, diffère de l'aurélie, sa mère, qui est sexuée. Le même raisonnement peut être appliqué aux distomes et, avec plus de raison encore, aux salpes; il semble donc que les phénomènes singuliers de la génération alternante rentrent dans la loi commune, qu'ils soient dus à de simples différences dans la forme des individus, différences analogues aux différences sexuelles, et à un mode d'élevage des jeunes dont les insectes ont déjà offert des exemples.

La théorie de M. Steenstrup, basée sur des faits bien observés non seulement par lui, mais aussi par ses prédécesseurs, eut un vif succès; elle a été depuis contestée, modifiée, développée; il est hors de doute néanmoins qu'elle est absolument d'accord avec les résultats d'un certain nombre de recherches récentes. Chez les salpes, ce sont des œufs formés dans les salpes solitaires qui se développent dans les Salpes agrégées; chez les pucerons, M. Balbiani affirme que la formation et la fécondation des œufs précèdent l'apparition de l'individu qui semble les avoir engendrés; les conditions de la reproduction dans les colonies nous avaient conduit à affirmer en 1881[118] que l'œuf dans ces agrégations d'animaux est la propriété indivise de la colonie et non pas celle d'un individu déterminé; diverses observations, notamment celles, de M. Rouzaud, encore inédites, et celles récemment publiées, de M. de Varennes, ont conduit tout récemment à constater sur les colonies de polypes hydraires que l'œuf se produit dans les parties de la colonie que leur situation ne permet d'attribuer en propre à aucun polype, et c'est bien longtemps après l'apparition des œufs que se constituent les méduses dans lesquelles ils achèveront de mûrir et seront fécondés. Mais, comme toutes les explications basées sur la finalité des phénomènes, la théorie des générations alternantes telle qu'elle a été développée par l'illustre zoologiste danois ne s'applique qu'aux cas relativement rares où il s'est établi une adaptation, un accord entre deux catégories très générales de phénomènes d'ailleurs sans rapport immédiat: 1° la formation de l'œuf dans un animal ou dans une colonie; 2° la reproduction par bourgeonnement de cet animal, de cette colonie.

Effectivement, dans le même groupe zoologique, on trouve tous les intermédiaires entre les cas où le bourgeonnement est produit d'une façon tout à fait indépendante et celui où il est lié à la formation des œufs, entre les cas où les individus nés par bourgeonnement sont tous identiques à leurs parents, comme chez beaucoup de polypes hydraires et de vers annelés, et ceux où ils en diffèrent profondément. L'existence de deux modes de reproduction, la reproduction par œufs et la reproduction par bourgeons, est, pour M. Van Beneden, le phénomène général dont la génération alternante n'est qu'un cas particulier[119]; le savant professeur de Louvain désigne ce phénomène général, destitué de toute finalité, sous le nom de *digénèse*.

À cette notion importante de la digénèse, Leuckart, faisant à la génération alternante une application heureuse de la loi de la division du travail physiologique de M. Milne Edwards, ajoute la notion du *polymorphisme*[120]. Les individus qui produisent les œufs, ceux qui ne produisent que des bourgeons peuvent avoir des rôles divers à jouer, s'être adaptés à des conditions d'existence différentes; chacun doit prendre dès lors une apparence et des caractères conformes à sa fonction: la génération alternante n'est qu'un cas particulier de ces adaptations variées. Ainsi que Steenstrup l'admettait déjà, c'est bien un phénomène du même ordre que celui qui amène des différences de forme entre les mâles et les femelles, entre les individus sexués et les neutres des sociétés d'abeilles, de fourmis et de termites, entre les neutres même de ces dernières sociétés, lorsqu'ils ont des rôles différents à jouer. Les individus dissemblables nés les uns des autres ne se séparent pas nécessairement: ils peuvent demeurer unis entre eux et former ainsi des colonies dont les membres présentent une plus ou moins grande diversité de structure. M. Leuckart explique ainsi l'étonnante organisation des siphonophores, véritables colonies mixtes d'hydres et de méduses, et qui possèdent cependant une individualité propre; les siphonophores, à leur tour, font mieux comprendre les pennatules, colonies de polypes coralliaires, dont Cuvier faisait des animaux à plusieurs bouches, et le phénomène exceptionnel, en apparence, qui a produit la génération alternante, se trouve prendre dès lors une extension considérable: il peut intervenir même dans la constitution régulière d'organismes, dont les diverses parties ne sont que des individus adaptés à des fonctions particulières. C'est ainsi qu'un siphonophore comprend des individus nourriciers, des individus préhenseurs, des individus locomoteurs, des individus reproducteurs, qui tous sont des polypes ou des méduses modifiées conformément à leur fonction spéciale, ayant pris, suivant une comparaison vulgaire, la *figure de leur emploi*. Leuckart entre ainsi dans une voie féconde, qu'il ne poursuit pas, à la vérité, jusqu'au bout; mais on pressent déjà qu'un lien intime va s'établir entre la théorie de la constitution des siphonophores et des autres animaux composés, telle que la comprend Leuckart, et la théorie de la constitution des animaux articulés, telle que l'ont formulée Audouin et M. Henri Milne Edwards, ou plutôt ce lien a été établi d'avance par Dugès, alors qu'il n'était même pas question des générations alternantes: la loi du polymorphisme de Leuckart n'est, en définitive, qu'une application à quelques faits nouveaux ou mieux connus des principes développés dans le *Mémoire sur la conformité organique dans l'échelle animale,* publié vingt ans auparavant.

Avoir constaté que les animaux possèdent deux modes de reproduction différents, avoir montré que ces deux modes de reproduction déterminent l'apparition, dans la même espèce animale, de formes organiques dissemblables, n'est pas encore avoir expliqué comment l'ensemble de phénomènes qui dépendent de ces deux modes de reproduction se trouvent si fréquemment en rapport étroit. Richard Owen, suivant une voie qui lui est propre, se demande, de son côté, si la reproduction sexuée et la reproduction agame, à laquelle il donne le nom de *métagenèse*, ne peuvent pas être rattachées l'une à l'autre; il essaye d'obtenir ce résultat et d'expliquer du même coup la faculté si curieuse de se reproduire sans fécondation préalable que Leuwenhoek, puis Charles Bonnet avaient observée chez les femelles des pucerons. Ce phénomène de la reproduction sans fécondation ou, pour nous servir d'une autre expression d'Owen, de la *parthénogenèse*, reconnu depuis chez les abeilles, les guêpes, les cynips, plusieurs diptères et divers papillons, chez quelques crustacés, chez les rotifères, chez plusieurs vers inférieurs, ce phénomène, plus répandu qu'on ne l'avait cru d'abord, devient le point de départ de toute la théorie de l'illustre savant anglais[121]. La parthénogenèse n'est d'ailleurs qu'une apparence: en réalité, toute évolution, suivant Richard Owen, a pour point de départ l'union d'un élément mâle et d'un élément femelle. Après la fécondation, l'élément femelle, l'œuf, se divise, et tout être vivant n'est que l'assemblage des éléments provenant de cette division, répétée un nombre immense de fois, de l'élément primitif. Mais cette division des éléments constitutifs de l'être vivant n'est elle-même qu'une reproduction; elle se poursuit parce que chaque élément, en se divisant, lègue aux éléments qui le remplacent une part de l'activité que l'œuf a reçue de l'élément fécondateur, du spermatozoïde, et qu'il doit tout entière à ce dernier. Or le pouvoir fécondateur du spermatozoïde est limité: il ne peut provoquer qu'un nombre déterminé de divisions, ne s'étend qu'à un nombre fini d'éléments anatomiques. De là la limitation de la taille, la vieillesse et la mort, que l'on observe chez tous les êtres vivants. Dans certains cas, tous les éléments anatomiques nés de la division de l'œuf sont employés à la constitution d'un individu unique; c'est ce qui arrive chez les animaux supérieurs; dans d'autres cas, le pouvoir fécondateur du spermatozoïde n'est pas encore épuisé lorsque l'individu s'est déjà constitué; cet individu est alors toujours une femelle; il ne se produit d'individus mâles que lorsque le pouvoir fécondateur est sur le point d'atteindre sa limite. Jusque-là, le pouvoir reproducteur conservé par les individus femelles qui se succèdent peut se manifester chez eux de façons diverses; tantôt ces femelles produisent des œufs qui sont capables de se développer sans fécondation nouvelle: c'est ce qu'on observe chez les pucerons, les abeilles, les daphnies, etc.; tantôt elles produisent des bourgeons intérieurs qui s'organisent en nouveaux individus, comme on le voit chez les trématodes; tantôt elles poussent des bourgeons extérieurs qui peuvent se détacher et devenir autant d'êtres indépendants ou demeurer unis entre eux. Dans le premier, comme dans le second cas, les individus nouveaux peuvent revêtir, suivant leurs fonctions diverses, des caractères spéciaux; s'ils se séparent, on se trouve en présence du phénomène des générations alternantes; s'ils demeurent unis, il se produit des colonies telles que celles des polypes hydraires, des siphonophores, des coralliaires, des bryozoaires, des ascidies composées, des cestoïdes.

La théorie de la parthénogenèse, ainsi comprise, présente un caractère de grande généralité; elle relie entre eux une multitude de faits dont les rapports n'avaient même pas été entrevus. Le développement de l'individu, tel que nous le montrent les animaux supérieurs, se trouve notamment compris dans un ensemble de phénomènes dont la formation des colonies, la génération alternante et la parthénogenèse font également partie. Tous les phénomènes de la reproduction sont ramenés à un même type diversement modifié dans le détail et dont la fécondation est le point de départ. Malheureusement, comme l'ont fait remarquer Huxley, W. Carpenter et M. de Quatrefages, ce point de départ ne saurait être admis. Il est avéré que, dans des circonstances favorables, la faculté de produire sans fécondation peut être prolongée sinon indéfiniment, du moins très longtemps chez les femelles des pucerons; il en est de même de la faculté de bourgeonner chez les Hydres; il n'y a donc pas lieu d'attribuer au spermatozoïde un pouvoir fécondant limité; on connaît d'autre part un assez grand nombre d'êtres inférieurs, parmi lesquels peut-être tous les infusoires, dont la reproduction s'accomplit toujours sans fécondation, et souvent cet acte, borné à la fusion de deux protoplasmes d'apparence identique, se confond avec les phénomènes dits de conjugaison. La base de la théorie de la parthénogenèse disparaît donc; mais il ne s'ensuit pas que tout rapport s'évanouisse entre les faits rapprochés par Owen. Dans les phénomènes initiaux du développement chez la plupart des animaux, comme des végétaux, il y a deux choses: 1° la division de l'élément primitif de l'œuf, en un nombre de plus en plus grand d'éléments dérivés; 2° la fécondation. Entre ces deux phénomènes généralement concomitants, Richard Owen admet un rapport de cause à effet, et, pour lui, celui des deux phénomènes qui détermine l'autre, c'est la fécondation. Mais ce choix est arbitraire; la coïncidence habituelle des deux phénomènes peut très bien n'être qu'un phénomène d'adaptation; la fécondation peut être devenue nécessaire au développement dans des conditions déterminées, sans lui avoir toujours été indispensable, et dès lors le phénomène important, le phénomène dominateur, en quelque sorte, c'est le phénomène de segmentation de l'œuf que nous voyons être, en effet, le plus général. Ce phénomène se ramène lui-même à une propriété commune à tous les éléments vivants capables d'évolution, celle de se diviser dès que leur incessante nutrition les a amenés à une certaine taille. Cette propriété suffit[122] pour expliquer les uns par les autres et rattacher entre eux tous les phénomènes entre lesquels a cherché à établir un lien le savant illustre qu'on a justement appelé le Cuvier anglais.

Là encore, une modification légère, une retouche de peu d'importance suffit pour rendre toute sa valeur à une théorie qui semblait sur le point de succomber, et, qu'on le remarque, des théories successives qui ont été présentées jusqu'ici relativement aux phénomènes que nous étudions, aucune, quoi qu'il en semble, ne doit disparaître: toutes viennent se ranger comme des chapitres spéciaux, des corollaires importants d'une théorie plus générale qu'elles complètent et qui leur donne à son tour plus d'intérêt. Il est exact, en effet, que la nécessité où se trouvent non seulement les éléments anatomiques, mais encore les organismes qu'ils constituent, de se diviser en individualités distinctes lorsqu'ils ont acquis un certain développement, détermine l'existence de deux modes de reproduction, l'un qui exige la fécondation, l'autre qui ne l'exige pas. L'ensemble des phénomènes de reproduction qui sont les plus généraux et qui n'exigent pas la fécondation peut être désigné sous le nom choisi par M. Owen de *métagenèse*. Lorsque des espèces vivantes combinent à divers degrés ces deux modes de reproduction, qui peuvent être indépendants, il y a, comme le dit M. Van Beneden, *digenèse*. Si les individus qui se forment sans fécondation préalable ont pour point de départ un élément plus ou moins semblable à un œuf, il y a *parthénogenèse* au sens absolu de ce mot. Lorsque les divers individus issus d'un œuf fécondé ont à remplir des fonctions différentes, lorsqu'il y a entre eux une division du travail physiologique nécessaire à la conservation de l'espèce, ils revêtent des formes différentes; le *polymorphisme* accomplit, comme le veut M. Leuckart, son œuvre de complication, dont un cas particulier est ce qu'on a appelé la *génération alternante*. Il est également vrai, comme le pense M. Steenstrup, que la génération alternante peut avoir pour effet de constituer par voie agame des individus qui jouent le rôle de *nourrices* par rapport à ceux qui sont produits par voie sexuée et qui sont réellement leurs frères.

Mais la métagenèse peut encore avoir une autre conséquence importante sur laquelle M. de Quatrefages a particulièrement insisté[123]. Grâce à elle, un œuf unique ne produit pas un seul individu; il en produit un nombre plus ou moins grand, parfois illimité, et sa puissance prolifique se trouve ainsi multipliée dans une proportion considérable; l'œuf engendre non pas un organisme, mais toute une génération d'organismes; cet engendrement d'une génération tout entière est ce que le savant professeur du Muséum appelle une *généagénèse*. La généagénèse est particulièrement précieuse pour les animaux inférieurs, doués d'une faible résistance vitale, pour les parasites qui ont à courir mille dangers avant d'arriver à l'hôte dans lequel ils doivent vivre, et c'est, en effet, chez tout ce menu peuple du règne animal qu'elle se rencontre. Mais tout en montrant l'importance, en quelque sorte pratique, de la généagénèse, M. de Quatrefages ne la considère pas, tant s'en faut, comme un phénomène isolé, particulier seulement à certains organismes. Tout d'abord, la raison d'être de la *généagénèse* est la même que celle de la *métamorphose,* aussi ces deux phénomènes peuvent-ils venir se compliquer réciproquement et se pénétrer au point qu'il est impossible de dire où finit l'un et où commence l'autre. De même que la généagénèse, la métamorphose se rattache à une augmentation de la puissance prolifique de chaque individu; une telle augmentation peut, en effet, être obtenue soit en multipliant le nombre des organismes qu'un seul œuf peut produire, soit en multipliant le nombre des œufs que chaque femelle peut pondre. Mais, comme le corps des femelles ne peut grossir indéfiniment, un accroissement du nombre des œufs ne peut être obtenu qu'à la condition que le volume de ces œufs se réduise. Tout œuf contient deux catégories de matériaux, ceux à l'aide desquels l'embryon se constitue, ceux à l'aide desquels il se nourrit; ces derniers sont évidemment les moins importants, c'est sur ceux que portera la réduction. D'autre part, aucun animal n'arrive à son complet développement sans avoir subi un grand nombre de métamorphoses, qu'il accomplit, en général, dans l'œuf chez les animaux supérieurs; lorsque les matériaux nutritifs accumulés dans l'œuf ne sont plus en quantité suffisante pour amener l'embryon au terme de son évolution, l'embryon éclot avant d'avoir revêtu sa forme définitive; il recherche lui-même le supplément de nourriture qui lui est nécessaire pour assurer la suite de son évolution et continue hors de l'œuf les transformations qu'il aurait dû éprouver sous ses enveloppes. Les larves des insectes ne sont, en conséquence, que des embryons nés avant terme, devenus capables de subsister par eux-mêmes et continuant librement leur évolution. Chez les animaux supérieurs, l'accroissement du corps de l'animal et ses métamorphoses marchent de pair, ne sont pour ainsi dire que le même phénomène, au lieu de s'accomplir successivement comme chez les insectes et beaucoup d'autres animaux inférieurs; mais les métamorphoses n'en subsistent pas moins; le phénomène demeure le même chez les insectes et chez les vertébrés; la seule différence que l'on constate entre eux porte seulement sur l'époque de la vie où s'accomplissent les changements les plus apparents.

Ici se manifeste entre les métamorphoses et le généagénèse un lien nouveau, qui cette fois n'est plus téléologique, mais bien essentiellement morphologique. Maintes fois, dans ses travaux, M. de Quatrefages a eu à comparer le mode de croissance des vers annelés avec le mode de croissance des colonies de polypes hydraires; les nouveaux anneaux d'une annélide se forment exactement de la même façon que les nouveaux polypes dans une colonie d'hydraires. Il est manifeste que chez les annélides la formation des nouveaux anneaux fait essentiellement partie des phénomènes d'accroissement du corps de l'animal et que ces phénomènes sont, à leur tour, en partie comparables aux phénomènes de l'accroissement du corps chez les animaux supérieurs, tels que les mammifères. La formation des colonies de polypes est donc ramenée à un phénomène bien plus connu, tout à fait vulgaire, l'accroissement du corps; il n'y a de particulier à ces colonies que leur forme arborescente.

Mais, chez les annélides, la formation des nouveaux anneaux aboutit souvent à la constitution d'individus autonomes, qui ne sont eux-mêmes qu'un résultat de l'accroissement de l'organisme dont il se détache; la même chose a lieu dans les colonies de polypes et conduit à la formation de nouvelles colonies: c'est le phénomène de la *digenèse*. L'accroissement, chez les animaux supérieurs, se complique toujours de métamorphoses; il en est de même chez les vers annelés; aussi le nouvel individu qui se forme peut-il différer notablement de son parent; c'est le cas des autolytes et des syllis; c'est aussi exactement le cas des salpes agrégées par rapport aux salpes solitaires, de méduses par rapport aux hydres, et de tous les cas où il y a *génération alternante*.

«Ainsi, dit M. de Quatrefages[124], toute génération agame se rattache à l'accroissement proprement dit. Ce phénomène se manifeste tantôt par l'*augmentation de volume des parties*, tantôt par la *multiplication de ces mêmes parties*. Or, dans ce dernier cas, il arrive souvent que chaque partie surajoutée réunit un ensemble qui en fait presque un individu. Chez les Annélides, par exemple, dans la plus grande étendue du corps, chaque anneau possède son centre nerveux, son appareil locomoteur, son système vasculaire, sa grande poche digestive, ses organes reproducteurs, le tout semblable à ce qui existe dans l'anneau qui précède et dans celui qui suit. Un pas de plus, et chaque anneau pourra se suffire à lui-même. Il ne lui manque, à vrai dire, qu'une bouche et des organes de sens. Dans les syllis, les myrianes, les naïs, cette bouche s'ouvre, ces organes naissent sur un anneau spécial, il est vrai, mais qui se forme exactement comme les autres. Tous les anneaux placés en arrière de cette tête accidentelle lui obéissent. Une individualité nouvelle s'est formée, et cette individualité a son origine dans un ensemble de phénomènes qui ne diffèrent en rien de ceux de l'*accroissement* tels qu'on les observe dans la classe entière. Entre ces phénomènes et la gemmation de l'hydre, celle du strobile, telle que l'a observée M. Desor, ou la segmentation du même être telle que l'a décrite M. Sars, il n'y a évidemment aucune distinction fondamentale. La forme seule des espèces, les lois de leur accroissement individuel suffisent pour expliquer les différences apparentes. Ainsi l'on passe de la simple croissance des mammifères au bourgeonnement par des nuances insensibles; et tout nous ramène à cette importante conclusion que le bourgeonnement et par conséquent la reproduction agame ne sont, au fond, qu'un *phénomène d'accroissement.*»

Ainsi, pour M. de Quatrefages, le corps d'un mammifère, l'ensemble des individus qui sont issus de l'œuf d'une syllis, d'une myriane, d'une naïs, la réunion des polypes qui forment une colonie et des méduses qui s'en détachent sont choses équivalentes.

«Une fois placé à ce point de vue, poursuit-il, nous comprenons très bien pourquoi la génération agame ne saurait être indéfinie. Dans tout animal, l'accroissement a des limites fixées d'avance. Si le bourgeonnement n'est qu'une forme de l'accroissement, il doit forcément avoir un terme. Il ne peut donc suffire à perpétuer l'espèce. Dès lors, l'intervention d'un autre mode de génération devient une nécessité à laquelle ne saurait échapper aucune espèce animale.»

Ainsi se trouve justifié le retour périodique de la reproduction sexuée, ainsi se trouvent en même temps rapprochés, sans qu'il soit besoin d'aucune hypothèse, les faits qui avaient conduit Richard Owen à attribuer aux éléments spermatiques un pouvoir fécondateur limité. Comme Cuvier, comme Dugès, et par des motifs autrement puissants, M. de Quatrefages assimile les colonies que forment si fréquemment les animaux inférieurs à ce que nous nommons l'individu chez les animaux supérieurs; mais, de même que Dugès avait donné à l'idée de Cuvier une importance toute nouvelle en montrant ses applications à l'anatomie comparée, M. de Quatrefages donne à son tour une valeur inattendue à la théorie de Dugès par la féconde application qu'il en fait aux plus compliqués des phénomènes de reproduction.

* * * * *

M. Henri Milne Edwards s'est proposé de constituer, comme Richard Owen, une théorie tout à fait générale des phénomènes de reproduction, dans laquelle il cherche à établir un parallélisme absolu entre les phénomènes de la génération alternante et les procédés ordinaires de la génération sexuée. Pour l'illustre doyen de la Faculté des sciences de Paris, les phénomènes que présentent, dans leur développement, les salpes et les méduses, loin d'être une exception, sont, au contraire, la règle générale. Tout animal commence par être une simple vésicule, ayant qualité d'être vivant et qu'on peut appeler le *protoblaste*. Le protoblaste est le plus souvent contenu dans l'œuf, c'est la vésicule germinative; il y termine généralement sa courte existence, mais il peut aussi mener une vie indépendante: tel est le cas de l'embryon cilié des distomes. Avant de mourir ou de disparaître, le protoblaste produit par bourgeonnement un organisme plus compliqué, le *métazoaire*: c'est le polype hydraire dans le cas des méduses, la salpe solitaire chez les tuniciers, le blastoderme chez les vertébrés; le métazoaire n'a, lui aussi, en général, qu'une existence temporaire: il disparaît ordinairement comme le protoblaste et comme lui produit, avant de mourir, l'animal définitif, l'animal chargé de perpétuer l'espèce, par voie de génération sexuée, le *typozoaire*. Les protoblastes peuvent se multiplier sous leur forme simple et produire, en conséquence, un ou plusieurs métazoaires; les métazoaires peuvent produire plusieurs typozoaires ou n'en produire qu'un seul avec lequel ils se confondent quelquefois; c'est dans cette aptitude plus ou moins grande à la reproduction présentée par les termes successifs de cette série, que sont dues les différences observées dans le développement des animaux. On cesse donc de s'étonner d'un phénomène qui est absolument général.

* * * * *

En comparant entre elles les diverses théories que nous venons d'exposer et qui toutes ont pour but de donner une explication des mêmes phénomènes, on sera sans doute étonné de voir combien sont différentes les tendances de leurs auteurs. Pour un physicien, le point de départ de toute théorie est un phénomène simple, dont on a rigoureusement établi les conditions déterminantes et les lois, dont on poursuit les modifications diverses à travers des circonstances de plus en plus compliquées; sur ce point tous les physiciens sont d'accord, et nous pourrions ajouter que les physiciens sont eux-mêmes d'accord, sur le but poursuivi par toute théorie, avec les chimistes et les astronomes. En un mot, pour tous les savants qui cultivent les sciences physiques, expliquer un phénomène complexe, c'est montrer comment il se rattache à un autre phénomène très simple, connu dans tous ses détails, quand on le dégage des circonstances accessoires qui interviennent pour le modifier. Tous les phénomènes astronomiques sont ainsi rattachés au phénomène simple de l'attraction des corps, et l'astronomie tout entière n'est que le développement de cette loi: *Les corps s'attirent proportionnellement au produit de leur masse et en raison inverse du carré de leur distance.* Tous les phénomènes de l'acoustique et de l'optique sont ramenés de même au mouvement du pendule; l'optique et l'acoustique théoriques sont le développement des équations du mouvement vibratoire. Les transformations diverses de la chaleur sont toutes ramenées à un phénomène simple, réchauffement d'un corps en mouvement brusquement arrêté dans sa course, et la théorie mécanique de la chaleur est le développement de l'équation qui établit l'équivalence entre la quantité de mouvement disparu et la quantité de chaleur produite. Tous les phénomènes électrodynamiques se ramènent encore à l'attraction d'un élément de courant sur un élément de courant, et l'électrodynamique est le développement d'une équation aussi simple que les précédentes. Ainsi, nous ne saurions trop le répéter, dans toutes les branches des sciences physiques, les savants sont absolument d'accord sur la signification du mot *expliquer*; pour chaque catégorie de phénomènes, ils remontent de proche en proche à un phénomène simple, dont ils déterminent expérimentalement les lois, et ils cherchent comment ce phénomène se modifiera dans toutes les conditions précises que l'on pourra imaginer. C'est là la méthode des sciences expérimentales, et le plus beau titre de gloire des Bichat et des Claude Bernard est surtout d'avoir montré que cette méthode pouvait être appliquée dans toute sa rigueur à la physiologie, à la condition de remonter jusqu'aux propriétés fondamentales des éléments anatomiques.

Les naturalistes paraissent au contraire se faire les idées les plus diverses de ce qu'ils appellent une explication; ils semblent, lorsqu'ils établissent une théorie, poursuivre les buts les plus différents. Steenstrup, dans sa théorie des générations alternantes, M. de Quatrefages, dans une partie de sa théorie de la généagénèse, cherchent avant tout à déterminer la fin des phénomènes qu'ils exposent, et sont en cela les disciples de Cuvier qui n'admettait, en histoire naturelle, d'autres explications que celles qui résultent de l'application du principe des causes finales. Leuckart, en exposant sa théorie du polymorphisme, Van Beneden, en développant ses idées sur la digenèse, constatent simplement que des phénomènes que l'on croyait exceptionnels se retrouvent dans un beaucoup plus grand nombre de groupes organiques qu'on ne l'avait pensé; ils rattachent ces phénomènes à d'autres plus simples et plus généraux, mais qui sont cependant limités à une partie du règne animal et demeurent mystérieux; Richard Owen se borne à chercher une hypothèse qui pourrait relier entre eux deux catégories de phénomènes considérées comme distinctes; M. de Quatrefages, dans une autre partie de sa théorie, et M. Milne Edwards démontrent qu'un ensemble de phénomènes donnés comme propres à certains organismes se retrouvent plus ou moins modifiés dans le règne animal tout entier; mais ils prennent les phénomènes observés chez les vertébrés supérieurs comme des termes de comparaison et y ramènent ceux que présentent les organismes inférieurs: ce sont les phénomènes si complexes de la génération sexuée, les phénomènes plus complexes encore du développement embryogénique chez les animaux supérieurs qui leur servent de point de départ, et c'est avec eux qu'ils cherchent à comparer les phénomènes observés chez les animaux inférieurs; la marche suivie par les deux illustres naturalistes français est donc exactement inverse de celle que suivent les physiciens. Ces divergences sont une conséquence pour ainsi dire inévitable de ce fait qu'en histoire naturelle l'homme, se proposant d'apprendre à connaître des êtres plus ou moins semblables à lui, s'est pris lui-même comme le modèle le plus parfait des êtres organisés. Il a recherché chez les animaux des organes, des fonctions, des actes analogues aux siens et, croyant se connaître lui-même, s'attribuant d'ailleurs une origine divine, a été conduit à considérer comme des explications toutes les analogies qu'il apercevait entre lui-même et les êtres dont il faisait l'objet de ses études. Dans l'hypothèse de la fixité des espèces, cette façon de poser le problème de la nature était d'ailleurs peut-être la plus rationnelle.

Dans l'hypothèse de la descendance, le problème est au contraire renversé et la méthode d'explication ramenée à la méthode des sciences expérimentales. L'homme n'est plus le modèle sur lequel tout est construit, auquel tout doit être ramené; c'est au contraire l'être à expliquer, le dernier terme auquel la théorie doit aboutir, la plus compliquée des énigmes dont elle doit donner la solution. Les explications ne doivent plus être de simples comparaisons, de simples généralisations; elles doivent établir entre les divers phénomènes des relations de cause à effet. En ce qui concerne spécialement les phénomènes compris sous les noms de génération alternante, de digénèse, de généagénèse, de parthénogenèse, ils ne peuvent être vraiment expliqués qu'en partant des propriétés reproductrices des êtres les plus simples; leur explication étant une fois trouvée, se posera ensuite la question de savoir dans quelle mesure ils peuvent, à leur tour, servir à expliquer les phénomènes de développement qu'on observe chez les animaux supérieurs et chez l'homme.

Mais il n'était possible de remplir un tel programme qu'à la condition d'avoir au préalable réduit l'être vivant en ses éléments, d'avoir déterminé les caractères, les propriétés, les facultés des êtres vivants les plus simples, problème préliminaire, dont la théorie cellulaire que nous devons maintenant faire connaître a, sans aucun doute, beaucoup avancé la solution.

CHAPITRE XVIII

LA THÉORIE CELLULAIRE ET LA CONSTITUTION DE L'INDIVIDU

Pixel: les membranes.—Bichat: les tissus; leurs propriétés générales.—Dujardin: le sarcode.—Schleiden: les cellules végétales.—Schwann: extension aux animaux de la théorie cellulaire.—Prévost et Dumas: la segmentation du vitellus de l'œuf.—Recherches relatives à l'origine des cellules ou éléments anatomiques de l'organisme; signification de l'œuf.—Définition de la cellule; le protoplasme et les plastides.—Constitution des individus les plus simples.—Colonies animales; nombreuses transitions entre les colonies et les individus d'ordre supérieur.—Isidore Geoffroy-St-Hilaire: la vie coloniale signe d'infériorité.—M. de Lacaze-Duthiers: opposition entre les invertébrés et les vertébrés.—Théorie générale de l'individualité animale.

Dans les écrits des philosophes, des naturalistes et des médecins, on voit souvent revenir, jusqu'au commencement du XIXe siècle, les mots de substance vivante, de molécules organiques, de matière animée, d'organes, de tissus; mais nulle part ces expressions ne reçoivent de définition précise. Chez les animaux supérieurs, on distingue de la chair, de la graisse, des os, des nerfs, des tendons, des vaisseaux, des membranes; mais de quoi sont faits la chair, la graisse, les os, les nerfs, les tendons, les vaisseaux, les membranes? Les connaissances sur ce point ne vont pas au delà de la notion de la fibre avec laquelle les muscles et les nerfs ont familiarisé les anatomistes.

Un médecin éminent, Pinel, cherchant à appliquer aux maladies les méthodes de classification des naturalistes, fut conduit à rattacher les caractères et la marche des diverses sortes d'inflammation à la nature des membranes qui en étaient le siège et à mettre ainsi en relief l'intérêt qu'il y avait pour la médecine à connaître d'une façon précise le mode de constitution de ces membranes et, par extension, celle des diverses parties du corps. Ce fut le problème que chercha à résoudre Bichat dans sa *Dissertation sur les membranes et leurs rapports généraux d'organisation* (1798), dans son *Traité des membranes* (1800), et surtout dans son *Anatomie générale* (1801), qui parut un an seulement avant sa mort. Dans le premier de ces ouvrages, le jeune anatomiste précise les ressemblances et les différences qui existent entre les membranes que l'on observe dans les diverses parties du corps, montre plus nettement qu'on ne l'avait fait avant lui que des membranes de même nature peuvent se trouver dans les parties les plus différentes de l'organisme, et fonde leur classification sur leur conformation extérieure, leur structure et leurs fonctions. Trois ans après, la méthode qu'il avait suivie dans ce travail était étendue à l'ensemble des systèmes organiques: il consacrait son anatomie générale à étudier isolément «et à présenter avec tous leurs attributs chacun des systèmes simples qui, par leurs combinaisons diverses, forment nos organes.» Il ramenait la physiologie, la pathologie, la thérapeutique, à la connaissance exacte des propriétés de ces «systèmes simples», considérés dans leur état naturel. L'anatomie générale devenait ainsi une science nouvelle à laquelle on a donné depuis le nom d'*histologie*.

«Tous les animaux, dit-il[125], sont un assemblage de divers organes, qui exécutent chacun une fonction, concourent, chacun à sa manière, à la conservation du tout. Ce sont autant de machines particulières dans la machine générale qui constitue l'individu. Or ces machines particulières sont elles-mêmes formées par plusieurs tissus de nature très différente et qui forment véritablement les éléments de ces organes. La chimie a ses corps simples, qui forment par les combinaisons diverses dont ils sont susceptibles les corps composés: tels sont le calorique, la lumière, l'hydrogène, l'oxygène, le carbone, l'azote, le phosphore, etc. De même, l'anatomie a ses tissus simples qui par leurs combinaisons quatre à quatre, six à six, huit à huit, etc., forment les organes. Ces tissus sont:

1° Le cellulaire. 2° Le nerveux de la vie animale. 3° Le nerveux de la vie organique. 4° L'artériel. 5° Le veineux. 6° Celui des exhalants. 7° Celui des absorbants et de leurs glandes. 8° L'osseux. 9° Le médullaire. 10° Le cartilagineux. 11° Le fibreux. 12° Le fibro-cartilagineux. 13° Le musculaire de la vie animale. 14° Le musculaire de la vie organique. 15° Le muqueux. 16° Le séreux, 17° Le synovial. 18° Le glanduleux. 19° Le dermoïde. 20° L'épidermoïde. 21° Le pileux.

«Voilà les véritables éléments organisés de nos parties. Quelles que soient celles où ils se rencontrent, leur nature est constamment la même, comme en chimie les corps simples ne varient point, quels que soient les composés qu'ils concourent à former.»

Entre ces divers *tissus* qui forment notre corps, qui possèdent chacun un mode d'organisation particulier, qui ont chacun, en conséquence, une sorte de vie spéciale concourant, pour sa part, à la vie générale de l'individu, entre ces éléments de l'être vivant, existe-t-il quelque analogie de constitution? Ces mêmes tissus se retrouvent-ils chez tous les animaux? Sont-ils à proprement parler les éléments ultimes dans lesquels puissent se résoudre les corps vivants? Ce sont des questions que le microscope va bientôt résoudre.

Pour Bichat la vie était une propriété des tissus, et les diverses façons sous lesquelles elle se manifeste étaient la conséquence des différents modes d'agencement de ces tissus. Mais, vers l'époque où il vivait, on songeait déjà à remonter des tissus à quelque chose de moins complexe. Oken pensait qu'une petite masse sphérique de gelée, le mucus primitif, le *Urschleim*, constituait le corps entier des êtres vivants les plus simples, des infusoires; il avait même présenté les organismes supérieurs comme des agrégats d'infusoires. Un moment, les travaux d'Ehrenberg avaient répandu dans la science l'opinion que la prétendue simplicité des infusoires n'était qu'une illusion, que la structure des êtres microscopiques était presque aussi compliquée que celle des animaux supérieurs. Dujardin, professeur à la Faculté des sciences de Rennes, établit le premier d'une façon incontestable, en 1835, que la vie pouvait s'allier avec une simplicité d'organisation telle que la supposait Oken; il donnait le nom de *sarcode* à une substance vivante amorphe, qui composait à elle seule le corps d'un assez grand nombre d'êtres inférieurs. Malgré les preuves positives que Dujardin donnait de l'existence du sarcode, cette substance, vivante par elle-même, fit à son apparition relativement peu de bruit dans la science.

Cependant l'étude microscopique de la structure des végétaux avait montré chez ces organismes une remarquable unité de structure. On savait depuis longtemps que leurs tissus présentaient une multitude de vacuoles plus ou moins semblables entre elles, qu'on désignait souvent sous le nom de *cellules*. En 1835, Johannes Müller avait signalé une structure semblable dans la corde dorsale des embryons de vertébrés, dans le cristallin, la choroïde, les masses graisseuses. Schleiden, en 1838, fit ressortir toute l'importance du rôle joué par la cellule dans l'organisation des végétaux, montra qu'on pouvait considérer ces êtres comme des associations de cellules, et définit en même temps ce qu'on devait entendre par ce mot: la cellule végétale est, suivant lui, un sphéroïde creux dont la paroi est généralement résistante et encroûtée de cellulose, dont le *contenu* est à demi fluide et se dispose autour d'une petite masse centrale, le *noyau*, contenant un ou plusieurs *nucléoles*. Plusieurs fois des éléments semblables avaient été soigneusement décrits chez les animaux. Théodore Schwann, frappé de la simplicité de la théorie de Schleiden, réunit, en 1839, tous les faits connus jusqu'à lui relativement à l'existence de cellules animales, et proclama à son tour que tous les animaux étaient formés de cellules ne différant de celles des végétaux que par la minceur ordinairement plus grande et par la plasticité de leur membrane d'enveloppe. Ces cellules se formaient, suivant lui, spontanément, soit à l'intérieur d'autres cellules, soit dans une substance amorphe interposée entre les cellules déjà existantes.

Étant donnée la définition des cellules admises par Schleiden et par Schwann, il était impossible de ne pas être frappé de l'identité de structure que l'œuf de la plupart des animaux présentait avec ces éléments. L'œuf était donc une cellule. En 1824, Prévost et Dumas avaient montré que le premier phénomène du développement consistait dans une segmentation plusieurs fois répétée du contenu de l'œuf. Bischoff et Reichert prouvèrent que les cellules constitutives du corps des animaux provenaient de ces sphères de segmentation, si bien que, dès 1844, Kölliker posait en principe que, contrairement à l'opinion de Schwann, «il n'existe nulle part, dans le développement embryonnaire, de formation libre de cellules; qu'au contraire toutes les parties élémentaires du futur embryon, de même que tous les éléments vivants de l'animal adulte, sont les descendants immédiats d'un élément primitif unique, l'œuf.» Les animaux sont donc des associations de cellules issues les unes des autres soit par division, soit par bourgeonnement, de sorte que de chacune d'elles on peut remonter par une série de générations jusqu'à l'œuf.

Comment concilier cette proposition, dans sa forme absolue, avec les observations de Dujardin sur les animaux uniquement formés de sarcode? Gela parut tout d'abord impossible à un assez grand nombre d'anatomistes éminents; mais la difficulté tenait simplement à l'idée que Schleiden et Schwann s'étaient faite de l'élément anatomique primitif. Des recherches multipliées finirent par montrer que, des trois parties constitutives de la cellule, la *membrane d'enveloppe*, le *noyau* et le *contenu*, une seule était essentielle: le contenu. La cellule paraît quelquefois réduite à sa membrane et à son noyau; mais alors tous les phénomènes vitaux ont cessé en elle; elle est morte. Le contenu est donc la partie vraiment vivante de l'élément anatomique; on lui a donné le nom de *protoplasma* (Max-Schultze). Mais ce protoplasma, par sa constitution et ses propriétés, est identique au sarcode de Dujardin. Les êtres sarcodiques peuvent donc être considérés désormais comme formés d'un ou plusieurs éléments anatomiques dépourvus de membrane d'enveloppe, comme le sont beaucoup d'éléments anatomiques des animaux supérieurs. Ils rentrent dans la règle générale, à la seule condition de définir l'élément anatomique comme une *masse de protoplasma ou de sarcode, de taille limitée, douée d'une vie indépendante, produisant ordinairement un noyau à son intérieur et pouvant s'isoler en s'enveloppant d'une membrane plus ou moins résistante.* L'élément, anatomique ainsi compris est ce que Hæckel a nommé un *plastide,* dénomination simple et que nous pouvons dès maintenant adopter, quoiqu'elle soit de date relativement récente.

Le protoplasma vivant n'est encore connu qu'à l'état de plastides, c'est-à-dire de masses limitées dont la dimension et la forme sont du reste extrêmement variables et que l'on peut considérer comme autant d'individus. On ne peut citer aucun exemple avéré de plastides se formant spontanément soit aux dépens des matières organiques libres, soit dans un milieu déjà organisé. Le plus grand nombre des histologistes ont à cet égard confirmé les affirmations de Kölliker, et les classiques recherches de M. Pasteur ont montré que, dans tous les cas où l'on avait cru voir des plastides ou des groupes de plastides se former spontanément en dehors des organismes, on avait été victime d'illusions. Tout plastide a donc été produit par un autre plastide.

Un plastide isolé peut produire des plastides qui, aussitôt formés, s'isolent les uns des autres; c'est le cas des êtres les plus simples. Mais d'un plastide unique peuvent aussi naître des plastides destinés à demeurer toujours associés, et c'est ce qui arrive pour tous les animaux, depuis les éponges et les polypes jusqu'à l'homme, pour tous les végétaux autres que les cryptogames monocellulaires. Tous les êtres vivants sont donc des associations de plastides, proposition fondamentale, qui est la base de l'histologie, et dont on doit surtout à Claude Bernard d'avoir fait nettement ressortir toute l'importance pour la physiologie générale.

Même dans leurs associations les plus complexes, les plastides qui constituent un être vivant ne perdent jamais complètement leur indépendance. Chacun d'eux vit pour son compte, comme un être autonome, et les diverses fonctions physiologiques de l'animal ne sont autre chose que la résultante des actes accomplis par un certain groupe de plastides. Il suit de là que la physiologie tout entière, disons plus, que l'histoire entière de la vie de l'animal ou du végétal n'est autre chose que celle des plastides qui le constituent. Si l'on pouvait compter les plastides d'un organisme, si l'on connaissait leurs positions respectives, leurs propriétés, leur filiation, non seulement on connaîtrait toutes les fonctions de cet organisme, mais on pourrait aussi retracer son développement embryogénique et prédire le sort qui l'attend. Les plastides sont donc, dans l'état actuel de la science, les *éléments anatomiques* dont les propriétés initiales dominent toute l'évolution organique, dont l'étude doit fournir le point de départ de toute théorie générale relative aux êtres vivants.

Tous les organismes commençant actuellement par n'être qu'un plastide unique, l'*œuf animal* ou l'*œuf végétal*, l'évolution embryogénique marchant réellement du simple au composé, et présentant des phénomènes d'autant plus complexes que l'être qu'il s'agit de tirer de l'œuf doit être lui-même plus compliqué, la méthode des sciences expérimentales indique que l'on doit, pour arriver à comprendre les phénomènes de développement et de reproduction chez les animaux supérieurs, en déterminer d'abord tous les traits chez les organismes inférieurs et s'élever graduellement jusqu'aux vertébrés les plus parfaits. Cela paraîtra une règle de simple bon sens; mais les vertébrés ayant été pendant longtemps les seuls animaux dont l'organisation était l'objet de sérieuses recherches, leur embryogénie a été, par cela même, la première qu'on ait étudiée, c'est à elle qu'on n'a cessé de vouloir ramener tous les phénomènes embryogéniques, comme on avait déjà cherché à y ramener les phénomènes de la génération alternante; de là, une méthode vicieuse d'explication qui pèse encore lourdement sur toutes les conceptions relatives à l'embryogénie générale[126].

Si l'on suit l'ordre logique, si l'on essaye de déterminer dans les types les plus inférieurs des éponges, des cœlentérés, des échinodermes, des vers, des articulés, quelle est la marche du développement, aussitôt une règle générale apparaît. L'œuf ne produit presque jamais directement un organisme semblable à celui d'où il provient; il produit d'abord un être très simple. Chez les éponges, chez les hydroméduses, c'est le premier individu de la colonie; chez les coralliaires, chez les échinodermes, c'est un organisme sans tentacules, sans bras, sans rayons, qui deviendra la partie centrale de l'animal adulte; chez les vers, c'est ce qu'on a appelé une *trochosphère*; chez les articulés, c'est un *nauplius*. La trochosphère et le nauplius représentent simplement le premier anneau du corps de l'animal en voie de formation. *Ce premier anneau fait toujours partie de la tête de l'animal adulte* et parfois la constitue à lui seul; il correspond exactement, au point de vue de son mode de formation, au premier individu de la colonie de polypes, à la partie centrale de l'animal rayonné. Il n'en diffère que parce qu'il demeure libre, tandis que le premier individu de la colonie de polypes ne tarde pas à se fixer au sol. Le premier polype, la trochosphère, le nauplius se correspondent aussi d'une façon complète au point de vue du rôle qu'ils auront à remplir dans la suite de l'évolution de l'animal: par un bourgeonnement plus ou moins irrégulier, le premier polype et ses descendants constitueront la colonie arborescente dont ils font partie; par un bourgeonnement périphérique la partie centrale du rayonné achèvera de produire l'animal adulte; par un bourgeonnement régulier, s'effectuant dans une direction unique, la trochosphère et le nauplius constitueront la chaîne d'anneaux qui composent le corps d'un ver annelé ou d'un arthropode. Entre les animaux formés de segments placés bout à bout et les colonies ramifiées de polypes, il n'y a de différence que relativement à la direction dans laquelle s'accomplit le bourgeonnement.

C'est ce que Charles Bonnet avait déjà compris lorsqu'il comparait l'organisation du ténia à celle des arbres, faisant remarquer que chacun des anneaux de cet animal pouvait être considéré comme un individu distinct, et lorsqu'il établissait[127] l'analogie intime qui existe, suivant lui, entre la reproduction des parties perdues chez les vers de terre et le bourgeonnement des plantes[128]. Cuvier avait pris, au contraire, la comparaison au rebours lorsqu'il considérait comme des animaux à plusieurs bouches les pennatules et les colonies de polypes; c'est aussi ce qu'avait fait Dugès, et c'est ce qui empêchait sa *Théorie de la conformité organique*, si féconde quand on en fait une application suivie à l'anatomie comparée, de se prêter à une systématisation complète des phénomènes embryogéniques. Nous avons vu cette systématisation tentée par M. de Quatrefages; mais là encore l'illustre savant, ayant pris l'homme comme point de départ, est conduit à rechercher des analogies, non à donner une explication dans le sens où les physiciens entendent ce mot.

Si l'on s'en tient à la méthode des physiciens comme le voulait déjà Bichat, cette explication doit être déduite des propriétés mêmes des éléments anatomiques des plastides vivant à l'état isolé. Or, ces propriétés sont les suivantes: 1° les plastides, dans des conditions convenables de *nutrition*, s'accroissent pendant un certain temps; 2° ceux de chaque sorte ne peuvent dépasser un certain maximum de taille, au delà duquel ils se divisent pour donner naissance à de nouveaux plastides semblables à eux; c'est en cela que consiste ce qu'on appelle leur *reproduction*; 3° les plastides subissent l'influence des conditions dans lesquelles ils sont placés; leur figure extérieure, leurs propriétés physiologiques peuvent être modifiées par les circonstances; les plastides jouissent donc d'une certaine *variabilité*.

Les plastides associés nés de l'œuf conservent ces propriétés essentielles de nutrition, de reproduction et de variabilité, qu'on observe chez les plastides isolés; d'ailleurs, ils demeurent dans une large mesure indépendants les uns des autres; mais, en raison même du nombre de ceux qui sont associés, chacun se trouve placé dans des conditions d'existence particulières, vit d'une façon qui lui est propre, présente des caractères extérieurs spéciaux; il en résulte bientôt, entre les divers éléments, un partage des fonctions physiologiques qui contribuent à assurer l'existence de l'association tout entière; ce partage des fonctions rend les éléments entre lesquels il s'accomplit d'autant plus solidaires les uns des autres qu'il est plus exclusif, de telle sorte que la dissolution de leur société finit par entraîner nécessairement leur mort; ainsi se constituent les *individus* qui résultent immédiatement de l'évolution de l'œuf, et les *organes* qu'ils contiennent.

Ces individus en bourgeonnant produisent des agrégats complexes dont les membres, auxquels Dugès appliquait uniformément la dénomination de *zoonites*, se comportent à l'égard les uns des autres comme l'ont fait les plastides dont chacun d'eux est composé. Ces individus de second ordre, sous l'empire de certaines conditions, revêtent des formes particulières, accomplissent des fonctions spéciales et peuvent se séparer les uns des autres ou demeurent indéfiniment unis. Les différents phénomènes désignés sous les noms de *génération alternante*, de *digenèse*, de *généagenèse*, etc., ne sont autre chose que le résultat de cette séparation précoce ou tardive des individus de second ordre, plus ou moins différents les uns des autres, nés sur l'individu primitif.

Lorsque la séparation des zoonites n'a pas lieu, l'ensemble des individus unis entre eux constitue un organisme auquel on applique le nom de *colonie*, si les membres de l'association sont nettement distincts les uns des autres et paraissent avoir conservé une grande part de leur autonomie; auquel on transporte le nom d'*individu* lorsque les zoonites constituants sont moins nettement séparés ou qu'ils semblent tous dominés par une volonté unique ne paraissant résider d'une façon plus particulière dans aucun d'eux. On voit par là combien est vague la signification de ce mot individu qu'on peut transporter à volonté du plastide à un agrégat de plastides, de cet agrégat simple à une association d'agrégats semblables à lui, combien est arbitraire la limite entre ce qu'on nomme *colonie* et ce qu'on nomme *individu*.

Isidore Geoffroy Saint-Hilaire avait déjà été frappé de ces passages de la colonie à l'individu sur lesquels l'attention s'est vivement portée dans ces dernières années. Dans sa belle *Histoire naturelle générale des règnes organiques*[129], il emploie le mot *communauté* au lieu du mot qui est demeuré plus usité de colonie, et il expose ainsi le parallèle à établir entre ces communautés et ce qu'on appelle ordinairement des individus.

«Comme ceux-ci, dit-il[130], la communauté a son unité abstraite et son existence collective; c'est une réunion d'individus, et souvent en nombre immense; et pourtant elle peut et doit être considérée elle-même comme un seul individu, comme un être un, bien que composé. Et elle est telle, non pas seulement par une abstraction plus ou moins rationnelle; elle l'est en réalité, matériellement, pour nos sens aussi bien que pour notre esprit, étant constituée, comme un être organisé, de parties continues et réciproquement dépendantes; toutes fragmentées d'un même ensemble, bien que chacune soit elle-même un ensemble plus ou moins nettement circonscrit; toutes membres d'un même corps, quoique chacune constitue un corps organisé, un petit tout. Si bien que la communauté tout entière jouit aussi d'une existence réelle et distincte, par conséquent *individuelle*, s'il est vrai que l'individualité soit ce qui fait qu'un être a une existence distincte d'un autre être.

«Toute communauté réunit ainsi en elle deux existences, deux vies, deux individualités pour ainsi dire, superposées l'une à l'autre… et la définition que nous avons donnée de la communauté peut, en dernière analyse, se résumer en ces termes: un individu composé d'individus; ou encore: des individus dans un individu.

«Comme la famille, la société et l'agrégat, la communauté peut être très diversement constituée. La fusion anatomique, et par suite la solidarité physiologique des individus réunis, peuvent être limitées à quelques points et à quelques fonctions vitales, ou s'étendre presque à la totalité des organes et des fonctions. Tous les degrés intermédiaires peuvent aussi se présenter, et l'on passe par des nuances insensibles d'êtres organisés chez lesquels les vies associées restent encore presque entièrement indépendantes et les individualités nettement distinctes, à d'autres où les vies sont de plus en plus dépendantes et mixtes, et après ceux-ci à d'autres encore où toutes les vies se confondent en une vie commune, où toutes les individualités proprement dites disparaissent plus ou moins complètement dans l'individualité collective.»

On s'attendrait, après cette admirable comparaison de la communauté et de l'individu, à voir Isidore Geoffroy Saint-Hilaire montrer comment les polypes hydraires se soudent entre eux pour produire des méduses, comment les zoonites des vers annelés, des arthropodes se solidarisent, se modifient pour remplir des fonctions inutiles à l'un d'entre eux en particulier, mais indispensables à l'existence de l'ensemble dont ils font partie, comment les phénomènes que nous présentent à tous les degrés les communautés permettent d'expliquer la formation des organismes complexes vers lesquels il semble, d'après ses propres paroles, qu'elles nous conduisent pas à pas. On voudrait lui voir dire que l'histoire des communautés est une série d'expériences spontanément préparées par la nature pour nous faire connaître les procédés au moyen desquels elle constitue les organismes supérieurs. Mais non: de l'expérience faite aucune conclusion n'est tirée. C'est par la coalescence, la soudure, la fusion plus ou moins complète de ses individus constituants, que les colonies passent aux organismes supérieurs; au lieu d'élever la communauté dans la série organique, comme l'entrevoyait déjà Dugès, cette coalescence des individus ne fait, au contraire, suivant Isidore Geoffroy Saint-Hilaire, que dégrader la colonie.

«Dans un groupe de mollusques *composés*, poursuit-il, dans un polypier, on constate facilement l'individualité de chacun des mollusques ou des polypes *composants*, et celle-ci prévaut manifestement sur l'individualité collective: dans l'arbre, l'une et l'autre se balancent, ou même celle-ci commence à prévaloir; elle l'emporte dans l'éponge à ce point que l'individualité proprement dite n'existe plus à vrai dire que théoriquement… il était déjà difficile de montrer les individus d'une communauté végétale; le nombre de ceux qui composent une masse spongiaire échappe non seulement à tout calcul, mais à toute évaluation; il est littéralement indéfini.»

Et aussitôt après:

«La communauté ne s'observe normalement que parmi les végétaux, règne où la vie unitaire n'existe guère que par exception, et chez les animaux des embranchements inférieurs. Pour en trouver des exemples dans les rangs supérieurs de l'animalité et chez l'homme, il faut la demander à la tératologie; et encore la communauté se réduit-elle ici presque toujours à l'union des deux individus, et de deux individus qui, dans la plupart des cas, ne peuvent prolonger leur existence au delà de la vie fœtale.»

Ainsi le fil conducteur est complètement perdu. C'est que la question n'est pas encore mûre. On voit bien l'unité de la communauté se constituer pièce à pièce dans les embranchements inférieurs du règne animal par la fusion d'individualités d'abord distinctes; mais le fait qu'un organisme relativement élevé peut procéder de la solidarisation d'un certain nombre d'organismes plus simples est complètement négligé, et dans tous les cas on ne songe pas que cet organisme si complètement un, ce tout si essentiellement indivisible, qu'on appelle un vertébré ou même un arthropode, puisse avoir été réalisé par un procédé analogue à celui qui tire un siphonophore ou une méduse d'une colonie d'hydres.

L'opposition entre les organismes inférieurs aptes à vivre en colonie et les animaux supérieurs essentiellement isolés les uns des autres, essentiellement individuels, en quelque sorte, est déjà bien nette dans la doctrine d'Isidore Geoffroy; mais cette façon de voir est surtout manifeste dans les belles leçons professées en 1863, au Muséum d'histoire naturelle, par l'un des savants qui ont le mieux étudié les colonies des coralliaires, M. le professeur de Lacaze-Duthiers[131].

Dans une de ces leçons, après avoir tracé les grands traits de l'organisation des animaux sans vertèbres, le savant fondateur des laboratoires de Roscoff et de Banyuls s'exprime ainsi:

«Une seconde notion à acquérir, en ce qui concerne les invertébrés, est celle de la complexité dans un même être. Dans presque tous ces animaux, ce qu'on appelle ordinairement un individu n'est autre chose qu'une réunion, une colonie de petits individus plus ou moins distincts, désignés sous le nom général de *zoonites*. Pour former l'être complexe, ces zoonites s'assemblent soit en série linéaire, soit en masse selon deux ou trois dimensions.»

L'assimilation entre les vers annelés, les arthropodes et les colonies de polypes est complète dans le passage que nous venons de citer, comme dans le *Mémoire sur la conformité organique*. Les polypes de la colonie, les anneaux du ver, de l'insecte portent également le nom de zoonites. Le procédé au moyen duquel les colonies s'élèvent à la dignité d'organisme est aussi le même que Dugès, M. Milne Edwards, Richard Owen ont successivement signalé. M. de Lacaze Duthiers est d'ailleurs plus près de Dugès qu'Isidore Geoffroy; il complète parfois la pensée du naturaliste de Montpellier par d'ingénieux commentaires:

Dans les types inférieurs, tous les individus d'une colonie linéaire ou irrégulière sont à peu près semblables entre eux et jouissent d'une indépendance relative considérable, mais peu à peu se manifeste une solidarité de plus en plus étroite, conséquence forcée de la division du travail physiologique. «Dans une colonie d'Hydres d'eau douce, par exemple, les individus ne sont liés entre eux que par leur extrémité inférieure; les extrémités munies de tentacules sont toutes libres et fonctionnent séparément. Les diverses espèces de clavelines, appartenant à la classe des molluscoïdes tuniciers, vivent réunies sur des prolongements radiciformes qu'on peut comparer à des stolons de fraisier; mais elles sont du reste libres dans toutes leurs actions. Dans quelques autres genres d'ascidies composées, les colonies sont enfermées chacune dans une enveloppe charnue et unique, munie d'une seule ouverture, par laquelle s'opère la défécation: il y a déjà moins d'indépendance dans les fonctions vitales. Les siphonophores présentent des colonies bien curieuses par leur composition. Leurs zoonites se spécialisent d'une façon toute particulière; certains d'entre eux, sous la forme de filaments allongés, terminés par des ventouses ou des espèces de harpons, sont les zoonites pêcheurs: ils saisissent les aliments et les donnent aux zoonites digérants, formés chacun d'une simple cavité vésiculaire ou trompe gastrique; d'autres zoonites servent à la locomotion; enfin des zoonites spéciaux ont pour fonction de donner naissance à des individus nouveaux.»

M. de Lacaze-Duthiers insiste plus loin sur la facilité particulière que les colonies linéaires présentent à la solidarisation: «Dans une colonie linéaire, il y a, en général, des rapports forcés entre un zoonite et ses deux voisins, rapports qui modifient sa forme plus ou moins complètement. Dans les colonies en masse, cette nécessité de relation est moins absolue; aussi devons-nous nous attendre à trouver ces zoonites très peu différents les uns des autres; c'est ce que vérifie l'observation.» Peut-être cette dernière affirmation a-t-elle été un peu exagérée, peut-être aussi pourrait-on contester que les rapports forcés que dans une colonie linéaire chaque zoonite contracte avec ses voisins aient eu sur sa forme une influence prépondérante; mais il s'agit ici de phrases recueillies dans une leçon où la précision du langage est plus ou moins subordonnée à la nécessité de frapper autant que possible l'esprit des auditeurs. Le perfectionnement plus considérable promis en quelque sorte aux colonies linéaires n'en est pas moins fortement saisi, et l'un des résultats importants de ce perfectionnement est même indiqué: «Si ordinairement chaque zoonite possède un centre nerveux, il faut cependant remarquer que, chez les invertébrés supérieurs, il semble y avoir une tendance à concentrer, pour ainsi dire, ce système nerveux à la partie antérieure de l'animal.»

La tendance à la concentration des organes primitivement disséminés dans chacun des zoonites, la solidarisation des zoonites, c'est-à-dire la concentration de leurs fonctions, voilà donc quelques-uns des caractères par lesquels les organismes supérieurs se distinguent des simples colonies. Il peut sembler aujourd'hui naturel de voir dans la haute individualité des vertébrés le dernier terme de cette concentration: si les travaux de Geoffroy Saint-Hilaire et de Dugès n'y avaient préparé qu'incomplètement les esprits, les recherches anatomiques, physiologiques et embryogéniques qui se sont succédé dans ces derniers temps ne laissent plus de doute, à cet égard, que dans l'esprit des irréconciliables de toutes les écoles; mais, en 1863, les preuves que le Vertébré est lui aussi décomposable en zoonites étaient loin d'être faites, et M. de Lacaze-Duthiers, au lieu de voir dans les vertébrés la suite, le couronnement, de la longue série des animaux sans vertèbres, oppose, au contraire, d'une façon absolue les représentants des deux sous-embranchements que Lamarck avait établis dans le règne animal.

«Il n'y a pas, dit-il, que le système nerveux, ou à sa place les vertèbres, qui différencient nettement les animaux vertébrés des animaux invertébrés. *Sous bien des rapports, ceux-ci diffèrent totalement des premiers.* Cette *séparation presque absolue,* qui a soulevé les critiques si obstinées des naturalistes de l'école dite *philosophique,* parmi lesquels nous voyons Geoffroy Saint-Hilaire en France. Gœthe et Oken en Allemagne, demande à être établie par quelques développements.

«Une des premières notions à acquérir est relative à la distribution différente, chez les vertébrés et chez les invertébrés, de cette chose si mystérieuse dans son essence même, cause suivant les uns, effet suivant les autres, qu'on appelle la vie… Si l'on regarde la vie comme une cause, un principe d'action ayant son origine dans tel ou tel point de l'organisme, et si l'on nous permet de représenter, pour ainsi dire, la vie par une quantité qui sera plus ou moins grande suivant la puissance plus ou moins grande aussi de l'effet produit, nous dirons que chez les invertébrés la vie semble être répandue en égales quantités dans toutes les parties de l'organisme. Chez les vertébrés, au contraire, la vie se concentre en un point particulier de chaque individu, ou du moins dans une partie restreinte de son être.

«Que si l'on veut voir dans la vie un effet, une résultante, on pourra exprimer le principe que nous voulons énoncer en disant que, chez les Invertébrés, cette résultante ne paraît pas être la conséquence de l'action plus particulière de tel ou tel point de l'organisme, comme cela a lieu chez les vertébrés, où, pour employer une expression un peu trop rigoureuse pour de tels objets, la résultante semble appliquée à un ou plusieurs organes spéciaux et distincts.

«Un exemple fera mieux ressortir le fait en question. Que l'on coupe une patte à un chien; à part le trouble tout local qu'éprouvera l'économie, l'animal peut continuer à vivre. Si l'on poursuit la mutilation, on peut la pousser peut-être assez loin sans que la vie cesse; mais on arrive toujours à un point de l'organisme tel que, lorsqu'il est atteint, la vie disparaît brusquement. Ce point remarquable où semble se concentrer la vie, ce *nœud vital*, pour employer l'expression de M. Flourens, se retrouve chez tous les vertébrés. On peut aussi représenter la même idée en rappelant l'image à la fois saisissante et pittoresque de Bichat, qui montre la vie comme supportée par un trépied dont les trois pieds sont le cœur, le poumon et le cerveau. Que l'un des trois soit détruit, le trépied bascule, la vie cesse.

«Par opposition, prenons un insecte ou tout autre articulé. Coupons les parties de son corps, séparons sa tête même: la vie ne disparaît point. Essayons à l'instant des mutilations dans tous les sens, il est bien évident que la mort finira toujours par arriver; mais nous ne trouverons pas dans cet animal un point analogue au nœud vital, ou l'un des trois organes fondamentaux que nous avons trouvés chez les vertébrés, point ou organe dont la lésion amènerait une disparition brusque de la vie.»

Ainsi le vertébré est bien ici représenté comme exactement opposé à l'invertébré. Entre l'un et l'autre, il existe des différences fondamentales; la vie se comporte tout autrement dans le sous-règne privilégié auquel nous rattache notre structure anatomique, et le sous-règne où quelques zoologistes confondent encore pêle-mêle, à l'exemple de Lamarck, tous les autres types organiques. C'est bien la centralisation exceptionnelle que l'on observe chez les vertébrés supérieurs qui fait que l'on considère le vertébré comme un être à part; mais, d'un côté, cette centralisation a été exagérée par Bichat, comme le prouve l'exemple de la poule de Flourens qui vécut un mois privé de son cerveau, comme le prouve la prédominance de plus en plus grande des fonctions de la moelle épinière sur celles du cerveau à mesure que l'on considère des types de vertébrés plus inférieurs; d'un autre côté, cette centralisation est le phénomène même qui amène graduellement les communautés à l'état d'organisme individuel; nous l'avons vue parvenir déjà à un haut degré chez les Arthropodes; elle ne fait que s'élever à un degré de plus chez les vertébrés, et cette différence du plus au moins peut-elle faire oublier les rapports successivement signalés par Geoffroy Saint-Hilaire, Ampère, Dugès, Gœthe, Oken, Richard Owen, Leydig, M. de Quatrefages entre l'organisation segmentaire ou le mode de développement des vertébrés et l'organisation segmentaire ou le mode de développement des vers annelés et des arthropodes? Évidemment non. S'il en est ainsi, si les vertébrés sont réellement formés de zoonites comme les invertébrés, s'ils ne diffèrent que par un degré de coalescence plus grand de leurs zoonites, il n'y a plus lieu de les mettre à part; la même loi d'évolution s'applique au règne animal tout entier. Chez les vertébrés, comme chez les invertébrés, la complication organique a été obtenue par la fusion plus ou moins complète de zoonites ayant bourgeonné les uns sur les autres et dont le premier, auquel on peut donner le nom de *protoméride*[132], était seul originairement le produit direct de l'œuf.

* * * * *

En résumé, tout cet ensemble de faits et d'idées conduit donc nécessairement à une conception simple de l'évolution de l'individualité animale. Elle est d'abord réduite à un *plastide* unique, l'œuf; l'œuf produit par une division répétée de sa substance un plus ou moins grand nombre de plastides nouveaux. Ces plastides nouveaux peuvent se séparer dès qu'ils sont formés, et se multiplier à leur tour sous la même forme ou sous des formes différentes; c'est ce qui arrive chez un grand nombre de protozoaires.

La division de l'œuf peut être ou non précédée de son mélange intime avec un élément semblable à lui ou en forme de filament mobile. Dans le premier cas il y a *conjugaison*; dans le second *fécondation*. La fécondation précède presque toujours la division de l'œuf lorsque celle-ci doit amener la production de plastides destinés à demeurer associés; son absence constitue le phénomène de la *parthénogenèse*.

Les plastides qui demeurent associés, ne sont pas astreints à conserver une forme unique; ils forment, dès qu'ils se différencient, un organisme relativement simple, sans type défini, auquel nous donnerons le nom de *méride*[133].

Les mérides se multiplient comme les plastides: tantôt ils produisent directement des œufs; tantôt ils donnent naissance à des mérides nouveaux qui peuvent, dès qu'ils sont formés, se séparer de leur parent et vivre d'une façon indépendante: c'est le cas de quelques éponges inférieures, de l'hydre d'eau douce et d'un certain nombre de vers inférieurs. Une partie des phénomènes de la *génération alternante* et de la *généagénèse* se rattache à ce mode de développement des mérides jouissant de ce que Van Beneden a appelé la *digénèse*.

Les mérides nés les uns des autres peuvent aussi demeurer unis entre eux. Ils forment alors ce qu'on nomme des *communautés* ou des *colonies*. Les mérides d'une même colonie peuvent revêtir des formes diverses, accomplir des fonctions différentes; des groupes de mérides appropriés à ces fonctions peuvent se détacher de la colonie sur laquelle ils sont nés et donner lieu aux cas les plus remarquables de généagénèse ou de génération alternante. C'est ce qu'on observe dans la génération alternante des méduses et des annélides. Mais aussi tous les mérides nés les uns des autres peuvent demeurer unis entre eux, se modifier de façons différentes, devenir tellement solidaires qu'ils soient inséparables; leur ensemble constitue alors un organisme nouveau ayant tous les caractères d'un individu; c'est le cas de tous les animaux supérieurs auxquels on peut donner le nom de *zoïdes* ou de *dèmes*, suivant qu'ils sont directement décomposables en mérides ou qu'il faut d'abord distinguer en eux des groupes de mérides, de zoïdes, ayant des propriétés ou des fonctions particulières, comme chez les animaux dont le corps présente plusieurs régions distinctes.

Quand le protoméride se fixe, il produit par bourgeonnement des colonies irrégulières, arborescentes, ramifiées ou incrustantes, sur lesquelles il suffit qu'un certain nombre d'individus équivalents entre eux se rapprochent autour d'un centre commun pour produire des organismes rayonnés. Quand le protoméride demeure libre et rampant, il présente une symétrie bilatérale, ne produit de bourgeons qu'à son extrémité postérieure et donne naissance à des organismes segmentés dont les vers annelés, les arthropodes et les vertébrés sont les principales formes. Les différents modes de symétrie qui caractérisent les grands types organiques trouvent donc une explication rationnelle, et il n'est plus nécessaire de faire intervenir directement une pensée créatrice distincte pour en rendre compte.

La production du protoméride, la formation des mérides et des zoïdes, tous les phénomènes de reproduction qui ne nécessitent pas la fécondation, tous ces phénomènes de *métagénèse*, peuvent avoir lieu successivement et former plusieurs étapes plus ou moins distinctes du développement; elles peuvent aussi avoir lieu plus ou moins rapidement et souvent assez vite pour s'être déjà accomplies avant l'éclosion; c'est grâce au degré plus ou moins grand de cette *accélération des phénomènes métagénésiques* qu'il semble exister chez les animaux plusieurs types de développement.

Cette accélération arrive à son maximum chez les organismes les plus élevés de chaque groupe: certaines méduses, quelques-uns des échinodermes actuels, les crustacés supérieurs, les arachnides, les insectes, les mollusques, les vertébrés sortent ainsi de l'œuf avec tous les mérides qui doivent les constituer et ne subissent plus que des modifications de détail, tandis que la plupart des cœlentérés, les crinoïdes, le plus grand nombre des vers et des crustacés inférieurs ne possèdent encore à leur naissance qu'un petit nombre de mérides et souvent un seul.

Ainsi une même théorie réunit tous les grands traits de la formation graduelle et de la structure définitive des individus organisés. Rien n'est plus simple que de faire comprendre ce que sont ces individus, si l'on cherche d'abord comment ils se sont réalisés, si on les considère comme un *résultat*; rien n'est plus difficile que de les définir si on les considère indépendamment de toutes les formes qu'ils ont présentées, si on s'obstine à voir en eux des *faits primordiaux*. Nous retrouvons ici l'opposition que nous avons déjà signalée entre la clarté qu'apporte dans les sciences naturelles l'hypothèse du transformisme et l'inextricable confusion qu'entraîne avec elle et partout l'hypothèse de la fixité des formes vivantes. C'est une erreur que de vouloir englober dans une même définition l'*individu* tel que nous le montrent les groupes supérieurs du règne animal et les formes flottantes si fréquentes dans les groupes inférieurs; là l'individu n'existe pas encore.

Il est presque inutile de faire remarquer que la théorie de la formation de l'individualité que nous venons d'exposer, peut être présentée comme indiquant également la voie qu'ont dû suivre les êtres vivants pour arriver à leur degré actuelle de complication, si la vie a commencé sur la terre par des formes simples comparables aux plastides. Chercher quelles ont pu être les conditions de cette apparition est permis; mais là nous en sommes réduits aux conjectures. Quelles conditions ont présidé à la formation des premiers plastides? Pourquoi cette formation paraît-elle avoir cessé? Pourquoi sommes-nous demeurés incapables jusqu'ici de former de toutes pièces du protoplasme vivant? Ce sont là des questions auxquelles nous n'entrevoyons même pas de réponse scientifique. D'ailleurs aucune science n'a pu remonter, pour les phénomènes dont elle s'occupe, jusqu'à ces questions d'origine: l'astronomie ignore d'où vient la matière et comment se sont formés les astres dont elle étudie la course et la constitution; la physique ne connaît pas la cause des diverses sortes de mouvements et de leurs rhythmes, bien qu'elle ait su enchaîner par des lois mathématiques les innombrables phénomènes que produisent la pesanteur, la chaleur, la lumière, l'électricité, le magnétisme, simples formes du mouvement; la chimie cherche encore pourquoi il existe des corps simples et dans quelles conditions ces éléments, en apparence immuables, ont pu prendre naissance. La biologie, réservant la question de la première apparition de la vie et de la substance vivante, demeure dans les conditions communes à toutes les sciences d'observation. Il lui suffit d'avoir acquis la connaissance des éléments dont les combinaisons variées constituent les êtres vivants qu'elle étudie.

Avant l'apparition du livre de Darwin, tous les traits nécessaires à la constitution de cette théorie de l'individualité animale étaient dans la science; il n'est pas un de ses chapitres qui ne se soit présenté à un moment donné à l'esprit de quelque naturaliste. Mais tous ces traits étaient épars; c'est seulement dans ces dernières années qu'ils ont pu être réunis.

L'individu étant ainsi connu dans sa constitution intime et dans son mode probable d'évolution paléontologique, il faut déterminer comment cette constitution arrive à se réaliser dans chaque individu: c'est là le rôle de l'embryogénie, dont nous devons mieux préciser que nous ne l'avons fait jusqu'ici la part contributive à l'édification de la philosophie zoologique.

CHAPITRE XIX

L'embryogénie ne date évidemment que du jour où fut définitivement renversée
l'hypothèse que l'être vivant était tout entier contenu dans le germe; que toutes
ses transformations consistaient dans un accroissement de ses parties et dans le
fait que des organes d'abord invisibles, quoique ayant une existence réelle,
devenaient peu à peu apparents. Une hypothèse à laquelle se rattachaient les
grands noms de Swammerdam, de Malebranche, de Leibnitz, de Haller, de
Bonnet et de Cuvier lui-même devait, si stérile qu'elle fût, résister longtemps aux
efforts tentés pour la renverser. Jusque dans la première moitié de ce siècle, ses
partisans luttèrent contre l'évidence même, et cependant, dès 1652, Harvey, en
affirmant que tout être vivant procède d'un œuf, avait posé sur ses bases
véritables le problème embryogénique. C'était là, à la vérité, une intuition de
génie, mais une simple intuition; l'aphorisme: «*Omne vivum ex ovo,*» ne pouvait
avoir toute sa valeur que si l'on établissait, au préalable, en quoi consistait un
œuf, et si l'on retrouvait des œufs chez tous les êtres vivants. Régner de Graaf,
mort en 1673, aperçut le premier l'œuf des mammifères dans les trompes de la
matrice et découvrit la partie de l'ovaire où se forme l'œuf, mais sans y

reconnaître l'œuf lui-même. Cent cinquante ans après seulement, von Baër établit que c'est précisément dans le *follicule de Graaf* que l'œuf des mammifères prend naissance, mais l'assimilation des parties de cet œuf à celles de l'œuf des oiseaux ne put être faite d'une manière satisfaisante qu'en 1834 par Coste.

La découverte des spermatozoïdes, due à de Hamm et à Leuwenhoek, ne servit guère d'abord qu'à alimenter les discussions entre les *ovulistes* et la *animalculistes*, les uns voulant que le germe réside dans l'œuf, les autres dans le spermatozoïde, et ce sont des contemporains, MM. Prévost et Dumas, qui ont définitivement établi que la pénétration des spermatozoïdes dans l'œuf est, en général, nécessaire au développement de ce dernier et constitue, à proprement parler, la fécondation. Toutefois, comme l'a observé M. de Quatrefages sur les œufs de Hermelle, comme cela résulte du développement constant des œufs non fécondés des abeilles et d'autres hyménoptères, et de beaucoup d'autres faits analogues, la fécondation n'est pas indispensable au début du travail génésique. Swammerdam avait déjà vu que les matériaux de l'œuf fécondé se partageaient en plusieurs masses distinctes. Ce sont aussi MM. Prévost et Dumas qui ont établi que cette *segmentation du vitellus* de l'œuf était le premier phénomène de l'évolution embryonnaire. Bientôt on reconnut la généralité à peu près absolue de ce phénomène, dont toute l'importance ne devait apparaître qu'après l'établissement de la théorie cellulaire. Les anatomistes ne tardèrent pas, en effet, à pressentir que l'œuf n'était autre chose qu'une cellule, le premier des éléments histologiques de l'embryon, le progéniteur de tous les autres. Kölliker en conclut aussitôt que la segmentation n'est qu'une forme de la division cellulaire; et il soutient, avec Bischoff, Reichert et Virchow, que toutes les cellules de l'embryon, toutes celles de l'animal adulte descendent par une série ininterrompue de divisions successives, par une véritable filiation, de la cellule ovulaire. À l'aphorisme *Omne vivum ex ovo* de Harvey vint s'ajouter l'aphorisme de Virchow: *Omnis cellula è cellula*. Au fond, la seconde de ces propositions comprend la première. Les êtres vivants les plus simples pouvant être considérés comme constitués par un élément histologique, par un plastide unique, et réciproquement les plastides ou cellules associées pour former un organisme étant eux-mêmes de véritables êtres vivants, ayant une existence, indépendante, l'aphorisme de Harvey et celui de Virchow reviennent à dire qu'il ne saurait y avoir de génération spontanée ni dans les organismes vivants, ni en dehors d'eux. À la vérité, il faut ici s'entendre sur les mots, et cette proposition n'exclut pas la possibilité de la transformation en cellules bien définies de masses protoplasmiques amorphes, telles que celles qu'on a quelquefois signalées dans les tissus en voie de formation sous le nom de *blastèmes*. Cette opinion a été soutenue par des histologistes éminents, tels que M. Ch. Robin.

Savoir comment procèdent de l'œuf tous les éléments qui concourent à former le corps humain ou celui d'un animal, déterminer toutes les étapes que traverse l'embryon avant d'arriver à l'état d'organisme définitif, tel est désormais le problème tout entier de l'embryogénie, problème qui se complique de cet autre: déterminer la raison d'être de ces formes successives, souvent si différentes les unes des autres, que l'embryon ne fait que traverser pour arriver à une forme dernière qui marque le terme de son évolution.

Bien avant que la signification de l'œuf et des premières phases de son évolution ait pu être comprise, les phénomènes embryogéniques étaient déjà considérés sous deux points de vue différents. Tandis que certains embryogénistes s'efforçaient surtout de déterminer le mode de formation des tissus et des organes, d'autres envisageaient surtout les rapports généraux qui peuvent exister entre les formes successives des embryons et celles des animaux adultes. Il est aujourd'hui possible de rattacher étroitement les uns aux autres les résultats obtenus dans ces deux directions différentes; mais les deux écoles n'en ont pas moins laissé des traces séparées. Il est encore facile de reconnaître leur influence respective dans les recherches de nos contemporains.

L'homme, quelques rares mammifères, le poulet servaient naturellement de point de départ aux embryogénistes qui se préoccupaient de rechercher le mode de formation des tissus et des organes. L'embryogénie, comme les autres branches de l'histoire des animaux, se trouva donc engagée, dès le début, dans cette voie essentiellement antiscientifique qui consiste à prendre comme types les phénomènes les plus compliqués et à tenter d'y ramener les plus simples, au lieu de procéder, comme dans les sciences expérimentales, du simple au composé.

Gaspard-Frédéric Wolf (1733-1794) avait vu, chez le poulet, le tube intestinal apparaître sous la forme d'un feuillet plan qui se repliait peu à peu et dont les bords arrivaient finalement à se souder. Il admit une origine analogue pour les autres systèmes d'organes, et Pander, en 1817, évalua à trois le nombre des feuillets superposés d'où provenaient tous les organes. Ces trois *feuillets germinatifs*, dont il est aujourd'hui sans cesse question dans les recherches embryogéniques, étaient, pour Pander, le *feuillet muqueux*, le *feuillet séreux* et le *feuillet vasculaire*. Sous l'influence évidente d'idées théoriques analogues à celles de Bichat, Von Baër porta à quatre le nombre des feuillets embryogéniques et les divisa en deux couches: la *couche animale*, comprenant le *feuillet cutané* et le *feuillet musculaire*; la *couche végétative*, comprenant le *feuillet vasculaire* et le *feuillet muqueux*. Depuis les recherches de Reichert et de Remak, on s'accorde assez généralement aujourd'hui à admettre trois feuillets *blastodermiques*: 1° l'*exoderme* ou feuillet externe qui produit l'épiderme, le système nerveux ainsi que leurs dépendances, et qu'on pourrait, par suite, appeler le *feuillet sensoriel*; 2° le *mésoderme* ou feuillet moyen, qui produit les muscles et les vaisseaux, et qu'on désigne aussi sous le nom de feuillet *moto-germinatif*; 3° enfin l'*entoderme* ou feuillet interne, qui, produisant l'épithélium du tube digestif et celui des glandes qui en dépendent, mérite la dénomination de feuillet *intestino-glandulaire*.

Avoir ramené tous les phénomènes embryogéniques à l'histoire des transformations des trois feuillets distincts, c'était sans doute avoir singulièrement facilité la comparaison de ces phénomènes chez les divers organismes. Les observateurs n'ont, en conséquence, cessé de mettre tous leurs soins à retrouver ces feuillets chez les embryons de tous les animaux, à déterminer leur mode de formation et leurs transformations diverses, étendant ainsi au règne animal tout entier les résultats qui avaient été fournis par l'étude des seuls vertébrés. Une telle généralisation n'a pu être obtenue sans modifier considérablement le sens primitif des mots. Les embryons de la plupart des animaux inférieurs ne sont plus constitués par trois *lames planes* superposées, mais par deux sacs emboîtés l'un dans l'autre, ayant un orifice commun, et entre lesquels se forment de diverses façons des tissus nouveaux auxquels on a appliqué en bloc la dénomination de *mésoderme*. Ces deux sacs eux-mêmes n'existent pas toujours. Les larves des éponges, celles de la plupart des cœlentérés ne présentent que tardivement des parties comparables à un exoderme et à un entoderme, de sorte qu'aucune théorie générale de l'embryogénie ne saurait prendre pour point de départ les trois feuillets blastodermiques des vertébrés. Aussi bien le problème n'est-il pas de retrouver plus ou moins exactement les analogies de ces feuillets dans le règne animal tout entier, mais d'expliquer pourquoi l'embryon de la plupart des vertébrés se trouve au début formé de trois feuillets plans. La théorie des feuillets a pu avoir son utilité, au point de vue de l'organogenèse ou de l'histogenèse; elle a permis de coordonner un certain nombre de faits; mais la philosophie zoologique n'a évidemment rien à attendre d'une doctrine qui regarde tout d'abord comme résolu le problème dont elle devrait, au contraire, se proposer la solution.

Des horizons autrement étendus s'ouvrent devant les embryogénistes qui se placent au point de vue de la morphologie générale et recherchent quels rapports peuvent exister entre les formes embryonnaires et les formes adultes des animaux de même groupe.

La ressemblance évidente que les têtards des grenouilles et des autres batraciens présentent avec les poissons avait déjà inspiré à Kielmeyer l'idée que les animaux supérieurs traversent, avant d'arriver à l'état adulte, les formes que montrent à l'état permanent les animaux inférieurs du même groupe. Nous avons retrouvé cette idée dans les écrits d'Autenrieth, dans ceux des philosophes de la nature et surtout dans ceux de Geoffroy Saint-Hilaire, qui en fait la plus heureuse application à la détermination des parties analogues dans les diverses classes de vertébrés; mais un élève de Geoffroy, qui fut, comme lui, professeur au Muséum d'histoire naturelle, Serres, est, sans contredit, le savant qui fit le plus d'efforts pour mettre en relief les liens étroits qu'il pressentait entre l'embryogénie, l'anatomie comparée et même la morphologie extérieure des animaux[134]. À l'exemple des philosophes de la nature, avec qui il n'est pas sans présenter parfois un peu trop de ressemblance, Serres admet comme un principe évident que «la constitution de l'homme est en réalité un petit monde[135]» dans lequel doit venir se refléter l'histoire entière du règne animal. Cette hypothèse, qui pourrait être la conclusion finale de toute sa philosophie, en est, en réalité, le point de départ. C'est un *a priori* autour duquel il essaye de grouper les faits, et la doctrine qu'il édifie sur cette base n'est pas, au premier abord, sans une certaine apparence de grandeur. L'homme étant le résumé du règne animal, ses organes, ses appareils traversent successivement, au cours de leur développement, les états définitifs que présentent les mêmes organes, les mêmes appareils dans les genres, les familles et les classes dont se compose l'échelonnement du règne animal. L'histoire de la formation des organes de l'homme est ainsi en petit la répétition de l'histoire des organes des animaux. «La série animale n'est qu'une longue chaîne d'embryons, jalonnée d'espace en espace, et arrivant enfin à l'homme[136].» Doués d'une somme de vie plus ou moins grande, les organismes inférieurs s'arrêtent plus ou moins tôt dans la voie que parcourt rapidement l'embryon humain. «Arrêt d'une part, marche progressive de l'autre, voilà tout le secret des développements, voilà la différence fondamentale que l'esprit humain peut saisir entre l'organogénie humaine d'une part et l'anatomie comparée d'autre part,» et l'on peut dire que «l'*organogénie humaine est une anatomie comparée transitoire, comme, à son tour, l'anatomie comparée est l'état fixe et permanent de l'organogénie de l'homme.*»

Dans sa discussion académique avec Cuvier, É. Geoffroy Saint-Hilaire avait été conduit à ramener implicitement l'unité de plan de structure du règne animal à l'unité de plan de développement. C'est cette dernière unité qui est, suivant Serres, la loi même de la nature, «de sorte que le règne animal tout entier n'apparaît plus que comme un seul animal qui, en voie de formation dans les divers organismes, s'arrête dans son développement, ici plus tôt et là plus tard, et détermine ainsi, à chaque temps de ces interruptions, par l'état même dans lequel il se trouve alors, les caractères distinctifs et organiques des classes, des familles, des genres, des espèces[137].» L'histoire des animaux inférieurs, l'histoire des monstres, l'histoire des animaux fossiles se rattachent ainsi étroitement à l'organogénie, et l'on comprend qu'en présence des vastes domaines qu'il essaye de lui conquérir, Serres ait décoré la science grandiose qu'il entrevoit du nom d'*anatomie transcendante*. Pourtant le point de vue auquel s'est placé l'ingénieux professeur d'anatomie comparée du Muséum n'est point encore assez élevé. Sa préoccupation de retrouver l'homme partout l'empêche de bien saisir toute la variété du règne animal et de reconnaître les véritables rapports qui unissent entre elles les formes vivantes. On se tromperait étrangement si l'on croyait que les choses, dans la nature, se passent aussi simplement que Serres le supposait. Si l'homme s'élève par son intelligence à une hauteur incommensurable au-dessus du règne animal, si son cerveau peut être considéré comme indiquant, au point de vue du système nerveux, le terme extrême de l'évolution organique, il n'en est certainement pas de même de ses autres organes. Les organes de la digestion sont, chez l'homme, moins parfaits que chez les ruminants; ses organes de la respiration et de la circulation sont moins compliqués que les organes analogues des oiseaux, et ses autres organes de nutrition n'ont rien qui les place incontestablement au-dessus de ceux de beaucoup d'animaux. Ses organes des sens sont moins délicats que ceux de beaucoup de mammifères carnassiers et sa main, sur laquelle on a écrit tant de dithyrambes, est beaucoup moins éloignée des formes primitives, toutes pentadactyles, que le pied d'une antilope ou d'un cheval. Il n'y a donc aucune raison pour que l'embryogénie humaine résume celle du règne animal tout entier, pour qu'elle soit, à elle seule, une anatomie comparée complète. À aucune phase de son développement un embryon humain n'est un véritable poisson; il n'est pas davantage reptile ou oiseau à une phase plus avancée. Voilà ce qui est objecté par tous les embryogénistes à la théorie de Serres, et ce qui fera tomber dans le discrédit son anatomie transcendante.

261

Cependant une grande partie des faits sur lesquels elle s'appuie ne sauraient être mis en doute. Bien réellement la circulation du fœtus de mammifères rappelle à un certain moment celle des reptiles; la constitution de leur crâne n'est pas au début sans analogie avec celle du crâne des poissons; leur face présente tout d'abord des arcs comparables aux arcs branchiaux des poissons; les premières phases du développement de la tête et du corps sont communes à tous les vertébrés. D'autre part, les très jeunes batraciens sont par toute leur organisation de véritables poissons; les embryons des oiseaux ont beaucoup plus d'analogie avec les reptiles que n'en ont les oiseaux adultes, et, si l'on compare, dans l'embryon des vertébrés et dans celui des animaux articulés, la position des principaux systèmes d'organes relativement au vitellus, on est frappé de trouver chez ces embryons une identité absolue, là où les adultes ne présentent qu'opposition.

À ces faits, connus depuis plus ou moins longtemps, chaque jour vient en ajouter de nouveaux, et l'embryogénie ne cesse de causer les plus grandes surprises aux zoologistes. Sans parler de ces phénomènes si merveilleux des générations alternantes, dont nous avons précédemment montré toute l'importance, on découvre que le plus grand nombre des acalèphes de Cuvier commencent par être des polypes; ces deux classes d'animaux sont désormais confondues, et il semble qu'on puisse considérer les polypes comme des acalèphes arrêtés dans leur développement. Johannes Müller étudie les singulières métamorphoses des échinodermes, et l'on peut un moment se croire en droit de comparer à des acalèphes les larves transparentes de ces rayonnés. Un instant, Thomson croit avoir découvert une petite encrine vivant sur nos côtes; il constate bientôt que cette encrine n'est autre chose qu'une larve de comatule; le comatule reproduit ainsi, dans son jeune âge, une forme inférieure de son groupe, dont presque tous les représentants sont demeurés à l'état fossile. Les animaux actuels peuvent donc ressusciter, dans leur jeune âge, des formes vivantes aujourd'hui disparues, et voilà rendu probable ce lien entre la paléontologie et l'embryogénie que Serres se plaît à signaler.

Bien qu'elles n'aient pas cette signification, les métamorphoses des Trématodes et des Cestoïdes peuvent si bien paraître relier les vers parasites aux infusoires que Louis Agassiz propose la suppression de cette classe d'êtres microscopiques, qui ne sont, suivant lui, que des larves d'animaux plus élevés. Le développement des annélides suggère à M. Milne Edwards et à M. de Quatrefages les belles idées que nous avons déjà exposées. Thompson, Nordmann et d'autres observateurs montrent que tous les crustacés inférieurs ont une forme larvaire commune, le *nauplius,* que l'on avait pris d'abord pour un organisme autonome, pour un genre spécial de crustacés. Beaucoup de crustacés décapodes sont, à leur naissance, de véritables schizopodes; les Crabes conservent longtemps un abdomen normal avant de devenir brachyures. Fait plus remarquable encore, Thompson découvre que le nauplius est aussi la forme larvaire des cirripèdes, qui abandonnent ainsi définitivement l'embranchement des mollusques pour entrer dans celui des arthropodes; Spence Bate démontre que, après avoir été nauplius, les cirripèdes prennent une forme qui rappelle complètement celle d'autres crustacés, les cypris, en qui l'on pourrait voir dès lors des cirripèdes arrêtés dans leur développement. De nombreuses recherches très concordantes établissent que tous les mollusques gastéropodes d'une part, tous les mollusques lamellibranches de l'autre, ont une forme larvaire commune, et que ces deux formes peuvent aisément se ramener l'une à l'autre. Les gastéropodes nus ne se distinguent pas tout d'abord des autres, et leur larve possède une coquille et un opercule comme celle des gastéropodes ordinaires; l'étude du développement du taret montre à M. de Quatrefages que ce lamellibranche si étrange, quand il est adulte, revêt d'abord la même forme larvaire que les autres lamellibranches et présente ensuite, comme eux, une coquille bivalve dans laquelle il peut se retirer complètement. Bien plus, les magnifiques études de M. de Lacaze-Duthiers sur le Dentale révèlent cette particularité frappante d'un mollusque intermédiaire entre les gastéropodes et les lamellibranches dont la larve est d'abord à très peu près celle d'un ver et devient ensuite identique à une larve de lamellibranche ordinaire. La larve des oscabrions, observée par Lovén, a également toute l'apparence d'une larve de ver. Les mollusques que Serres comparait à des fœtus de vertébrés qui ne se seraient jamais débarrassés de leurs membranes fœtales, revêtiraient donc tout d'abord la forme de vers.

Les services rendus par l'embryogénie à la zoologie systématique ne cessent ainsi de se multiplier. Les rapports les plus imprévus sont souvent établis par elle entre des groupes dont il était impossible de supposer la parenté. Non seulement on se trouve obligé de reconnaître l'identité spécifique d'êtres que l'on plaçait dans des genres ou même des familles différentes, mais des classes entières d'animaux doivent être abolies. Les naturalistes les plus éminents affirment l'impossibilité de déterminer la position systématique d'un animal quelconque si l'on ne s'est astreint à le suivre depuis les premières phases d'évolution de l'œuf d'où il doit sortir, jusqu'à ce qu'il devienne lui-même capable de se reproduire par voie sexuée. C'est l'origine de ces belles monographies dont M. de Quatrefages a donné le modèle lorsqu'il écrivit l'*Histoire naturelle du Taret,* et dont M. de

Lacaze-Duthiers n'a cessé depuis trente ans d'enrichir la science française.

Le sens du mot embryogénie s'étend d'ailleurs beaucoup. La génération agame, la génération alternante, les métamorphoses, qu'elles s'accomplissent dans l'œuf ou hors de l'œuf, rentrent désormais dans le cadre des recherches embryogéniques. Nous avons montré, en traitant de ces phénomènes, quels liens étroits les unissent aux phénomènes de développement proprement dit et quelle lumière a répandue leur étude sur le mode de constitution des organismes.

L'embryogénie ne pouvait prendre une si grande importance sans qu'on cherchât à systématiser les résultats auxquels elle avait conduit. L'explication des transformations que subit chaque organisme dans son évolution individuelle paraît beaucoup trop éloignée pour qu'on s'en embarrasse beaucoup; on ne s'arrête pas plus qu'il ne faut à la tentative de Serres; mais on demeure convaincu que son avortement n'est pas définitif, et, en attendant d'avoir découvert une meilleure formule, on fait servir à la classification les caractères transitoires fournis par l'embryogénie, malgré la réprobation dont Cuvier les avait frappés.

Von Baër peut être considéré comme le premier qui ait publié une classification purement embryogénique. Les quatre modes d'évolution qu'il distingue dans le règne animal ne lui servent à la vérité qu'à reconstituer, à peu de chose près, les embranchements de Cuvier; mais la caractéristique de l'embranchement des vertébrés, par rapport à celui des articulés, est si nette que c'est la seule qui ait pu être conservée de nos jours, et les subdivisions qu'il propose pour cet embranchement ont servi de point de départ à tous les perfectionnements ultérieurs. C'est là, en effet, que pour la première fois les vertébrés pourvus d'une allantoïde sont séparés de ceux qui n'en ont pas, et qu'il est fait appel aux dispositions diverses du cordon ombilical de l'allantoïde et du placenta, pour distinguer, parmi les mammifères, les sous-classes et les ordres. On sait quel heureux parti on a tiré depuis, pour la classification des mammifères, des diverses modifications de forme que peut présenter leur placenta.

Les groupes primordiaux de Von Baër étaient insuffisamment caractérisés. M. Van Beneden a pensé à définir ces groupes en se servant comme caractères des rapports de l'embryon et du vitellus. Il nomme *Hypocotylédonés* ou *Hypovitelliens* les animaux dont l'embryon repose sur le vitellus par son côté ventral (*vertébrés*); *Epicotylédonés* ou *Epivitelliens,* ceux dont le vitellus est dorsal (articulés); *Allocotylédonés,* tous les autres animaux, qui reconstituent ainsi l'ancienne grande classe des *Vermes* de Linné. Il est évident que cette dernière division, basée sur des caractères exclusivement négatifs, n'est nullement équivalente aux deux autres. Cela seul suffit à montrer qu'au moment où le système de Van Beneden a été conçu l'embryogénie n'avait pas encore dit son dernier mot.

M. Kölliker a préféré faire intervenir, pour caractériser ses divisions, la part plus ou moins grande que prend le vitellus à la formation de l'embryon. Enfin, M. Carl Vogt a proposé, à son tour, un système dans lequel il tient compte des caractères employés par Von Baër, Van Beneden et Kölliker, mais où il introduit en même temps d'autres caractères empruntés à l'anatomie ou tirés de l'existence d'un vitellus céphalique chez les Céphalopodes.

Il faut bien le dire, ces essais de classification n'ont pas été heureux, et il en a été de même de tous ceux qu'on a essayé depuis de baser sur l'embryogénie. On pouvait mieux espérer d'une science qui avait permis de faire aux anciennes méthodes de si heureuses rectifications, qui avait introduit tant d'idées nouvelles dans la biologie. Comment expliquer les déceptions qu'elle semble avoir causées? Cela est facile.

On remarquera que dans toutes les prétendues classifications embryogéniques qui ont été proposées, y compris les plus modernes, il n'a été tenu aucun compte de la signification relative des phénomènes embryogéniques. Depuis Bonnet jusqu'à Fritz Müller, les naturalistes se sont efforcés en vain de démontrer, dans des spéculations trop générales pour être précises, que le développement de l'individu n'était autre chose que la répétition abrégée du développement de son espèce. Cette proposition, que tous les transformistes acceptent aujourd'hui et qui semblerait devoir mériter de nouveau à l'embryogénie le titre d'anatomie transcendante, cette idée qui semblerait devoir être si féconde, ne trouve son application dans aucune des classifications proposées.

C'est qu'en effet l'embryogénie d'un animal est la résultante d'au moins trois facteurs qui interviennent simultanément pour produire la série des phénomènes qu'elle présente. Ces facteurs sont: 1° l'hérédité, 2° l'accélération embryogénique, 3° le mode de nutrition de l'embryon, l'indépendance des plastides, des tissus, des organes et des appareils.

En vertu de l'hérédité, un animal devrait passer, dans le cours de son développement, par la série de toutes les formes qu'ont revêtues ses ancêtres directs dans la succession des temps. Comme ces ancêtres ont laissé des descendants modifiés de diverses façons et d'autres qui reproduisent plus ou moins exactement les formes ancestrales, il est évident que, si notre proposition est vraie, l'embryogénie comparée devrait toujours permettre de reconnaître le degré de parenté des animaux appartenant à une même lignée; à elle seule, elle devrait fournir les moyens de dresser un arbre généalogique authentique du règne, de formuler les lois de l'anatomie comparée, d'instituer une méthode de classification vraiment naturelle. Les caractères fournis par elle devraient primer tous les autres.

Toutes ces conclusions sont parfaitement légitimes, mais c'est à la condition que rien ne soit venu troubler la succession des formes imposées par l'hérédité à l'embryon, que rien ne soit venu modifier ces formes elles-mêmes. Or il n'en est pas ainsi. Toutes les formes qu'ont revêtues les ancêtres d'un animal donné étaient nécessairement des formes capables de se prêter à une existence indépendante, au moins pendant la période de reproduction. Quelle que soit l'époque où l'on vienne à briser les enveloppes d'un œuf, il semblerait donc que l'embryon abrité par elles devrait être capable de continuer à vivre librement, de chercher lui-même sa nourriture, d'assurer son développement ultérieur. Or chacun sait qu'il n'en est pas ainsi. Si les formes successives de l'embryon sont des formes ancestrales, ce sont certainement des formes ancestrales profondément modifiées. Comme, au point de vue de la comparaison des animaux adultes, que visent avant tout la classification et l'anatomie, les formes ancestrales ont seules de l'importance, tant qu'on n'aura pas distingué, dans les formes de l'embryon, ce qui est primitif de ce qui est modifié, ces formes ne pourront donner que des indications douteuses.

Cette distinction serait évidemment facilitée si l'on connaissait les causes qui ont modifié l'embryogénie telle qu'elle devrait être théoriquement. Or parmi ces causes sont précisément les trois autres facteurs dont nous avons parlé tout à l'heure et dont il nous faut apprécier l'influence. En premier lieu, il est évident que, si l'embryon passe par toutes les phases qu'a traversées son espèce, il en abrège considérablement la durée. À mesure que les générations de forme différente se succèdent, cette durée se raccourcit de plus en plus de manière que le développement tienne à peu près dans le même espace de temps; il y a donc nécessairement une accélération de plus en plus grande des phénomènes embryogéniques. Cette accélération entraîne avec elle des modifications rapides de la forme de l'animal, analogues à celles que subissent les larves d'insectes, arrivées au terme de leur croissance. Pas plus pour les embryons, en général, que pour les larves d'insectes, ces transformations incessantes ne peuvent s'accorder avec l'activité des organes. L'embryon passe donc, au repos, protégé par les enveloppes de l'œuf, la plus grande partie de sa période de développement. Toutefois, dans un même groupe zoologique, son éclosion peut avoir lieu aux stades évolutifs les plus divers. C'est ainsi que, dans l'ordre des crustacés décapodes, les *Penœus* sortent de l'œuf à l'état, de *Nauplius*, les crevettes et la plupart des autres Décapodes à l'état de *Zoë* qui succède, chez les *Penœus*, à celui de *Nauplius*. Ces Zoës revêtent ensuite l'aspect des *Mysis*, et c'est sous ce dernier aspect seulement qu'éclosent les Scyllares, les Langoustes et même les Homards; enfin le stade Mysis est, à son tour, traversé dans l'œuf par les Bernard l'Ermite et les Écrevisses, qui naissent avec tous les caractères des vrais décapodes.

On peut conclure de là que l'accélération embryogénique est loin d'être la même pour toutes les espèces d'un même groupe. Ses effets peuvent être très variés, porter sur tel stade plutôt que sur tel autre, laisser subsister celui-ci tandis que celui-là sera devenu méconnaissable ou sera même entièrement supprimé. Enfin, l'accélération portant sur tous les stades en même temps, le développement courant, en quelque sorte, vers le but à atteindre de manière à réaliser l'animal adulte le plus rapidement et le plus économiquement possible, la marche entière des phénomènes d'évolution pourra être entièrement transformée: c'est ainsi que les phases entières du développement pourront être sautées, que la cavité générale et les organes qu'elle contient se constituent de diverses façons, que des enveloppes embryonnaires, résultant des mues accomplies dans l'œuf ou de diverses autres causes apparaîtront ou non, sans que les formes réalisées au terme du développement diffèrent essentiellement les unes des autres.

D'autre part, les transformations, les métamorphoses que l'embryon subit sous les enveloppes de l'œuf représentent un travail qui ne peut s'accomplir si les éléments anatomiques qui prennent part à ce travail ne sont pas suffisamment nourris. Un certain degré d'accélération embryogénique comporte donc l'accumulation dans l'œuf de réserves alimentaires que l'embryon trouvera à sa portée; plus l'éclosion sera tardive, plus la réserve devra être considérable, et la présence simultanée, dans un espace restreint, d'une provision d'aliments et d'un embryon qui se développe, devra entraîner dans la façon d'évolution de celui-ci des modifications importantes. À ce genre de modifications appartiennent, sans aucun doute, l'apparition plus ou moins tardive de la bouche, son mode de formation, ou encore la disposition en feuillets superposés et largement ouverts, des premières ébauches embryonnaires des vertébrés. Si l'on examine les caractères sur lesquels ont été fondées les diverses classifications embryogéniques, il est évident que les seuls auxquels on ait fait appel sont précisément ceux qui résultent de l'intervention de ces deux éléments perturbateurs des phénomènes embryogéniques normaux: l'accélération embryogénique, l'accumulation de matériaux nutritifs dans l'œuf. Il est cependant bien clair que de tels caractères ne sauraient avoir qu'une importance tout à fait subordonnée. Ils ne pourront être utilement employés que dans les groupes très élevés, où une adaptation étroite à certaines conditions d'existence aura entraîné, chez l'embryon, l'apparition de véritables organes héréditaires, chargés de le nourrir. C'est ainsi que l'allantoïde distingue les vertébrés définitivement adaptés à l'existence aérienne de ceux qui ne le sont pas encore complètement ou qui ne le sont pas du tout; que les différentes formes du placenta dénotent assez bien les affinités qui existent entre les ordres de la classe des mammifères. Mais là ce sont de véritables organes, bien définis, constitués par une longue élaboration, qui interviennent dans la classification au même titre que les pattes ou les dents de l'animal adulte, et non des modes de développement. Toutes les classifications purement embryogéniques sont donc tombées parce qu'elles ont emprunté leurs caractères à des mécanismes de développement qui peuvent se reproduire dans les types les plus divers, à des processus résultant des perturbations de l'embryogénie normale, et non aux phénomènes essentiels de celles-ci. Avant que l'hypothèse du transformisme ait donné à l'embryogénie la valeur d'un véritable état civil, les naturalistes, sans doute par une réaction bien naturelle contre les exagérations des philosophes de la nature, ont trop perdu de vue ce parallélisme entre le développement individuel des organismes supérieurs et la série des êtres qui, partant des formes les plus simples, s'élève graduellement jusqu'à eux; depuis que la doctrine de l'évolution a conduit à attribuer à l'embryogénie de chaque animal la valeur d'un livre généalogique, on a trop négligé le texte même du livre pour ses enluminures, et cela était presque inévitable, étant donnés les errements où avaient été engagés les embryogénistes par suite de la prépondérance qu'ils attribuaient à l'embryogénie humaine.

Actuellement, grâce aux nombreuses et importantes recherches dont les animaux inférieurs ont été l'objet, la morphologie et l'anatomie comparée sont en mesure de montrer par quelle voie se sont constitués les grands types organiques, de déterminer comment les organismes appartenant à chacun de ces types se sont graduellement compliqués, d'indiquer par conséquent la marche normale des phénomènes embryogéniques. On entrevoit donc la possibilité de déterminer exactement en quoi ces phénomènes ont été troublés dans chaque cas, et de remonter jusqu'à la cause des perturbations. Le moment semble donc venu où il sera possible de relier par les liens les plus intimes, comme Serres l'espérait, l'embryogénie à la morphologie et à la paléontologie.

* * * * *

Nous avons montré dans ce chapitre et dans le précédent comment se sont établies les notions que nous possédons sur le mode de constitution de l'individu. C'est à l'aide d'éléments anatomiques, ou de véritables organismes, nés les uns des autres, mais variables dans leur forme avec les circonstances extérieures ou avec leur ordre de succession, que les individus organiques quelque peu compliqués se sont formés. Ces individus, qui sont eux-mêmes capables de donner naissance à des individus nouveaux, peuvent-ils revendiquer réellement, pour leurs descendants, une permanence de la forme que nous ne trouvons à aucun degré dans les éléments ou les groupes d'éléments dont ils sont composés? Cette succession d'êtres nés les uns des autres est précisément ce que nous nommons une espèce. Nous sommes ainsi amenés à discuter enfin la question de la fixité ou de la variabilité des espèces.

CHAPITRE XX

L'ESPÈCE ET SES MODIFICATIONS

Revue rapide des idées relatives à l'espèce.—Position véritable dit problème de l'espèce: manières directes de résoudre ce problème.—Essais de solution indirecte.—Opposition de la race et de l'espèce.—Prétendus critériums de l'espèce: fécondité limitée; instabilité des formes hybrides.—Théorie de Godron.—Expériences et théorie de M. Ch. Naudin.—Identité de la race et de l'espèce.—Théorie de la variabilité limitée.—Comparaisons des doctrines d'Isidore Geoffroy Saint-Hilaire et de Charles Darwin.—Conclusions.

Le sens que nous devons attacher au mode de constitution de l'individu est évidemment lié d'une façon intime à cet autre problème: la série généalogique des êtres qui a abouti aux organismes vivant autour de nous et que nous rangeons dans une même *espèce* est-elle entièrement composée d'individus identiques entre eux, ou ces individus ont-ils subi de graduelles modifications qui permettent de considérer les animaux fossiles, différents des animaux actuels, comme leurs ancêtres, et autorisent à supposer que des animaux fossiles des dernières périodes géologiques on peut remonter à des formes de plus en plus simples aboutissant finalement à des plastides isolés?

Pour la première de ces alternatives se décident franchement Linné, Cuvier, de Blainville, Flourens, Dugès, Louis Agassiz. Les partisans de la variabilité des espèces sont tout aussi nombreux; mais ils entendent la variabilité de diverses façons. Pour Bonnet, la variabilité n'est qu'apparente; les germes ont reçu à l'origine des choses une organisation appropriée aux diverses époques géologiques; ils se développent lorsque ces époques ont amené des conditions qui leur sont propices. Pour Buffon, les espèces primitivement créées se modifient; mais leurs modifications, directement produites par l'action des milieux, sont de simples dégénérations du type primitivement établi. Étienne-Geoffroy Saint-Hilaire, Gœthe, Richard Owen, admettant que les êtres ont été créés avec leur degré actuel de complication et n'ont fait que se modifier dans le détail, se rapprochent beaucoup de l'opinion de Buffon, tout en montrant plus de hardiesse. Érasme, Darwin et Lamarck pensent, au contraire, que des formes très simples, créées par Dieu ou nées spontanément, se sont graduellement compliquées, perfectionnées pour arriver jusqu'à leur forme actuelle. De ces diverses opinions, quelle est la vraie? Avant l'époque où Darwin publia son livre mémorable sur l'origine des espèces, divers savants avaient cherché à formuler une réponse en discutant soigneusement tous les faits acquis à la science, en même temps que d'habiles expérimentateurs attaquaient le problème par divers moyens. Nous citerons surtout Flourens, Koelreuter, Godron, Isidore Geoffroy St-Hilaire et M. Naudin. Il faut reconnaître que leurs conclusions furent loin de s'accorder; mais il est facile de montrer que les longues discussions auxquelles a donné lieu la question de l'espèce tiennent, en grande partie, à ce qu'on y a mêlé une foule de questions accessoires, au lieu de se borner à suivre les faits pas à pas, à ce qu'on s'est jeté à corps perdu dans les pétitions de principe, au lieu de suivre résolument la méthode scientifique.

Choisissons un couple d'animaux aussi voisins l'un de l'autre que possible et considérons les divers individus nés de leur union. Ces individus, quoique frères et par conséquent incontestablement de même espèce, présentent déjà entre eux des différences suffisantes pour qu'un examen attentif permette toujours de les distinguer. Il est donc de toute évidence qu'il existe dans l'espèce des caractères qui varient en quelque sorte spontanément. De ces individus nés d'un même père et d'une même mère, faisons deux parts, dont l'une continue à vivre dans les conditions mêmes où vivaient les parents, tandis que l'autre, transportée sous un climat différent, sera placée dans des conditions d'existence aussi éloignées que possible des conditions premières. Sûrement, durant le cours de la croissance des individus, des dissemblances notables apparaîtront entre les deux groupes. Si, dans ces conditions d'existences différentes, on laisse les individus composant chacun des deux groupes se reproduire, il arrivera généralement qu'à chaque génération, les dissemblances s'accentueront et pourront, au bout d'un certain temps, devenir considérables. Finalement, si l'on ramène aux conditions d'existence premières les descendants du groupe qui en a été écarté, les caractères acquis se maintiendront très longtemps et seront transmis presque intégralement à leur descendance, à la condition de ne laisser s'unir que des individus présentant les mêmes déviations du type primitif. Les individus sur qui se sont fixés de la sorte des caractères nouveaux et héréditaires forment, dans l'espèce, un groupe nettement défini, auquel on donne le nom de *race*.

Les diverses espèces ne se prêtent pas aussi bien les unes que les autres à la formation des races. Il en est qui, transportées dans les contrées les plus variées, conservent tous leurs caractères avec une persistance remarquable. Certains papillons cosmopolites sont dans ce cas. De ce que ces espèces, pour des raisons qu'il y aurait lieu de rechercher, ne se laissent pas facilement briser en races, on ne saurait évidemment pas conclure que chez d'autres la formation des races ne soit au contraire relativement aisée, et c'est le seul point qu'il soit, pour le moment, indispensable de retenir.

Les races, une fois obtenues, demeurent pures si l'on ne laisse s'unir entre eux que des individus qui en présentent tous les caractères, et surtout si l'on maintient ces individus dans les conditions d'existence où la race s'est produite. Supposons maintenant que des individus ayant constitué une race nouvelle, par suite du transfert de leurs parents dans un pays éloigné de leur pays d'origine, aient subi dans leurs éléments reproducteurs, dans leurs organes génitaux, dans l'époque de leur accouplement, ou même dans les humeurs de leur organisme des modifications telles qu'ils ne puissent s'unir aux individus demeurés sur place; les deux races vivront côte à côte sans aucun mélange, et d'après toutes les définitions, sauf celles d'Agassiz, nous appellerons ces races des *espèces*. Nous avons fait ici une hypothèse: c'est que des individus de même espèce, mais de race différente, pouvaient subir des modifications de leur appareil reproducteur ou du reste de leur organisme capables de les isoler complètement des individus demeurés identiques à leurs parents communs. Toute la question de l'espèce est là: le jour où cette séparation sera constatée scientifiquement, le problème de l'espèce sera définitivement résolu, quelque difficulté que puisse présenter tel ou tel cas particulier. C'est de plus la manière la plus directe de le résoudre. On a avancé plusieurs faits de ce genre, mais ils ne sont malheureusement pas absolument concluants.

On obtiendrait encore une solution complète du problème par une marche inverse. Des espèces très voisines, dont l'accouplement serait authentiquement infécond, ne pourraient-elles être amenées, par l'obligation de vivre dans des conditions communes, à s'accoupler fructueusement? Plusieurs auteurs ont pensé qu'il avait dû en être ainsi de quelques-uns de nos animaux domestiques, les chèvres, les bœufs, les chiens surtout, dont les nombreuses variétés proviendraient d'espèces sauvages séparément domestiquées et mélangées ensuite. Ici, un point capital manque à l'argumentation, la preuve que les espèces dont il s'agit n'étaient pas de simples races. Mais ce qu'on n'a pu faire jusqu'ici est faisable pour l'avenir, et l'expérience mériterait d'être tentée.

Les deux procédés directs de solution faisant défaut, on a cherché à tourner la difficulté en étudiant les effets de l'accouplement d'individus *unanimement considérés* comme d'espèce différente: par exemple, le chien et le chacal, le chien et le loup, le chien et le renard, le chien et le chat; l'âne et le cheval, le chameau et le dromadaire, le mouton et la chèvre, le taureau et la biche, le mouflon et la brebis, le bouquetin et la chèvre, le bouquetin et la brebis, le chamois et la chèvre, les diverses espèces de lamas, le lièvre et le lapin, les diverses espèces de volailles et de passereaux, etc. On espérait trouver ainsi un critérium absolu de l'espèce, et l'on avait même formulé des lois à cet égard. Les accouplements entre individus de même *espèce* sont seuls indéfiniment féconds, disait Frédéric Cuvier; les *hybrides* nés de l'accouplement d'individus d'espèces différentes sont souvent stériles; quelquefois la stérilité n'apparaît qu'après un certain nombre de générations. Les accouplements entre individus de *genre* différent, ajoutait Flourens, sont toujours inféconds.

Frédéric Cuvier, Flourens et aussi Godron[138] sont d'accord pour considérer la fécondité limitée des hybrides comme une preuve de la fixité des espèces. On se demande, à la vérité, en quoi l'impossibilité de créer par des croisements des formes permanentes, intermédiaires entre deux formes spécifiques distinctes, peut démontrer que les formes spécifiques actuelles ne sont pas susceptibles de se modifier au point que les individus sur qui ont porté les modifications soient incapables de s'unir avec ceux qui ont gardé les caractères primitifs de la souche commune. Mais les savants dont nous venons de citer les noms admettent évidemment *a priori* la fixité de l'espèce et se préoccupent de chercher non pas des preuves de cette fixité, mais des arguments en sa faveur. Tout autre eût été leur manière de raisonner et d'expérimenter s'ils se fussent laissé guider exclusivement par les faits et les conclusions que suggère leur comparaison.

Ce que nous montre l'observation de tous les jours, c'est que les êtres vivants se perpétuent sous un certain nombre de formes qui sont toujours les mêmes et qui n'ont subi, depuis que nous sommes en état de les observer, que des modifications peu importantes. Ces formes sont ce que nous appelons les *espèces*. De ce fait la science doit avant tout rechercher l'explication, et elle la trouve dans cet autre fait que les animaux et végétaux d'espèce différente sont incapables, en se mêlant, de produire des formes intermédiaires stables et permanentes, soit parce que les croisements sont inféconds, soit parce que les hybrides sont stériles. Le physiologiste se demande alors quelle est la cause de cette infécondité des croisements, de cette stérilité des hybrides. À la première de ces questions, aucune réponse n'a été faite jusqu'ici. À la seconde, Koelreuter,

M. Godron, M. Ch. Naudin répondent en démontrant que, chez les hybrides, les éléments reproducteurs et notamment les éléments mâles demeurent imparfaits; mais cette imperfection des éléments reproducteurs, qui d'ailleurs n'est pas constante, a une cause qu'il faudrait aussi découvrir; là se sont arrêtées les investigations, et le plus grand nombre des auteurs ont cru se tirer d'embarras en prétendant que le Créateur avait voulu de la sorte maintenir la pureté des espèces, ce qui est tout simplement tourner dans un cercle vicieux.

D'autre part, la barrière que le Créateur aurait établie entre les espèces est loin d'être toujours également solide. Les hybrides ne produisent jamais qu'entre animaux de même genre ou de genres voisins. Mais, dans ces limites, ils présentent tous les degrés possibles de fécondité. Le plus souvent, les mâles seuls sont inféconds, et les femelles peuvent être fécondées indifféremment par les mâles des deux espèces parentes. C'est le cas pour les mulets de l'âne et de la jument. D'autres fois, comme pour le chien et la louve, les métis peuvent produire entre eux pendant plusieurs générations, puis la stérilité survient; d'autres fois encore, comme pour le lièvre et la lapine, les métis sont indéfiniment féconds, comme si ces animaux, généralement si antipathiques l'un à l'autre, étaient de même espèce. Cette inconstance des caractères physiologiques des hybrides ne semble-t-elle pas indiquer que la distance qui sépare les unes des autres les espèces voisines n'est pas toujours la même? Les choses ne se passeraient pas autrement si les espèces voisines ou même celles que nous considérons comme de même genre étaient issues d'une souche commune. Les expériences sur l'hybridation, loin de démontrer la fixité des espèces, fournissent donc des arguments en faveur de la formation graduelle des espèces par suite d'une modification des espèces préexistantes, et c'est en effet la conclusion à laquelle M. Charles Naudin est conduit par ses belles recherches sur le croisement de nombreuses espèces de pavots, de *mirabilis*, de primevères, de datura, de tabacs, de cucurbitacées, etc.

«Un fait me frappe, dit cet habile expérimentateur[139], dans la contemplation du monde organisé et vivant qui nous entoure et dont nous faisons partie: c'est que, quelque variés qu'ils soient dans leurs formes, les êtres organisés ont entre eux de puissantes analogies. C'est en vertu de ces analogies que leur classement est possible en *règnes*, en *classes*, en *familles*, en *genres*, en *espèces*. Supprimez ces analogies, supposez autant de mondes radicalement différents qu'il y a d'individualités dans la nature, et toute possibilité de classement disparaîtra. Ce grand phénomène des analogies est-il susceptible d'explication? Oui, si l'on adopte le système de l'origine commune et de l'évolution des formes; non, si l'on s'en tient au système de la primordialité de ces formes. Voici sept à huit cents *solarium* disséminés sur une immense étendue de pays de l'Ancien et du Nouveau-Monde; tous sont distincts spécifiquement, mais tous se ressemblent par une certaine somme de caractères communs incomparablement plus importants, aux yeux du classificateur, que les différences tout extérieures, et je dirais même superficielles, qui les distinguent, puisque ces caractères communs leur assignent à tous leur place dans une même classe, une même famille, un même genre. Eh bien, je le demande, ces analogies sont-elles un fait sans cause dans l'ordre physique? Existent-elles fortuitement ou simplement parce qu'il a plu à Dieu qu'elles existassent? Si vous vous en tenez au système de l'origine indépendante des espèces, vous avez à choisir entre le hasard (une absurdité) et un fait surnaturel, c'est-à-dire un miracle, deux faits qui ne peuvent avoir cours dans la science. Accordez, au contraire, un ancêtre commun à toutes les espèces, généralisez dans le règne végétal cette faculté, dont les formes actuelles conservent un dernier reste, de se subdiviser graduellement, et suivant le besoin de la nature, en formes secondaires qui s'en vont divergeant à partir du point commun de leur origine, pour se subdiviser elles-mêmes en de nouvelles formes, vous arriverez sans secousses, et par le seul principe de l'évolution, jusqu'aux espèces, aux races et aux variétés les plus légères. Les traits superficiels varieront d'une forme à l'autre; mais le fond commun, essentiel, subsistera; vous pourrez avoir mille espèces dérivées, mais chacune d'elles portera l'empreinte de son origine, le signe de sa parenté avec toutes les autres, et c'est ce signe qui vous guidera pour les réunir dans une même famille, dans un même genre.»

C'est là la conclusion à laquelle Buffon, au début de sa carrière, redoutait de voir les naturalistes se laisser entraîner par l'usage des classifications, mais à laquelle il était plus tard arrivé lui-même.

Si les expériences sur les hybrides peuvent conduire à des conclusions aussi opposées que celles que soutiennent Godron et M. Naudin, il est indispensable d'avoir recours à d'autres arguments pour sauver le dogme de la fixité des espèces. On pense y parvenir par d'ingénieuses distinctions entre les espèces sauvages et les espèces domestiques, entre les espèces et les races, entre les hybrides et les métis. De là tout un système philosophique qui peut être résumé dans les propositions suivantes, textuellement empruntées à l'ouvrage de M. Godron, *De l'espèce et de la race chez les êtres organisés*[140]:

«1° Les espèces animales sauvages qui vivent actuellement ne se modifient pas, même sous l'influence des agents extérieurs, de manière à changer leurs caractères spécifiques. Ceux-ci sont inaliénables et fournissent toujours les moyens de distinguer nettement les unes des autres les espèces animales actuellement vivantes.

«2° Les seules modifications qu'elles éprouvent sont légères; elles naissent accidentellement et ne deviennent jamais permanentes, tant que les animaux continuent la vie sauvage.

«3° Il n'y a donc pas de races naturelles, dans le sens strict du mot; la race est le cachet de l'intervention de l'homme.

«4° Les espèces animales sauvages qui ont vécu dans les siècles antérieurs au nôtre, et en nous rapprochant autant qu'il est possible de l'origine de la période géologique actuelle, ont conservé leur conformation et leurs caractères distinctifs, comme le démontre l'étude des débris de ces espèces qui sont conservés depuis une longue suite de siècles[141].

«5° Malgré les changements qui ont pu se produire dans les agents physiques à l'action desquels les espèces sont soumises, elles ne se sont pas modifiées dans leur organisation, ni transformées de manière à se confondre les unes avec les autres ou à donner naissance à des types spécifiques nouveaux, de telle sorte que les animaux qui vivent aujourd'hui représentent exactement ceux de même espèce qui vivaient à l'origine de la période géologique actuelle et dont ils sont les descendants directs.

«6° Les espèces n'ont pas varié davantage durant les périodes géologiques qui ont précédé la nôtre. Les espèces vivant durant ces périodes n'ont pu, en conséquence, produire en se transformant celles qui sont nos contemporaines[142].

«7° Si cette transformation progressive des êtres était un fait réel, si les animaux et les végétaux les plus simples avaient, en se perfectionnant, donné naissance à des êtres plus complexes, si les invertébrés s'étaient métamorphosés en vertébrés, les poissons en reptiles, les reptiles en oiseaux et en mammifères, ou bien les plantes acotylédonées en monocotylédonées, puis dicotylédonées, des mutations aussi complètes n'auraient pu s'opérer que pendant une longue suite de siècles… En passant d'une période géologique à une autre, on trouverait des êtres en voie de transformation, de véritables intermédiaires qui représenteraient toutes les phases de ces métamorphoses, et le règne animal comme le règne végétal montreraient une série continue d'êtres se nuançant de manière qu'on ne puisse plus trouver entre les espèces de lignes de démarcation, de caractères spécifiques; on ne trouverait plus que confusion là où tout nous révèle un ordre admirable. Mais loin de là, nous observons au contraire, en comparant les êtres organisés de deux périodes géologiques successives, une interruption brusque entre les formes animales ou végétales; nous constatons que des faunes et des flores distinctes se remplacent dans la série régulière des formations, et tous ces faits viennent nous démontrer la pluralité et la succession de créations organiques spéciales aux divers âges de notre planète.

«L'espèce n'a donc pas plus varié pendant les temps géologiques que durant la période de l'homme; les différences qui ont pu et qui ont dû même se manifester, aux différentes époques géologiques, dans l'action des agents physiques, les révolutions, enfin, que notre globe a subies et dont il porte dans son écorce les stigmates indélébiles, n'ont pu altérer les types originairement créés; les espèces ont conservé, au contraire, leur stabilité, jusqu'à ce que des conditions nouvelles aient rendu leur existence impossible; alors elles ont péri, mais ne se sont pas modifiées.

«8° Si les espèces animales sauvages ne varient pas, si depuis leur création elles sont restées fixes, il n'en est pas de même des espèces domestiques; celles-ci, soumises depuis un temps plus ou moins long, et quelquefois depuis bien des siècles, à des conditions d'existence exceptionnelles et extrêmement variées, ont subi des modifications plus ou moins nombreuses et importantes dans leurs caractères physiques, dans leurs mœurs, dans leurs habitudes et même dans leurs instincts; enfin la domesticité est un modificateur d'autant plus puissant que son action a été plus complète et s'est prolongée pendant une plus longue période de temps[143].»

Godron ajoute plus loin[144] que ces modifications ont pu devenir héréditaires et produire ainsi des races durables, se distinguant nettement de l'espèce par la faculté que possèdent les individus appartenant aux races différentes d'une même espèce de se mêler en produisant des métis indéfiniment féconds, transmettant leurs caractères mixtes à leur descendance et susceptibles ainsi de servir de point de départ à autant de races intermédiaires qu'on en peut concevoir. Il termine sa théorie de la race par cette proposition: «Si Dieu a fait l'espèce, les races ou variétés permanentes sont le produit de l'industrie de l'homme.»

L'homme est lui-même considère comme constituant une espèce unique, profondément séparée du règne animal tout entier et méritant de constituer à elle seule un règne particulier, dominant les trois autres, le *règne moral* (de Barbençois, 1816), *règne hominal* (Fabre d'Olivet, 1822), ou *règne humain*. Rien d'étonnant dès lors que cet être privilégié participe dans une certaine mesure aux attributs de la divinité.

Ainsi l'espèce est, pour Godron, une entité totalement immuable quand elle est livrée à elle-même; les forces aveugles de la nature sont incapables de produire en elle aucune modification. Créée pour un milieu, pour des conditions d'existence déterminées, elle disparaît quand ces conditions viennent à changer. À chaque révolution du globe, la création tout entière est anéantie, une création nouvelle marque la renaissance du calme et de la stabilité; cette création demeure ce que Dieu l'a faite tant que dure la période de repos du globe pour laquelle elle a été instituée. Toutefois, l'apparition de l'homme ouvre une ère nouvelle pour les espèces animales et végétales; une intelligence faite à l'image de l'intelligence divine va désormais plier les formes vivantes à des exigences inconnues jusque-là. Ces formes vont céder dans une certaine mesure aux caprices de l'homme; mais celui-ci ne saurait parvenir à créer des espèces nouvelles, privilège qui n'appartient qu'à Dieu, il produit simplement des races et des variétés.

Il est impossible d'ériger plus complètement en système cette intervention du miracle dans les phénomènes naturels, que nous avons vu tout à l'heure si hautement repoussée par M. Naudin. Mais, de même qu'on ne peut être transformiste à demi, on ne peut être à demi partisan de la fixité des espèces; tous les tempéraments que l'on peut apporter aux deux doctrines ne servent qu'à marquer un désaccord, souvent inavoué, entre les faits qui entraînent avec eux des conclusions nécessaires, et de chères idées auxquelles on regrette de voir ces conclusions livrer bataille. En somme, quiconque croit à la fixité des espèces est rapidement amené à appeler le miracle à son aide; quiconque croit à la théorie de la descendance croit par cela même que pour la production des phénomènes biologiques, comme pour celle des phénomènes physiques, le Créateur s'en est remis entièrement au conflit des forces et de la matière.

M. Naudin ne s'y trompe pas. L'intelligence humaine n'a pas pour lui de pouvoir spécial, j allais dire de délégation spéciale relativement aux espèces; c'est bien, suivant lui, le milieu qui a tout fait:

«Il n'y a, dit-il, aucune différence qualitative entre les *espèces*, les *races* et les *variétés*; en chercher une est poursuivre une chimère. Ces trois choses n'en font qu'une, et les mots par lesquels on prétend les distinguer n'indiquent que des *degrés de contraste* entre les formes comparées… Les contrastes entre les formes comparées sont de tous les degrés, depuis les plus forts jusqu'aux plus faibles, ce qui revient à dire que, suivant les comparaisons qu'on établira entre les groupes d'individus semblables, on trouvera des espèces de tous les degrés de force et de faiblesse, et, si l'on essayait d'exprimer ces degrés par autant de mots, tout un vocabulaire n'y suffirait pas. La délimitation des espèces est donc, comme je le disais tout à l'heure, entièrement facultative; on les fait plus larges ou plus étroites suivant l'importance qu'on donne aux ressemblances et aux différences des divers groupes mis en regard l'un de l'autre, et ces appréciations varient suivant les hommes, les temps et les phases de la science.

«Suit-il de là que les mots *race* et *variété* doivent être bannis de la science? Non sans doute, car ils sont commodes pour désigner les faibles espèces qu'on ne veut pas enregistrer parmi les espèces officielles; mais il convient de leur donner leur vraie signification, qui est absolument la même que celle d'espèce proprement dite, et de voir, dans les formes désignées par ces mots, des unités d'une faible valeur, qu'on peut négliger sans inconvénient pour la science[145].»

M. Naudin entend d'ailleurs, par *espèce, un groupe d'individus semblables contrastant dans une mesure quelconque avec d'autres groupes, et conservant, dans la série des générations, la physionomie et l'organisation communes à tous les individus.*

Cependant le savant botaniste a contribué lui-même à établir un fait qui pourrait être invoqué et qui l'a été effectivement à l'appui de la fixité des espèces. De ses recherches sur l'hybridation de végétaux appartenant aux groupes les plus variés, comme aussi de nombreuses expériences de croisement faites sur les animaux, il résulte que les individus directement issus de ces croisements présentent, en général, une combinaison des caractères de leurs parents telle qu'on peut les considérer comme à peu près exactement intermédiaires entre eux; mais si l'on unit ensemble ces individus mixtes, ces *hybrides*, au bout d'un certain nombre de générations et souvent dès la seconde, il se fait un départ entre les caractères spécifiques; parmi les individus nés des mêmes parents et appartenant à la même génération, les uns se rapprochent étroitement de l'espèce du père, les autres de l'espèce de la mère; les individus intermédiaires sont rares et très différents les uns des autres; enfin le plus souvent tous les individus finissent par revenir presque entièrement à l'une des espèces parentes, comme si le sang de l'autre avait été complètement éliminé. Les croisements féconds ne permettent donc pas, dans les conditions où ils ont été réalisés jusqu'ici, d'obtenir une espèce exactement intermédiaire entre deux autres.

Si l'on croise au contraire entre eux des individus qui ne diffèrent que par la race, les individus mixtes ou *métis* que l'on obtient ainsi sont réputés produire assez souvent, quand on les unit exclusivement entre eux, une suite de générations dans lesquelles sont conservés leurs caractères intermédiaires. Il serait donc relativement facile de créer des *races métisses*; il serait impossible de créer des *espèces hybrides*. C'est là, pour de très éminents naturalistes, le caractère essentiellement distinctif de la race et de l'espèce, et rien n'est plus légitime que cette distinction. On ne saurait méconnaître, nous n'avons cessé de le dire, qu'il existe dans la nature des groupes d'individus semblables suffisamment isolés les uns des autres, par leurs aptitudes reproductrices, pour que la formation de groupes intermédiaires soit rendue très difficile, et rien n'empêche de considérer chacun de ces groupes comme constituant une espèce. Mais entre les groupes moins isolés, que leur commune origine conduit à considérer comme de simples races, on observe, à ce point de vue, de nombreuses gradations; certaines races métisses ont aussi une tendance à disparaître et à laisser se reconstituer les deux races parentes ou l'une d'elles seulement; de plus, les conditions dans lesquelles les métis et les hybrides sont placés paraissent influer notablement sur le degré de permanence de leurs caractères.

Cette séparation du sang des deux races unies dans la race intermédiaire, cette réversion des métis, exclusivement accouplés entre eux, aux deux types auxquels ils doivent leur origine, «n'est pas seulement l'exception, ni même la règle; elle est la loi, dit un zootechniste éminent, M. Sanson[146]. Dans aucun des cas connus de reproduction entre individus issus de deux ou plusieurs races différentes, c'est-à-dire ayant des caractères fondamentaux ou spécifiques différents[147], cette loi n'a failli. Nous en pouvons citer des preuves non douteuses, empruntées à tous les genres d'animaux qui sont les sujets de la zootechnie.» Et ces preuves, M. Sanson les trouve dans l'état actuel de toutes les races croisées de chevaux, de bœufs, de moutons, de porcs, de chiens, de pigeons, etc. Ainsi, de même que lorsqu'il s'est agi de la fécondité limitée, cette nouvelle opposition entre les hybrides et les métis s'efface, et il faut bien reconnaître, avec M. Ch. Naudin, qu'il n'y a entre les races et les espèces d'autre différence qu'un degré plus ou moins grand de contraste avec les formes les plus voisines. Mais alors disparaît entièrement la doctrine de la fixité des espèces. Les formes spécifiques jouissent d'un degré de *stabilité* plus ou moins considérable,

mais non pas d'une réelle *fixité.* C'est, en définitive, sur cette distinction entre
une stabilité acquise mais révocable et une fixité originelle et inaltérable que
repose la *théorie de la variabilité limitée,* à la démonstration de laquelle Isidore
Geoffroy Saint-Hilaire a consacré la presque totalité de son *Histoire naturelle
générale des règnes organiques.*

Ce beau livre, demeuré malheureusement inachevé, parut de 1854 à 1662. On
peut donc le considérer comme contemporain du livre de Godron, des mémoires
de M. Ch. Naudin, et il demeure tout à fait indépendant des doctrines propres de
C. Darwin. La question de variation de l'espèce, celle du croisement sous toutes
ses formes y sont discutées à l'aide de tous les documents qui sont dans la
science et des résultats de nombreuses expériences faites à la ménagerie du
Muséum d'histoire naturelle, expériences qui sont la plupart l'œuvre d'Isidore
Geoffroy Saint-Hilaire lui-même.

Les conclusions de cette longue et savante discussion sont textuellement
résumées dans les propositions suivantes[148]:

«Les caractères des espèces ne sont ni absolument fixes, comme plusieurs l'ont
dit, ni surtout indéfiniment variables, comme d'autres l'ont soutenu. Ils sont fixes
pour chaque espèce, tant qu'elle se perpétue au milieu des mêmes circonstances.
Ils se modifient si les circonstances ambiantes viennent à changer.

«Dans ce dernier cas, les caractères de l'espèce sont, pour ainsi dire, la *résultante*
de deux forces contraires: l'une, *modificatrice,* est l'influence des circonstances
ambiantes; l'autre *conservatrice* du type, est la tendance héréditaire à reproduire
les mêmes caractères de génération en génération.

«Pour que l'*influence modificatrice* prédomine d'une manière très marquée sur la
tendance conservatrice, il faut donc qu'une espèce passe, des circonstances au
milieu desquelles elle vivait, dans un ensemble nouveau, et très différent, de
circonstances; qu'elle change, comme on l'a dit, de monde ambiant.

«De là les limites très étroites de variations observées chez les animaux
sauvages.

«De là aussi l'extrême variabilité des animaux domestiques.

«Parmi les premiers, les espèces restent généralement dans les lieux et les
conditions où elles se trouvent établies, ou elles s'en écartent le moins possible,

car leur organisation est en rapport avec ces lieux et ces conditions; elle serait en désaccord avec d'autres circonstances ambiantes. Les mêmes caractères doivent donc se transmettre de génération en génération.

«Les circonstances étant permanentes, les espèces le sont aussi.

«Déjà pourtant la permanence, la fixité ne sont pas absolues. L'expansion graduelle des espèces à la surface du globe est, à la longue, la conséquence nécessaire de la multiplication des individus. D'autres causes, d'un ordre moins général, peuvent aussi amener des déplacements partiels.

«D'où, aux limites surtout de la distribution géographique des espèces qui se sont le plus étendues, des différences notables d'habitat et de climat, qui, à leur tour, entraînent quelques différences secondaires dans le régime et même dans les habitudes. À ces divers genres de différences correspondent des *races* caractérisées par des modifications dans la couleur et les autres caractères extérieurs, dans les proportions et la taille, et parfois dans l'organisation intérieure. Ces races ont été fort arbitrairement tantôt appelées variétés de localités, tantôt considérées comme des espèces distinctes.

«Chez les animaux domestiques, les causes de variation sont beaucoup plus nombreuses et plus puissantes. Dans une longue série d'expériences, qui, pour avoir été entreprises dans un but tout pratique, n'en ont pas une moindre importance théorique, des espèces de plusieurs classes, au nombre de quarante environ, ont été contraintes par l'intervention de l'homme de quitter l'état sauvage et de se plier à des habitudes, à des régimes, à des climats très divers. Les effets obtenus ont été en raison directe des causes; il s'est formé une multitude de races très distinctes. Parmi elles, plusieurs offrent même des caractères égaux en valeur à ceux par lesquels on différencie d'ordinaire les genres.

«Le retour de plusieurs races domestiques à l'état sauvage a eu lieu sur divers points du globe. De là une seconde série d'expériences, inverses des précédentes et en donnant la contre-épreuve. Si des animaux domestiques sont replacés dans les circonstances au milieu desquelles avaient vécu leurs ancêtres sauvages, les descendants reprennent, après quelques générations, les caractères de ceux-ci. Ils revêtent seulement des caractères analogues, s'ils sont rendus à la vie sauvage dans des conditions analogues, mais non identiques…»

Isidore Geoffroy Saint-Hilaire, à l'inverse de Godron,—et ses arguments sont bien difficiles à réfuter,—admet donc comme pleinement démontrée, à la fois par l'observation et par l'expérience, la variabilité limitée de l'espèce.

D'ailleurs, ajoute-t-il, cette théorie «peut conduire à des solutions rationnelles à l'égard de questions qui sont complètement insolubles pour les partisans de la fixité absolue, ou que ceux-ci ne résolvent qu'à l'aide des hypothèses les plus complexes et les plus invraisemblables.

«Il en est ainsi de la question fondamentale de l'anthropologie. L'origine commune des diverses races humaines est rationnellement admissible au point de vue de la variabilité et à ce point de vue seul. Les partisans de la fixité absolue ont dû, pour l'admettre avec nous, conclure contre leur propre principe.

«En paléontologie, à la théorie de la variabilité limitée correspond une hypothèse simple et rationnelle, celle de la *filiation*; à la doctrine de la fixité, deux hypothèses également compliquées et invraisemblables, celle des *créations successives* et celle dite de la *translation*.»

Isidore Geoffroy se range naturellement à l'hypothèse de la filiation, qui nous autorise, «par exemple, à rechercher les ancêtres de nos éléphants, de nos rhinocéros, de nos crocodiles parmi les éléphants, les rhinocéros, les crocodiles dont la paléontologie a démontré l'existence antédiluvienne.»

Au moment même où Darwin donnait en Angleterre à la doctrine de la descendance un éclat qu'elle n'avait jamais eu, l'illustre héritier du grand nom de Geoffroy devenait donc en France le défenseur calme et convaincu de cette doctrine. Sans aucun doute, si la mort n'était venue le surprendre au moment où la science pouvait encore attendre beaucoup de ses laborieuses, patientes et impartiales investigations, Isidore Geoffroy aurait élargi les bases de sa théorie, il se fût établi une sorte de compromis entre les deux savants qui représentaient de chaque côté du détroit des idées analogues. Mais nous ne pouvons prendre la théorie de la variabilité limitée qu'au point où l'a conduite Geoffroy, et nous devons préciser en quoi elle diffère de la doctrine de Charles Darwin.

Que signifie d'abord cette épithète de *limitée* accolée au mot *variabilité*? Des limites sont-elles imposées à l'étendue des variations que peuvent subir les formes spécifiques, ou ces limites doivent-elles s'entendre du temps pendant lequel ces variations peuvent s'effectuer, la variabilité étant de la sorte *limitée* à certaines époques? Il est probable que ces deux interprétations étaient également dans l'esprit d'Isidore Geoffroy. Quand on parcourt la surface entière du globe, les conditions moyennes d'existence offertes aux êtres vivants, les diverses variations du milieu semblent, au premier abord, osciller entre des limites assez étroites; ces limites déterminent celles des modifications que peuvent subir les espèces, toujours étroitement dépendantes des agents extérieurs. Les grandes variations du milieu, à supposer qu'il y en ait jamais eu, n'ont lieu que dans les intervalles qui séparent une période géologique d'une autre; c'est pendant ces époques intermédiaires que surviendraient également les grandes transformations des espèces.

Isidore Geoffroy ne se prononce nulle part sur l'étendue que l'on peut attribuer à ces dernières transformations; mais, du moment qu'on admet l'hypothèse de la filiation, il devient totalement impossible de limiter en quoi que ce soit cette étendue. Il paraît, en effet, bien établi aujourd'hui qu'il n'y avait durant la période primaire ni oiseaux ni mammifères, que les reptiles ne se sont montrés qu'après les batraciens et les poissons, et que les poissons eux-mêmes ne sont venus qu'après les animaux sans vertèbres. L'ordre de succession des mammifères durant la période tertiaire a pu être fixé de la façon la plus remarquable. L'idée de filiation, pour conserver sa généralité, implique que ces animaux ont été tirés les uns des autres, et l'on ne peut évidemment admettre de telles modifications sans attribuer en même temps à l'espèce une variabilité régie, à la vérité, par des lois précises, mais absolument indéfinie: Si les variations qu'une espèce peut subir durant une période géologique paraissent au premier abord limitées, il est donc impossible d'admettre cette restriction quand on embrasse la durée tout entière des temps.

Mais peut-on même admettre que, durant une période géologique donnée, les espèces conservent cette stabilité qui ne leur permet tout au plus que de former des races géographiques? Une telle hypothèse est évidemment liée à la supposition qu'il y a eu dans l'histoire du globe des périodes successives de changement et d'immobilité. Or la géologie s'éloigne de plus en plus de cette manière de voir; il paraît de plus en plus démontré que la surface de la terre s'est toujours modifiée avec la lenteur que nous constatons aujourd'hui dans ses transformations, et qu'il n'y a jamais eu aucune démarcation tranchée entre deux périodes géologiques successives. Dès lors, il faut admettre que les espèces peuvent varier indéfiniment et à toutes les époques, et les mots «variabilité limitée» ne signifient plus que variabilité lente et graduelle, soumise à la fois aux lois de l'hérédité et de l'adaptation aux conditions ambiantes, mais, en somme, illimitée.

L'exercice de cette variabilité suppose-t-il enfin, comme le veut Isidore Geoffroy, des modifications importantes dans l'état du globe terrestre? Non sans doute. Isidore Geoffroy lui-même fait remarquer que l'extension graduelle des espèces à la surface du globe, conséquence nécessaire de la multiplication des individus, place ces individus dans des conditions différentes, susceptibles de déterminer en eux des modifications. Mais quelle limite attribuer à cette force expansive des espèces? N'est-elle pas capable, à la longue, d'amener les individus faisant partie d'une même lignée à vivre dans les conditions les plus différentes? Est-il nécessaire de supposer des changements dans un milieu déjà essentiellement varié, si les individus d'une espèce donnée sont eux-mêmes forcés, sous peine de mort, de se plier aux genres de vie les plus dissemblables et vont spontanément, pour ainsi dire, à la recherche des états les plus divers du milieu? Evidemment non. C'est là ce que Charles Darwin a si brillamment démontré, et c'est en cela que sa doctrine diffère de celle d'Isidore Geoffroy Saint-Hilaire.

Pour le savant français, les organismes se transforment pour ainsi dire passivement, à la suite des transformations du milieu dont ils ne font que subir le contre-coup; pour le naturaliste anglais, l'active multiplication des individus, la lutte pour la vie qui en résulte, oblige les animaux et les plantes à profiter de toutes les conditions d'existence qui leur sont offertes. Le milieu peut rester immuable, dans son infinie variété; mais l'espèce est plastique, elle jouit d'une force expansive illimitée et vient prendre d'elle-même les empreintes qui lui donnent ses aspects si variés. Dès lors, le champ des modifications possibles n'a plus de bornes, car, d'une part, les individus d'une même espèce gardent indéfiniment de leur origine commune quelque chose qui les distingue au milieu des autres êtres vivants, et, d'autre part, la postérité de chacun d'eux a toujours devant elle, à mesure qu'elle s'accroît, la possibilité de s'établir dans l'un des innombrables domaines que le globe tout entier offre à l'activité des espèces fécondes. Isidore Geoffroy nous montre des agents modificateurs fonctionnant en quelque sorte d'une façon intermittente; Charles Darwin nous signale, à côté de ces agents et au-dessus d'eux, une cause modificatrice d'une puissance infinie et qui détermine en quelque sorte ces agents à entrer en scène: c'est la force expansive que les espèces tiennent du pouvoir reproducteur des individus qui les composent. Dans cette nouvelle hypothèse, les espèces n'ont cessé de se modifier depuis l'époque où la vie s'est montrée sur la terre, et l'on comprend sans peine comment les formes vivantes sont parvenues à la prodigieuse diversité que nous révèle l'étude de la botanique, de la zoologie et de la paléontologie, Il n'est plus nécessaire, pour expliquer les modifications dont les espèces sont susceptibles, de faire appel à des phénomènes exceptionnels, inconnus à notre époque et dont l'homme n'aurait jamais été le témoin; il n'est même pas nécessaire de supposer dans le milieu où vivent les organismes des changements plus ou moins profonds; les modifications des formes vivantes sont, comme tous les phénomènes physiques et chimiques que nous observons, les effets de causes encore agissantes et déterminables.

* * * * *

On arrive bien vite, sur cette pente, à poser le problème de la zoologie et de la botanique tout autrement que ne l'avaient fait jusque-là les naturalistes. Chaque forme vivante apparaît comme le résultat d'une série d'actions successives du milieu sur les ancêtres de l'être qui la présente, et l'on conçoit la possibilité de déterminer quelles ont été ces actions, quels effets elles ont produits, dans quel ordre elles se sont succédé.

Ce n'est plus, cette fois, un simple tableau de la Nature qu'il s'agit de tracer, ce n'est plus le mystère de ses intentions qu'il s'agit de dévoiler, ce ne sont plus même les lois auxquelles elle s'astreint dans la production des organismes qu'il s'agit d'énoncer; c'est une véritable explication de chaque être vivant qu'il faut trouver, une explication au sens où les physiciens et les chimistes entendent ce mot, au sens où le prennent déjà les physiologistes. La méthode des sciences naturelles se trouve ramenée à la méthode commune aux sciences physiques. La vraie supériorité de la doctrine de l'évolution est dans cette conséquence, encore incomplètement dégagée par Darwin, mais qui devait nécessairement s'imposer et qui a déterminé une incontestable renaissance dans toutes les branches de l'histoire naturelle. Sans doute, nous sommes encore loin d'avoir obtenu les brillants résultats dont notre imagination se plaît à espérer la réalisation; mais n'est-ce rien que de s'être dégagé de l'anthropomorphisme étroit qui pendant de si longs siècles a pesé sur les plus belles conceptions des naturalistes, d'avoir compris que l'explication des êtres vivants devait se trouver dans le monde où ils vivent et non pas hors de lui, de s'être convaincu que la biologie ne serait faite que le jour où l'on pourrait dire de chaque forme organique quelle est la cause qui l'a produite, où la classification zoologique ne serait autre chose que l'histoire des adaptations successives que les êtres vivants ont subies?

Si les naturalistes ont longtemps considéré ce but comme au-dessus de leurs forces, si, jusque dans la première moitié de ce siècle, las de chercher dans la nature une explication qu'ils ne trouvaient pas, ils croyaient devoir rattacher chaque forme vivante à l'intervention d'une volonté surnaturelle, nous espérons avoir démontré dans les pages qui précèdent que leur ambition nouvelle est pleinement justifiée par les résultats déjà obtenus. À la vérité, des difficultés d'un autre ordre se dressent devant eux. L'ancienne doctrine, en faisant de la nature l'œuvre immédiate d'un créateur tout-puissant, semblait en quelque sorte mettre l'homme en commerce incessant avec Dieu. On a redouté que, en montrant les êtres vivants livrés comme les corps inanimés à l'action aveugle des forces physiques, le transformisme ne fît oublier le Créateur. Mais c'est encore là de l'anthropomorphisme. À ceux que tourmenteraient de tels scrupules, il convient de rappeler que la chimie, la physique, l'astronomie, en expliquant les faits qui appartiennent à leurs domaines respectifs, n'ont nullement atteint la cause première. La biologie moderne n'atteint pas davantage cette cause; elle ne supprime pas Dieu; elle le voit plus loin et surtout plus haut.

NOTES

[1: Ce sont nos vertébrés.]

[2: Aristote a surtout en vue les arthropodes et les vers.]

[3: Lucrèce, *De natura rerum*, livre V, vers 781 à 875.]

[4: Liv. VIII, ch. XLII, § 27 et 28.]

[5: Cette phrase est attribuée à Pascal par Ét. Geoffroy Saint-Hilaire, et sa contexture semble bien celle d'une phrase de l'auteur des *Provinciales*; mais les recherches faites par M. Isidore Geoffroy Saint-Hilaire, celles faites par M. Jules Soury n'ont pas permis de la retrouver; nous n'avons pas été plus heureux, et il reste par conséquent quelque doute sur son authenticité.]

[6: Ch. Bonnet, *Contemplations de la nature*, Amsterdam, 1764, t. Ier, p. 29.]

[7: *Ibid.*, p. 21.]

[8: *Ibid.*, p. 25.]

[9: *Ibid.*, t. II, p. 74.]

[10: *Ibid.*, p. 77.]

[11: Charles Bonnet, *Palingénésie philosophique, ou idées sur l'état passé et sur l'état futur des êtres vivants*, 1768.]

[12: Bonnet, *Palingénésie philosophique, Œuvres complètes*, t. VII, p. 65, éd. de Neufchâtel, 1783.]

[13: Bonnet, *Considérations sur les corps organisés, Œuvres complètes*, t. III, p.

37 et 38.]

[14: Bonnet, *Œuvres*, t. VII, p. 68.]

[15: *Ibid.*, p. 67.]

[16: Ch. Bonnet, *Palingénésie philosophique; Œuvres*, t. VII, p. 152.]

[17: *Ibid.*, p. 163.]

[18: *Ibid.*, t. III, p. 152.]

[19: *Zoonomie*, vol. I, p. 507.]

[20: Nous devons à notre vénérable ami, M. Victor Considérant, la communication de ces passages des œuvres de Maupertuis.]

[21: M. le conseiller d'État du Mesnil et M. Victor Considérant nous ont signalé l'un et l'autre les opinions transformistes, plusieurs fois exprimées, de Diderot.]

[22: Diderot, *Pensées sur l'interprétation de la nature*, LI, 1754.]

[23: *Histoire naturelle des animaux, Animaux communs aux deux continents.*]

[24: *Dégénération des animaux.*]

[25: *Réflexions sur les expériences de Leuwenhoek.*]

[26: *Histoire des animaux*, chapitre II.]

[27: *Philosophie zoologique*, éd. 1809, t. I, p. 76.]

[28: *Ibid.*, t. I, p. 98.]

[29: *Ibid.*, t. I, p. 80.]

[30: *Ibid.*, t. I, p. 58.]

[31: *Ibid.*, t. I, p. 92.]

[32: *Ibid.*, t. I, p. 118.]

[33: *Histoire de la création naturelle*, traduction française, Reinwald, édit., 1874, p. 102.]

[34: *Philosophie zoologique*, t. I, p. 101.]

[35: *Ibid.*, t. I, p. 265.]

[36: *Ibid.*, t. I, p. 349.]

[37: *Ibid.*, t. I, p. 357.]

[38: *Histoire naturelle des animaux sans vertèbres.*]

[39: On lit, on effet, dans l'*Optique* de Newton, question 31: «On peut en dire autant de cette uniformité que nous montre la structure des animaux. Tous les animaux ont, en effet, deux côtés semblables, le droit et le gauche; en arrière correspondent à ces deux côtés deux pieds; en avant, deux bras, deux pieds ou deux ailes fixés aux épaules; entre les épaules, un cou, faisant suite à l'épine dorsale et auquel est fixée la tête; sur cette tête, deux oreilles, deux yeux, un nez, une bouche, une langue sont semblablement placés chez presque tous les animaux.»]

[40: Voir *Vie, travail et doctrine d'Étienne Geoffroy Saint-Hilaire*, par Isidore Geoffroy Saint-Hilaire, p. 143.]

[41: *Philosophie anatomique*, Introduction, p. xxx, 1818.]

[42: *Mémoires de l'Académie des sciences*, t. XII.]

[43: *Annales des sciences naturelles*, t. I, p. 116.]

[44: *Ibid.*, 1820, p. 462 et 539.]

[45: Voir sur cette parenté des vertébrés et des animaux segmentés notre ouvrage *Les colonies animales et la formation des organismes*, p. 662 à 700.]

[46: *Recherches sur les Sauriens fossiles*, p. 4.]

[47: *Influence du monde ambiant sur les formes animales*, p. 76.]

[48: Geoffroy condamne surtout le choix des *preuves particulières* sur lesquelles

Lamarck a appuyé sa doctrine; quant à l'influence des habitudes sur les modifications organiques, aucun physiologiste ne voudrait, pensons-nous, la mettre en doute. Il serait facile de réunir un grand nombre de formes organiques qui ont été figées, en quelque sorte, par l'hérédité dans l'attitude qui leur est le plus habituelle, attitude qui est devenue le point de départ de modifications organiques importantes.]

[49: *Mémoire sur l'influence du monde ambiant pour modifier les formes animales*, p. 82, 1831.]

[50: Il s'agit ici de William Edwards, frère de M. Henri Milne Edwards, le doyen actuel de la Faculté des sciences de Paris.]

[51: *De l'influence des circonstances extérieures sur les corps organisés*, p. 26.]

[52: Page xi, note.]

[53: Voir, par exemple, à ce sujet, Credner, *Traité de géologie*, trad. française, p. 255.]

[54: Ed. 1829, p. 9.]

[55: *Discours sur les révolutions du globe*, édit. Didot, p. 62.]

[56: *Règne animal*, 2e édit., 1829, t. I, p. 46.]

[57: *Annales du Muséum d'histoire naturelle*, t. XIX, p. 76, 1812.]

[58: Ce sont les poulpes, les seiches, les calmars et les animaux analogues.]

[59: *Principes de philosophie zoologique*, p. 70, 1830.]

[60: Article Nature du *Dictionnaire des sciences naturelles*.]

[61: *Vie, travaux et doctrine scientifique d'Étienne Geoffroy Saint-Hilaire*, par Isidore Geoffroy Saint-Hilaire, p. 376.]

[62: *Mémoire sur l'Hectocotyle*. Par une bizarre coïncidence, dans ce même, mémoire, où des faits positifs sont seuls censés devoir trouver place, Cuvier s'arrête à une conclusion étrangement erronée, à savoir que l'hectocotyle, qu'on sait être aujourd'hui un simple bras de poulpe, est une sorte de ver parasite.]

[63: *Mémoire sur l'oreille osseuse des crocodiles et des téléosaures*, p. 136, 1831.]

[64: *Notions de philosophie naturelle*, 1837, p. 111. Geoffroy venait d'être dépouillé au profit de Frédéric Cuvier de la direction de la ménagerie du Muséum, qu'il avait fondée.]

[65: *Études progressives d'un naturaliste*, 1835, p. 84.]

[66: Johannes Müller, *Handbuch der Physiologie des Menschen*, II Band, p. 522: «Die wichtigsten Wahreiten in den Naturwissenchaften sind weder allein durch Zergliederung der Begriffe der Philosophie, noch allein durch blosses Erfahren gefunden worden, sondern durch eine denkende Erfahrung welche das Wesentliche von dem Zenfälligen unterscheidet, und dadurch Grundsätze findet, aus welchen viele Erfahrungen abgeleitet werden. Dies ist mehr als blosses Erfahren; und wen Man will, eine philosophische Erfahrung.»]

[67: *Leçons de physiologie et d'anatomie comparées*, t. I, p. 2, 1857.]

[68: Linné, *Philosophie botanique*, édit. Gleditsch, p. 361.]

[69: Linné, *Aménités académiques*, vol. VI, p. 324.]

[70: Gœthe, *Essai sur la métamorphose des plantes*, propositions 87-90, 1790.]

[71: De l'existence d'un os intermaxillaire à la mâchoire supérieure de l'homme, aussi bien qu'à celle des animaux (*Acta naturæ curiosorum*, t. XV, 1786).]

[72: *Mémoire sur la conformité organique*, p. 31.]

[73: *Les origines animales de l'homme*, 1 vol. in-8, Germer Baillière, 1871.]

[74: *Mémoire sur la conformité organique*, p. 19.]

[75: Voir: *De l'âme du monde, hypothèse de haute physique pour expliquer l'organisme universel*, 1798; et *Premier plan d'un système de philosophie de la nature*, 1799.]

[76: *Colonies animales*, 1881, p. 710.]

[77: Les premières vues théoriques de Richard Owen sur la constitution du squelette remontent à 1838 (*Geological Transactions*, p. 518). Mais on consultera surtout ses *Principes d'ostéologie comparée*, publiés en français, en 1855, et ses *Lectures on physiology and comparative anatomy of the vertebrata*.]

[78: R. Owen, *Principes d'ostéologie comparée*, 1855, p. 11.]

[79: Rathke, *Ueber die Bildung und Entwickelung des Flusskrebses*, 1829, in-folio, Leipzig.]

[80: H. Milne Edwards, *Mémoire sur les changements de forme que les Crustacés éprouvent pendant leur jeune âge* (*Annales des sciences naturelles*, t. XXX, 182)].

[81: On en connaît aujourd'hui, les *Penœus*, par exemple, qui n'ont à leur naissance, comme les crustacés inférieurs, que trois paires d'appendices.]

[82: H. Milne Edwards, *Histoire naturelle des Crustacés*, t. I, p. 197, 1834.]

[83: *Histoire naturelle des Crustacés*, t. I, p. 14, 1834.]

[84: Voir notre ouvrage sur *Les colonies animales*, p. 505, 1881.]

[85: Milne Edwards, *Observations sur le développement des annélides* (*Annales des sciences naturelles*, 3e série, t. III, 1843, p. 174).]

[86: Milne Edwards, *Considérations sur quelques principes relatifs à la classification naturelle des animaux* (*Annales des sciences naturelles*, 3e série, t. I, p. 65, 1844.)]

[87: Thompson, *Zoological researches and illustrations, or natural history of non descript or imperfectly known animals*, 1831.]

[88: Nordmann, *Mikrographische Beiträge zur Naturgeschichte der wirbellosen Thiere*, 1832.]

[89: *Histoire naturelle des Crustacés*, t. I, p. 50.]

[90: *Dictionnaire classique d'histoire naturelle*, t. XII, article Organisation, p. 339, août 1827.]

[91: *Histoire naturelle des crustacés*, t. I, p. 5, 1834.]

[92: *Ibid.*, p. 126.]

[93: *Ibid.*, p. 147.]

[94: *Ibid.*, p. 20.]

[95: Émile Blanchard, *Recherches anatomiques et zoologiques sur le système nerveux des animaux sans vertèbres* (*Annales des sciences naturelles*, 3e série, t. V, 1846).]

[96: Lacaze-Duthiers, *Recherches sur l'armure génitale femelle des insectes* (*Annales des sciences naturelles*, 3e série, t. XII à XIX, 1829 et années suivantes).]

[97: Louis Agassiz, *Contributions to the natural history of United States*, 1857; *Essay on classification*, Londres, 1859; *De l'espèce et de la classification en zoologie*, Paris, 1862.]

[98: L. Agassiz, *De l'espèce et de la classification*, p. 8.]

[99: *Ibid.*, p. 14.]

[100: *Ibid.*, p. 9.]

[101: *Ibid.*, p. 8.]

[102: *Ibid.*, p. 12.]

[103: *Ibid.*, p. 10.]

[104: *Ibid.*, p. 43.]

[105: *Ibid.*, p. 218.]

[106: *Les colonies animales*, notamment page 714.]

[107: L. Agassiz, *De l'espèce et des classifications*, page 262.]

[108: *Recherches sur l'organisation et les mœurs des Planaires* (*Annales des sciences naturelles*, 1re série, t. XV, 1828), et *Aperçu de quelques observations nouvelles sur les Planaires et plusieurs genres voisins* (*Annales des sciences naturelles*, 1re série, t. XXI, 1850).]

[109: S. Lovén, *Observations sur le développement et les métamorphoses des genres Campanulaire et Syncoryne* (*Annales des sciences naturelles*, 2e série, vol. XIV, 1841).]

[110: *Biblia naturæ*, p. 75, fig. 7 et 8 de la pl. 9, 1752.]

[111: *Isis*, Bd. I,1818, p. 729.]

[112: *Nova acta Academiæ Leopoldinæ*, t. V, p. 2, 1826.]

[113: Même recueil, vol. IX, p. 75, 1835.]

[114: *Naturforscher Stuck*, 25, p. 72.]

[115: *Göze's Naturgeschichte der Eingeweidervürmern*, Suppl., 1800.]

[116: *Considérations sur les corps organisés* (*Œuvres d'histoire naturelle et de philosophie*, éd. Fauche, 1779, t. III, p. 37).]

[117: *Ueber den Generationsvechsel, oder die Fortpflanzung und Entwickelung durch abwechselneden Generationen, eine eigenthumlehre Form der Brutpflege in den niederen Thierclassen*. Copenhague, 1842.]

[118: E. Perrier, *Les Colonies animales*, p. 726 et suivantes.]

[119: Van Beneden, *Mémoire sur les cestoïdes* (*Bulletin de l'Académie de Bruxelles*, 1847, p. 106).]

[120: Leuckart, *Ueber den Polymorphismus der Individuen oder die Erscheinungen der Arbeitstheilung in der Natur*. Giessen, 1851.]

[121: Richard Owen, *On parthenogenesis*, 1849.]

[122: Voir notre ouvrage *Les colonies animales et la formation des organismes*,

p. 701.]

[123: A. de Quatrefages, *Métamorphoses de l'homme et des animaux* (*Revue des Deux-Mondes* de 1855 et 1856 et 1 vol. in-12, 1862).]

[124: *Ibid.*, p. 268.]

[125: *Anatomie générale*, Introduction, p. lxvj. Ed. Blandin, 1831.]

[126: Nous possédons de nombreux traités d'embryogénie humaine; un seul traité d'embryogénie comparée a été publié jusqu'à ce jour, celui de Balfour, paru en 1881, et l'on y trouverait encore plus d'une preuve de ce que nous avançons. En même temps paraissaient nos *Colonies animales*, où nous avons tâché de nous rapprocher autant que possible de la méthode que nous indiquons ici.]

[127: Bonnet, *Considérations sur les corps organisés, Œuvres*, t. III, p. 226.]

[128: *Ibid.*, proposition 255.]

[129: Tome II, p. 284 (1859).]

[130: *Ibid.*, p. 295.]

[131: Le texte de ces leçons, publiées dans la *Revue des cours scientifiques*, n'est pas revêtu de la signature du professeur; mais nous avions l'honneur d'être à cette époque, à l'École normale supérieure, l'un des élèves les plus attentifs de l'éminent auteur de l'*Histoire naturelle du corail*, et, si nos souvenirs sont exacts, la rédaction de la *Revue des cours* rend bien, sinon dans la forme, au moins dans le fond, la pensée de M. de Lacaze-Duthiers.]

[132: De πρωτον, première, et μερος, partie.]

[133: Voir nos *Colonies animales*, pages 403 et 705.]

[134: Voir notamment le *Précis d'anatomie transcendante appliquée à la physiologie*, 1842.]

[135: Serres, *loc. cit.*, t. I, p. 95.]

[136: *Loc. cit.*, page 91.]

[137: *Loc. cit.*, p. 19.]

[138: *De l'espèce et de la race chez les êtres organisés*, t. I, p. 217.]

[139: Ch. Naudin, *Nouvelles recherches sur les hybrides végétaux* (*Nouvelles archives du Muséum d'histoire naturelle*, tome 1, p. 169, 1863).]

[140: Godron, *De l'espèce et des races chez les êtres organisés*, t. I, p. 51, 1859.]

[141: *Ibid.*, p. 144.]

[142: *Ibid.*, t. I, p. 332.]

[143: *Ibid.*, t. I, p. 463.]

[144: *Ibid.*, t. II, p. 46.]

[145: Ch. Naudin, *Nouvelles recherches sur l'hybridité dans les végétaux* (*Nouvelles archives de Muséum d'histoire naturelle*, 1re série, vol. I, 1863, p. 162). Bien que ce mémoire soit daté de 1863, M. Ch. Naudin avait déjà exprimé des idées analogues en 1832, dans la *Revue horticole*, plusieurs années, par conséquent, avant l'apparition du livre de C. Darwin sur l'origine des espèces.]

[146: A. Sanson, *Traité de zootechnie*, t. II, p. 62, 2e édition.]

[147: M. Sanson prend ici le mot *spécifique* dans le sens des zootechnistes qui comptent autant d'espèces de chevaux, de bœufs, de moutons, de chiens qu'il y a de races solidement fixées de ces animaux.]

[148: Isidore Geoffroy Saint-Hilaire, *Histoire générale des règnes organiques*, t. II, p. 431, 1839.]